食品應用
創意專題實作

Creative Project Studies-food application

含 SDGs 永續發展目標與 ESG

黃俊強・謝文斌・林秋玲・葉忠福・WonDerSun 編著

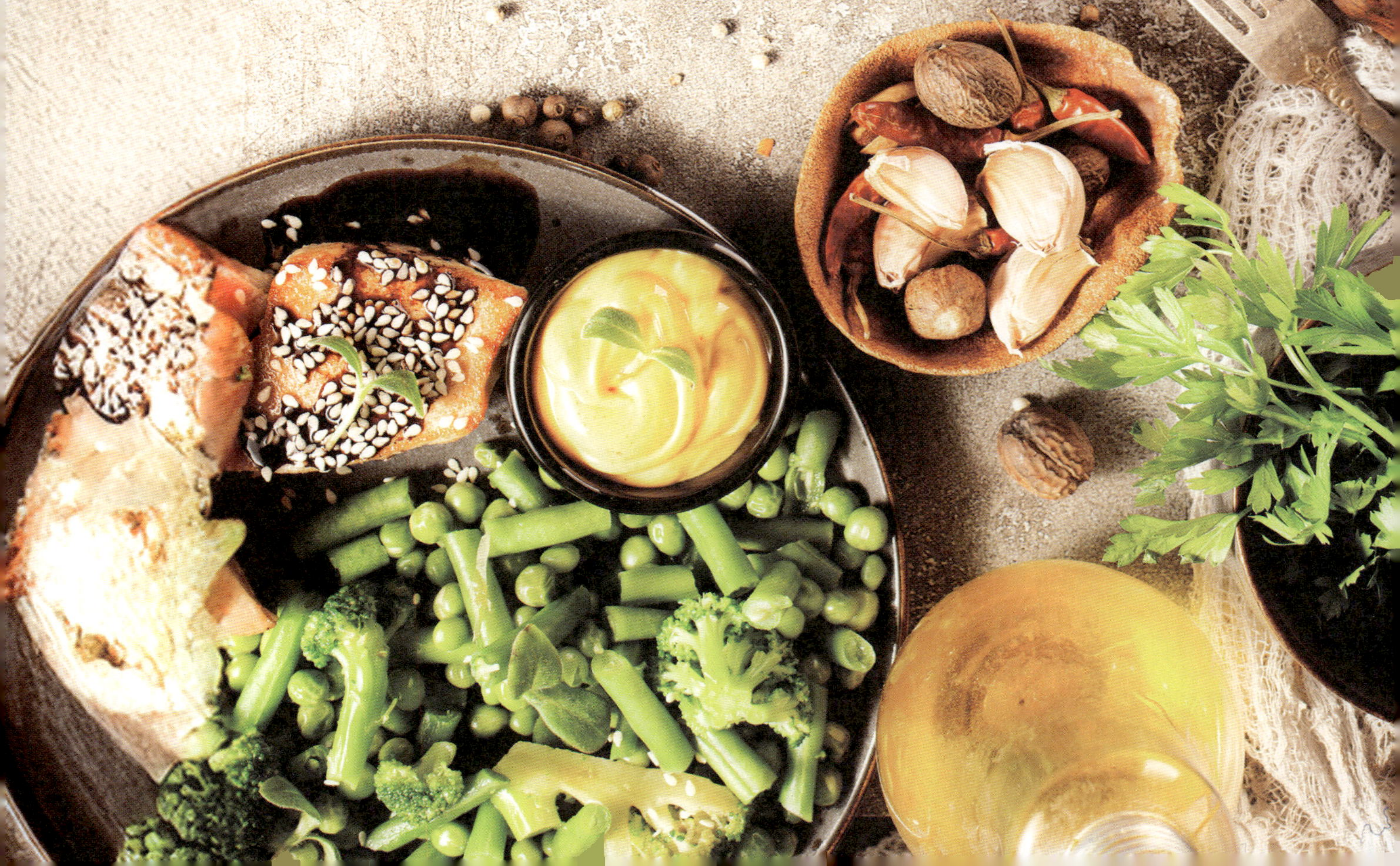

[序 PREFACE]

理論與實務的結合
專題實作課程最佳教材

—— 專題實作企劃小組

　　新課綱強調「核心素養」導向教學，主要內涵為「三大面向、九大項目」，因此本書的設計，跳脫傳統以知識內容導向，強調知識與情境脈絡之間的連結，建立學習意義，以助學習者將所學應用到專題實作情境中。

　　第一篇〈專題理論與創意開發〉共有 7 個單元，通論的部分以「PIPE-A」架構為基礎，建立專題實作實施流程模組；接下來在創意訓練的課程中，強調學生參與和主動學習，以運用與強化創意與創新等相關能力。

　　第二篇〈專題暨創意實作篇〉共分為專題組與創意組，提供值得學習的 6 組作品說明書為範例，其內容各有千秋，從萃取福壽螺消化酵素做運用，到提高鯖魚、鱰魚（鬼頭刀）的經濟價值，亦有利用果皮製作調味紙、創作速成鹹蛋黃、烘焙魚肉蛋糕等研究，除創新外也不忘傳統。

　　第三篇為本書各章節的學後習題的參考答案，特別是在活動學習單的部分，作者提供課堂上學生的成果報告，相信從實作的發想與討論中，更能啟發同學們創意思考，訓練動手解決問題的能力。

　　本書從專題實作的基礎論談起，提供 PIPE-A 架構，趣味的內容與題目設計，讓學生有機會去覺察問題、提出想法、使用策略與解決問題，創意思考與創造力因而得到系統性的訓練，最後應用在實際的操作上，不僅落實核心素養的內涵，並展現了專題實作的學習成果。

[序 PREFACE]

PIPE-A：專題實作模組架構
專題實作的第一步

——WonDerSun

　　這是一本針對專題實作課程所精心撰寫的書，結合專題實作所需的理論基礎與各層面的呈現技巧。希望藉由書中的內容，對專題實作的課程提供一個明確且完整的架構，讓學生能充分瞭解專題實作學習的目標與精神，並提供學生在專題實作課程中所需的重要參考內容。

　　本書提出 PIPE-A 專題實作實施流程架構，並以此架構為基礎，建立目標明確的模組，透過這些模組緊密地連接，形成專題實作所需的完整流程，學生只需按部就班，一步步完成每一個模組的內容，必定可以順利完成專題，並且呈現完美的成果。

　　希望藉由本書的架構與內容，對於專題實作相關課程及領域，貢獻一己棉薄之力，也期盼各位先進不吝指教，讓本書更臻完善。

從動手實作中展現創新應變能力
落實核心素養自主行動內涵

——國立臺灣大學 新能源研究中心 葉忠福

108課綱以「核心素養」作為課程發展的主軸，為落實課綱的理念與目標，及兼顧各教育階段間的連貫和各領域科目間的統整，成就每一個孩子「適性揚才、終身學習」為願景，以學生為學習之主體，成為具有社會適應力與應變力的終身學習者。核心素養旨在培養以人為本的「終身學習者」，回應其基本理念（自發、互動、共好）。核心素養的內涵分為三大面向：「自主行動」、「溝通互動」、「社會參與」，由此三大面向，再向下細分發展為九大項目，這也就是通稱的核心素養之「三面九項」。

本專題實作教材，為專門設計提供給前述「自主行動」面向之下的「系統思考與解決問題」與「規劃執行與創新應變」這二項目學習教材之用。讓學生具備108課綱所強調：「素養」是與生活情境有緊密連結及互動關係的能力。

本教材對於學生自我創造力及解決問題能力訓練，能有顯著效果。本書擁有「直覺力」及「創造力」自我測試題目設計，可在趣味中學習；並教導學生如何「激發創意」、「發明創作」與「智權保護」，並加入最新「創客運動」及「群眾募資」等，運作模式的教學資料，使學生學習到許多高實用性的技能。

本專題實作教材的特色，在於透過有系統的學習，讓學生先習得具備「通識性」職能之「創意思考與創造力訓練」的方法後，再配合本教材中具「專業性」的專題實作範例，實際應用和動手實作。將具有「創意思考及解決問題」特質之「創新應變能力」獲得啟發，並經由動手實作將成果展現出來。讓「自主行動」面向中的內涵精神，真正以學生個人為學習的主體，進行系統思考以解決問題！並得以落實讓學生具備「創造力與行動力」之教育目的。

[序 PREFACE]

落實技術型高中創新思考及務實致用
培養跨群科能力

專題製作課程於 95 年高級職業學校群科課程暫行綱要中首次實施，99 年課綱課程修訂中，更將原來的 2 學分提高為 6 學分上限，以利學校在推動專題製作課程上更有著力點。其落實技術型高中創新思考及務實致用，鼓勵學生積極從事專題製作，培養創新思考模式，提昇實作能力、科技知識整合及人際溝通合作能力，進而縮短學生就業落差，培育業界基層人才。

近年來教育部也特別辦理相關競賽，鼓勵技術型高中專業群科師生對群科課程之應用及整合。希望在教育性、普遍性、真實性及創意性下落實專題實作課程及教師創意教學之成果，並提昇學生學習成效。

此次，本書所呈現之作品皆為歷屆科展或專題製作競賽中受到委員及教授們青睞之優良專題及創意作品。供食品群師生參考，希望對老師授課教學有所幫助，期能激發學生創意創新的興趣、想像力、思考力及創造力，進而養成研究精神、倡導學生研究發明風氣，奠定科技及研究發展基礎。同時配合 108 新課綱，鼓勵學生跨群科合作進行專題實作或創意發明，培養跨群科能力。

本書編輯繁瑣，若有疏漏之處，懇請各位惠予指教！

國立蘇澳高級海事水產職業學校 黃俊強主任
國立苗栗高級農工職業學校 謝文斌秘書
國立蘇澳高級海事水產職業學校 林秋玲老師

[目錄 CONTENTS]

第一篇 專題理論與創意開發

1 專題通論
1-1 專題實作的意義 　　　　　　　　　　　　　1-2
1-2 專題實作的目的 　　　　　　　　　　　　　1-4
1-3 專題實作流程 　　　　　　　　　　　　　　1-6

2 創意思考訓練
2-1 設備教具與學習步驟 　　　　　　　　　　　1-10
2-2 學習單：「直覺力」的自我測驗 　　　　　　1-13
2-3 創造性思考訓練的意涵 　　　　　　　　　　1-15
2-4 思考方式的二元論 　　　　　　　　　　　　1-19
2-5 創意的產生與技法體系 　　　　　　　　　　1-22

3 團體創意訓練
3-1 腦力激盪創意技法概要 　　　　　　　　　　1-26
3-2 腦力激盪與團體創意思考 　　　　　　　　　1-27
3-3 其他創意技法簡述 　　　　　　　　　　　　1-29
3-4 團體腦力激盪：案例解說示範 　　　　　　　1-31

4 創造力訓練

- 4-1 學習單：「創造力」的自我測驗　　1-36
- 4-2 創造力的迷思及表現之完整過程　　1-39
- 4-3 創造力的殺手與如何培養創造力　　1-41
- 4-4 台灣奇蹟：創意好發明行銷全世界　　1-45

5 創新發明訓練

- 5-1 發明來自於需求　　1-52
- 5-2 商品創意的產生及訣竅　　1-54
- 5-3 創新發明的原理及流程　　1-56
- 5-4 創新機會的主要來源　　1-58

6 智慧財產保護

- 6-1 如何避免重複發明？　　1-64
- 6-2 認識專利　　1-67
- 6-3 專利分類　　1-69
- 6-4 專利申請之要件　　1-74

7 創客運動與群眾募資

- 7-1 什麼是創客運動與創客空間？　　1-80
- 7-2 創客運動的發展　　1-82
- 7-3 什麼是群眾募資？　　1-85
- 7-4 群眾募資平台的發展　　1-88

第二篇
專題暨創意實作篇

第一題　「燒酒」螺～開動：萃取福壽螺消化酵素分解水果纖維廢棄物，製造生質酒精的可行性研究 專題組　　2-1.i

第二題　「飛」常厲害－開發魚肉慕斯以提高鯖魚經濟價值可行性之研究 專題組　　2-2.i

第三題　「飛」「腸」「香」「田」－開發水草魚肉香腸以提高鱰魚（鬼頭刀）經濟價值可行性之研究 專題組　　2-3.i

第四題　龍「鳳」「橙」祥～以鳳梨及柳橙果皮製作可裁式調味紙取代傳統速食麵調味包之可行性研究 創意組　　2-4.i

第五題　「凍」人心「鹹」，「黃」金 Style～以冷凍凝膠法創作速成鹹蛋黃之新「蛋」生 創意組　　2-5.i

第六題　年年有「魚」 步步「糕」生～魚肉蛋糕 創意組　　2-6.i

第三篇
錦囊篇

第 1 章	學後習題解答	3-2
第 2 章	學後習題解答	3-4
第 4 章	學後習題解答	3-5
第 5 章	學後習題解答	3-6

附錄
升學篇
建構理解 SDGs 與 ESG 的系統性思考篇

1 專題通論

1-1 專題實作的意義
1-2 專題實作的目的
1-3 專題實作流程

　　面對知識爆炸的時代，各個學科領域不斷地發展並延伸出許多新的知識，而在傳統的學校教學中，老師在課堂上進行單向講授教學的方式，勢必會無法因應這樣知識快速變化的時代，並且滿足學生在學習上的需求。專題實作課程實施過程中，除了提升學生的專業知識外，同時訓練學生具有統整知識與解決問題的能力，才能具備面對與適應未來變化快速的工作環境。

1-1 ▶ 專題實作的意義

專題導向學習（Project Base Learning，PBL）的學習方式蘊含了 John Dewey 的教育哲學，強調以學生為中心與活動為主的教學方式。2004 年在 Barak 與 Dori 的研究中更具體提出，專題導向學習不僅能提供學生團隊合作與問題解決的機制，讓學生在學習的過程中，培養溝通、管理、創造等技巧，更能透過專題實作來提升學生解決問題的能力。

基於專題導向學習的觀念與理論設計的專題實作課程，定義為「讓學生能整合知識，並透過團隊合作方式進行學習，以提升問題解決能力」的一門科目。希望學生能應用所學的專業知識與理論，透過訂定主題、蒐集資料，進行實驗、測試、實地訪查、問卷調查、統計分析與製作等過程，完成預設的工作目標。這種實務性的課程實施，將會提升學生蒐集與統整資料的能力，並藉著專題實作，讓學生貼近與產業界的距離。

專題實作課程採取開放式問題，由學習者主導學習活動，提高學習動機。透過小組（通常 2～4 人）合作模式，學生可藉由分工與討論等方式達成目標，不但能增進表達協調能力，也訓練學生負責任的態度。老師處於指導者的位置，有別於傳統單向教學，學習活動可以是雙向的。

John Dewey（1859–1952），常翻成「杜威」，著名教育家、哲學家。

專題實作課程的特色有以下幾點：

1. 學習者主動

老師轉換為「指導協調」的角色，學習者由傳統被動學習轉為主動。由學習者主動設定研究主題、主動蒐集與學習相關資料、主動完成專題成品等。

2. 團隊合作

透過小組合作的方式，完成專題目標，學生除了學會分工、合作、討論、協調等團隊合作的能力外，也會經歷包容、關懷等心境，學習聆聽、腦力激盪的歸納概括能力等。

3. 做中學

利用所學理論基礎，實際動手實現設定的研究主題，直到完成。除了理論與實務的結合之外，也能較貼近產業界的脈動。

4. 問題解決

從發現問題、尋求解答，到問題解決，是實務工作中最需要的能力，專題實作過程提供完整解決問題的訓練。建議老師不要在問題發生的第一時間，立即給予學生答案與解決對策，應給予學習者學習空間。

5. 歷程學習

專題實作課程的實施，不侷限在課堂上，老師不僅要定期瞭解學生進度，評量專題報告與成品外，更應重視專題實施過程，要求學生記錄學習歷程，透過專題實施過程，反饋與省思，讓學習更扎實。

1-2 ▶ 專題實作的目的

　　專題學習的目的是期望學生以專題導向學習為基礎，並透過團隊合作的方式，培養學習者獨立思考與解決問題，訓練學習者在目前的知識基礎上，透過尋找問題、設定問題、蒐集資料、應用資訊，以達到解決問題為目的，學習者經歷建立假設、嘗試錯誤等過程，進行更有意義的學習。概括來說，專題實作課程的目的為提升學習者以下的能力。

一 解決問題的能力

　　學習者透過開放的學習空間與時間，尋找問題，然後蒐集、分析資料，選定主題進行探究知識的過程。當發生問題時，學習者（或小組）必須獨立思考，尋找解決問題的方法，進而解決問題。不同於傳統紙筆測驗或口頭問答，問題與答案的廣度與深度都加深了，老師也由教授者轉換為指導者，甚至旁觀者。解決問題的過程並可以培養學習者獨立學習、主動學習的學習態度。

二 蒐集資料的能力

　　網路資料無遠弗屆、不分國籍，我們身處在資訊發達的世代，該如何蒐集、整理這些資料（data），成為我們所需的資訊（information）是非常重要的工作，我們可以透過專題實作一開始時的資料蒐集，學習蒐集資料、過濾可用資料的各種技巧。

三 實務應用的能力

學習者能運用所學的專業知識和技能，與現有的儀器、設備及工具等，整合製作出實物或成品，驗證所學的專業知識，讓學習更貼近產業界的實際狀態。

四 團隊合作的能力

以 2～4 人為小組，在專題實作過程中通力合作，透過溝通、協調、分工、互補的學習過程，培養學習者團隊合作的素養與能力。

五 知識整合與表達能力

透過撰寫專題計畫、專題報告，整合有關專題的相關知識，完整呈現專題實作的過程與結果。另外，期中與期末的口頭報告，也可訓練學習者表達與反覆思考的能力。這種書面報告與口頭報告的能力，也是未來大學，甚至研究所階段，進行較為嚴謹研究時所需具備的能力。

1-3 ▶ 專題實作流程

專題實務製作透過理論與實務的結合,進行學習活動。整個專題課程由尋找組員與設定題目開始,撰寫專題的計畫書,並擬定分工與時程表後,大量蒐集相關資料,作為製作過程的參考。再來,可能採用實作、問卷、實驗等方式實施與完成專題目標。最後則需要將專題實作過程與結果撰寫成專題報告,並進行期末口頭報告,以成品、專題報告、口頭報告等供老師評量專題實施成效。另外,也應把握各種機會,參加競賽或研討會等,分享專題成果,爭取榮譽。

依據專題實作的過程,我們將專題實作的實施流程區分為準備(Preparation)、實施(Implementation)、呈現(Presentation)、評量(Evaluation)與進階(Advance)等五個階段,簡稱為 PIPE-A,各個階段說明如下。

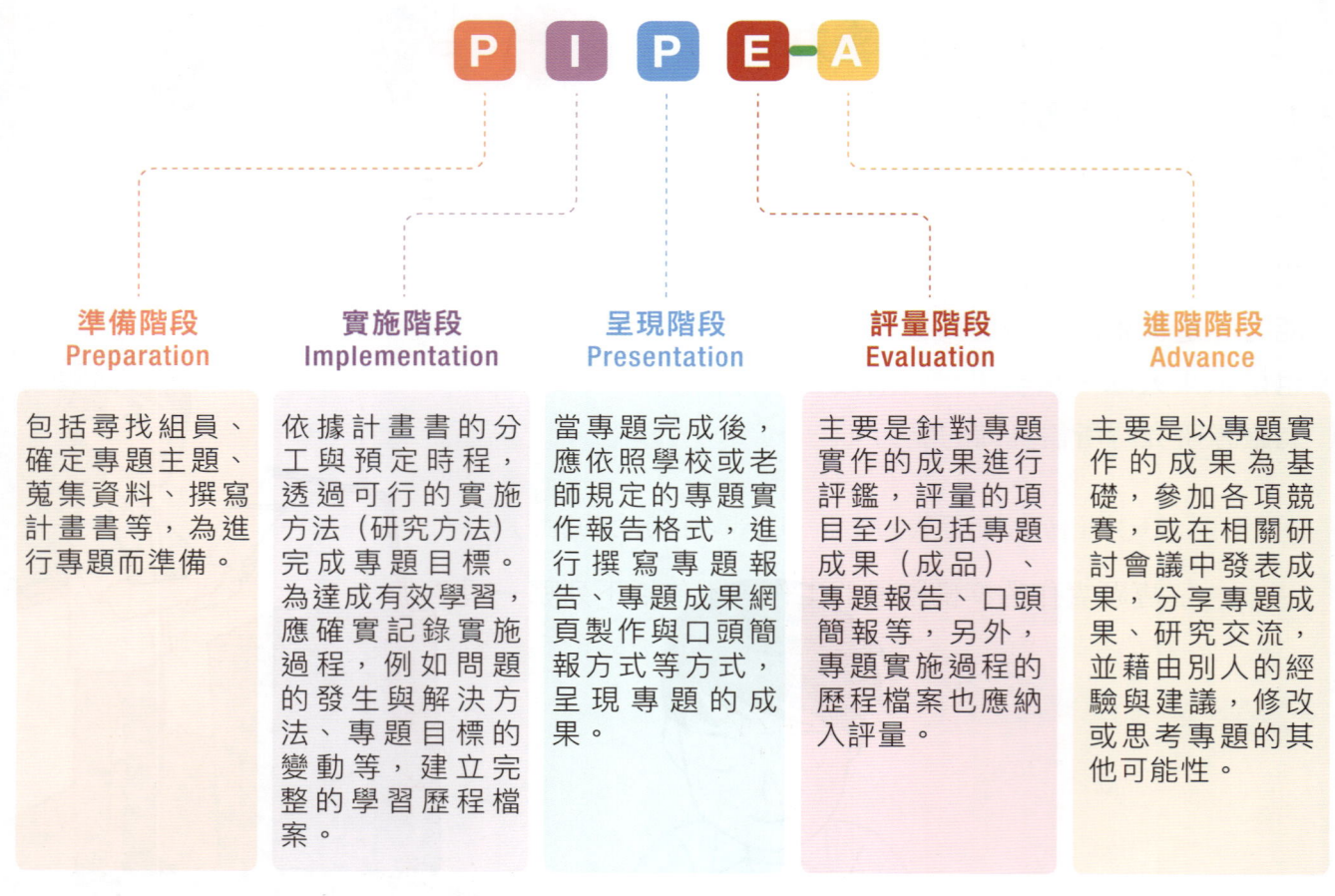

準備階段 Preparation
包括尋找組員、確定專題主題、蒐集資料、撰寫計畫書等,為進行專題而準備。

實施階段 Implementation
依據計畫書的分工與預定時程,透過可行的實施方法(研究方法)完成專題目標。為達成有效學習,應確實記錄實施過程,例如問題的發生與解決方法、專題目標的變動等,建立完整的學習歷程檔案。

呈現階段 Presentation
當專題完成後,應依照學校或老師規定的專題實作報告格式,進行撰寫專題報告、專題成果網頁製作與口頭簡報方式等方式,呈現專題的成果。

評量階段 Evaluation
主要是針對專題實作的成果進行評鑑,評量的項目至少包括專題成果(成品)、專題報告、口頭簡報等,另外,專題實施過程的歷程檔案也應納入評量。

進階階段 Advance
主要是以專題實作的成果為基礎,參加各項競賽,或在相關研討會議中發表成果,分享專題成果、研究交流,並藉由別人的經驗與建議,修改或思考專題的其他可能性。

學後習題

選擇題

( ) 1. 關於實施專題實作課程的目的,哪一個是錯的?
(A) 培養學生具有統整知識的能力
(B) 培養學生具有解決問題的能力
(C) 訓練學生獨力工作的能力
(D) 培養學生具備面對與適應未來快速變化的工作環境。

( ) 2.「專題導向學習」（Project Base Learning，PBL）具有哪些特點?
(A) 提供學生團隊合作與問題解決的機制
(B) 強調以學生為中心與活動為主的教學活動
(C) 培養學生溝通、管理、創造等技巧
(D) 以上皆是。

( ) 3. 下列哪一個不是專題實作課程的實施流程之一?
(A) 準備階段 (B) 磨合階段 (C) 評量階段 (D) 呈現階段。

( ) 4. 下列哪一個不是「專題實作課程」的特色?
(A) 學習者主動 (B) 紙筆測驗學習 (C) 做中學 (D) 團隊合作。

( ) 5. 專題實作課程無法提升學生何種能力?
(A) 解決問題的能力 (B) 蒐集資料的能力
(C) 實務應用的實力 (D) 單打獨鬥的能力。

( ) 6. 專題實作的準備階段的工作,不包括下列哪一項?
(A) 尋找組員 (B) 確定專題主題 (C) 撰寫計畫書 (D) 製作專題雛形。

( ) 7. 專題實作的呈現階段的工作,不包括下列哪一項?
(A) 撰寫專題報告 (B) 參加研討會議
(C) 口頭簡報 (D) 專題成果網頁製作。

( ) 8. 專題評量的項目通常不包括哪一項?
(A) 專題成品 (B) 專題報告 (C) 口頭報告 (D) 團隊小組會議次數與內容。

(　　) 9. 專題實作完成並實施專題評量後，為何還要有「進階階段」？
(A) 將成果分割給團隊成員　(B) 專題報告或簡報應印製廣告單宣傳　(C) 以目前專題實作成果參加各種競賽或研討會，學術交流　(D) 銷毀成果或報告電子檔，防止他人盜用，侵犯著作權。

(　　) 10. 愈來愈多的課程朝向專題導向式設計，為的是什麼？
(A) 實施專題式課程老師比較輕鬆　(B) 專題式課程具有主動、動手、團隊與問題解決等特性，是一種全方位、革命性的學習　(C) 專題有成果比較容易評分　(D) 專題課程是學習者與老師角色互換，是一種全新的課程理念。

問答題

1. 請說明專題實作課程的特色。

2. 專題實作課程可以提升學習者哪些能力？

3. 請敘述專題實作 PIPE-A 五階段，並簡述各階段的工作重點。

2 創意思考訓練

2-1 設備教具與學習步驟
2-2 學習單:「直覺力」的自我測驗
2-3 創造性思考訓練的意涵
2-4 思考方式的二元論
2-5 創意的產生與技法體系

　　「創意」激發,是優質現代人必備的技能,無論在各行業中,想要突破現狀有所「創新」,都需要具有「創意」的新想法,因「創意」是一切「創新」的開端。在現代具系統性的技法中,「創意」激發方法是人人皆可學習的,無論在每天的生活或工作中都能活用創意突破現狀。

食品應用創意專題實作

2-1 設備教具與學習步驟

一 設備教具

1. 學習單及活動單：於每章後。
2. 討論桌：小組討論時，可移動桌子方便構成「小組討論桌」。
3. 可上網的電腦：練習「群眾募資平台」登入之用。

二 學習步驟

步驟 1　創意思考訓練

有系統的瞭解「創意」產生的原理，讓學員有效學習並激發個人及團隊的創意新想法。

🚀 **好玩的地方**

1. 備有「直覺力」自我測驗學習單，讓學員有趣學習，瞭解自我的特質。
2. 在「水平式創意思考練習」之練習單，讓學員可發揮自我的想像力，激發創意思考的能力。

步驟 2　腦力激盪與團體創意訓練

腦力激盪創意技法，是目前在世界上最被廣泛應用的團體創意思考技法，這是從事創意、創新工作者，必定要學會使用的一種技能。

🔧 **實用技能學習**

1. 除了有系統說明「腦力激盪」創意技法的應用原則外，更加入其他實用創意技法概要介紹，提供學員交叉應用的知識。
2. 在「腦力激盪」實作題練習中，讓學員在小組討論的互動過程，學習團隊合作和共同解決問題的能力。

步驟 3 創造力訓練

讓學員真正體會並瞭解「創造力」的創造性思考有別於智商，智商高或會念書的人創造力不一定就表現好。「創造力」的高低取決於好奇心、夢想、問題及需求的察覺等，非智力因數居多。

🔨 靈活練習方式

1. 除了有系統的介紹「創造力」的原理外，更加入「創造力」的自我測驗及「問題觀察紀錄單」等，提供給學員做自我練習。
2. 在「問題觀察紀錄單」的練習中，學員保有對問題點自主決定觀察紀錄練習的靈活性。

步驟 4 創新發明訓練

讓學員學習具有正確創新發明的概念和要領，當面對從新產品設計到消費者使用端，應有的態度和認知。

⚙ 實際應用與挑戰

1. 本節讓學員在明瞭創新發明的原理及流程後，就其「創意」產生到「創新」成果，乃至「商品化」實踐所學知識，實際進行「創意提案」練習。
2. 在「創意提案」活動單練習完成後，可進一步輪流上台發表分享，以擴大交流增進學習效果。

步驟 5 智慧財產保護

當一切的創新智慧是具有價值時，對於「智慧財產」的保護就顯得重要。我們必須要有專利方面的基本概念，方能保護自身應有的權益。

💡 進一步地智慧加值

1. 讓學員明瞭創新智慧具有價值，更讓學員具備專利的基本知識。
2. 融入實務「專利檢索」查詢網站連結資訊，避免重複發明及侵權的發生。

專　　　題　　　實　　　作
CASE STUDIES

步驟 6

創客運動與群眾募資

使學員瞭解最新「創客運動」與「群眾募資」的風潮與運作模式，進而習得因創造力所產出的智慧型資產作品能與市場接軌，以及更加實用的技能及要領。

 **創客的未來發展**

1. 讓學員明瞭 3D 列印技術的進步及成本降低、網路社群發展成熟及群眾募資平台的興起，都是對創客未來發展很有利的條件。
2. 融入實務「創客競賽」網站連結資訊，鼓勵學員參加競賽，自我挑戰。
3. 在活動單中，融入「群眾募資平台」登入練習，讓學員爾後參與資助他人的募資活動或自己提案募資，皆能運用此平台資源。

1-12

2-2 ▶ 學習單：「直覺力」的自我測驗

創意的產生需要靠**直覺力**，即東方文化思想中所謂的**直觀**，也就是不細切分析即能整體判斷的一種快速感應（反應）能力。

下表有一份小測驗，將可測試您的「直覺力」敏銳強度。測驗很簡單，只要花 5 分鐘的時間，用直覺的方式，回想一下之前的親身體驗，來作為快速自我評分即可。注意不要刻意去揣測如何作答才能得高分。

評分方式：每一題分數為 1～10 分（1 分表示有 10% 的準確度，10 分表示有 100% 的準確度機率）。

「直覺力」測試題目

	題　　目	自我評分
1	您在猜拳時贏的機率有多高？	分
2	當身處在一個陌生的地方，您曾依靠直覺找對路的機率有多高？	分
3	以「直覺」下決定而做對了的機率有多高？	分
4	如果您心中有好的預兆，不久，就有好事發生的機率有多高？	分
5	如果您心中有不好的預兆，結果真的有壞事來臨的機率有多高？	分
6	當腦海中浮現好久不見的老友時，卻能在不久之後真的於偶然場合中相遇的機率有多高？	分
7	做夢時的夢境在現實中出現的機率有多高？	分
8	例如，球賽的輸贏、股市大盤的漲跌、候選人是否當選等，預測時事或事件可能的走向準確率有多高？	分
9	新朋友在初識時，對他的第一印象，有關人格及個性方面與後來的差距有多大？	分
10	打牌時，您時常是贏家嗎？	分
11	當電話鈴聲響起時，您是否經常能猜到是誰打來的呢？	分
12	您正想要打電話給某人時，結果對方反而在您撥打之前正好就先打電話給您了，這種情況經常發生嗎？	分
13	您是否經常能正確的感受到周遭人員的情緒？	分
14	您是否經常能正確的感受到寵物或其他動物的情緒？	分
15	您是否經常覺得許多巧合的事，都在您身邊發生了？	分

16	您在做某些決定時,是否經常覺得冥冥之中有一股神祕的力量在指引著您?	分
17	您是否曾在沒有證據的情況下,心中覺得某人在對您說謊,而後來證實您的感覺是對的?	分
18	在抽獎活動時,我感覺自己會中獎,結果自己真的抽中了,這種事情經常發生嗎?	分
19	您是否曾感應過不祥的事將要發生,而決定不做那件事,結果真的逃過一劫?(如飛安事件或交通事故)	分
20	當有人從背後無聲無息靠近時,即使後腦杓沒有長眼睛,憑著感覺,我也常能感受環境的變化,知道有人在身後?	分

直覺敏銳度極強
總分 **160以上**

您從小應該就常以直覺來作決定,這種行為也得到不錯的成果,**恭喜您保有人類這項天賦的本能**。但是要注意,**不能凡事全靠直覺,也應適度加入邏輯的判斷**,如此您所做的決策將會更完美。

感覺良好
總分 **120~159**

直覺平平
總分 **80~119**

直覺似乎沒有發揮作用
總分 **79以下**

您的直覺似乎被隱藏起來了,可能您的成長過程中,對於自我的要求非常嚴格,一切的判斷與決定都是依照理性及邏輯思考而來。**直覺是上天賦予人們的本能之一**,所以您不用擔心,只要多加練習,您必能重啟敏銳的第六感。

一切事物的「創新」,其根源就在於「創意」。
—— 佚名

2-3 ▶ 創造性思考訓練的意涵

　　創造性思考的訓練，是在培養學員如何應用創造性思考激發創造力的潛能，而將它運用於各種環境中，產生出更大的價值來，早在 1938 年，美國通用電氣公司（General Electric Company, GE，又稱奇異），就已創設了訓練員工的創造力相關課程，成果相當卓著。

　　在以往傳統式的教育環境中，大部分人所受到的訓練，都是**注重認知既有事實與知識上，或強調邏輯思考的訓練，而鮮有對創造性思考的啟發與訓練**，在這樣的教育環境中，其結果常是塑造出一大批習慣於**被動接受知識**的人。

　　創造性思考訓練，主要是在於**訓練個體人格上獨立自信的思考模式**，能運用**想像力、創造力**來取得各種**創意**，進而解決面臨的各種問題及創造更新的**前瞻性知識**。

食品應用創意專題實作

一 創造力導引創新

創造力

亦為創造思考能力，也就是一種創造表現的能力。它的主要關鍵在於「**思考進行的模式**」，而行為所表現出來的結果，可能顯現在發明創新、文學創作、藝術創造、經營管理革新等多方面領域中，具**首創**與**獨特**之性質。

創 意

即是「創造出有別於過去的新意念」之意，或可簡單的說，創意包含了**過去所沒有的**及**剛有的新想法**這兩項特質。

創 新

指引進新的事物或新的方法，也可說就是「**將知識體現，透過思考活動的綜合、分解、重整、調和過程而敏銳變通，產生具有價值的原創性事物，做出新穎與獨特的表現。**」如新發明、新藝文創作、新服務、新流程等。

創新有別於**創意**，則在於**創新**是「**創意＋具體行動＝成果**」的全部完整過程之實踐；而創意可以從寬認定，只要是任何**新而有用的想法**，而不管是否去實踐它，都算是有了**創意**。

「創意」不等於「創新」；
「創新」是將腦袋裡的「創意概念」
加以具體實踐後所得的結果。
—— 佚名

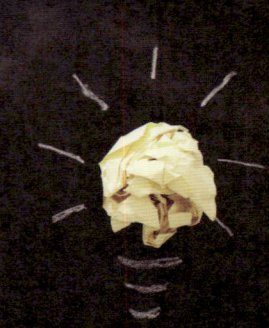

二 創造性思考是一種能力

因為創造是一種能力，故通常我們會以「**創造力**」一詞來表達而稱之。創造性思考有別於智商，故智商高的人創造力不一定就表現好，依心理學的研究來說，**創造性思考是屬於高層次的認知歷程**，創造的發生始於好奇心、夢想、懶惰（不方便）、問題（困擾、壓力）及需求的察覺，以心智思考活動探索，找出因應的方案，而得到問題的解決與結果的驗證。

創造性思考不可能完全無中生有，必須以**知識**和**經驗**作為基礎，再加上**正確的思考方法**，才能獲得發展，並可經由有效的訓練而給予增強，經由持續的新奇求變、冒險探索及追根究柢，而表現出**精緻、察覺、敏感、流暢、變通、獨特**之原創特質（如下圖）。

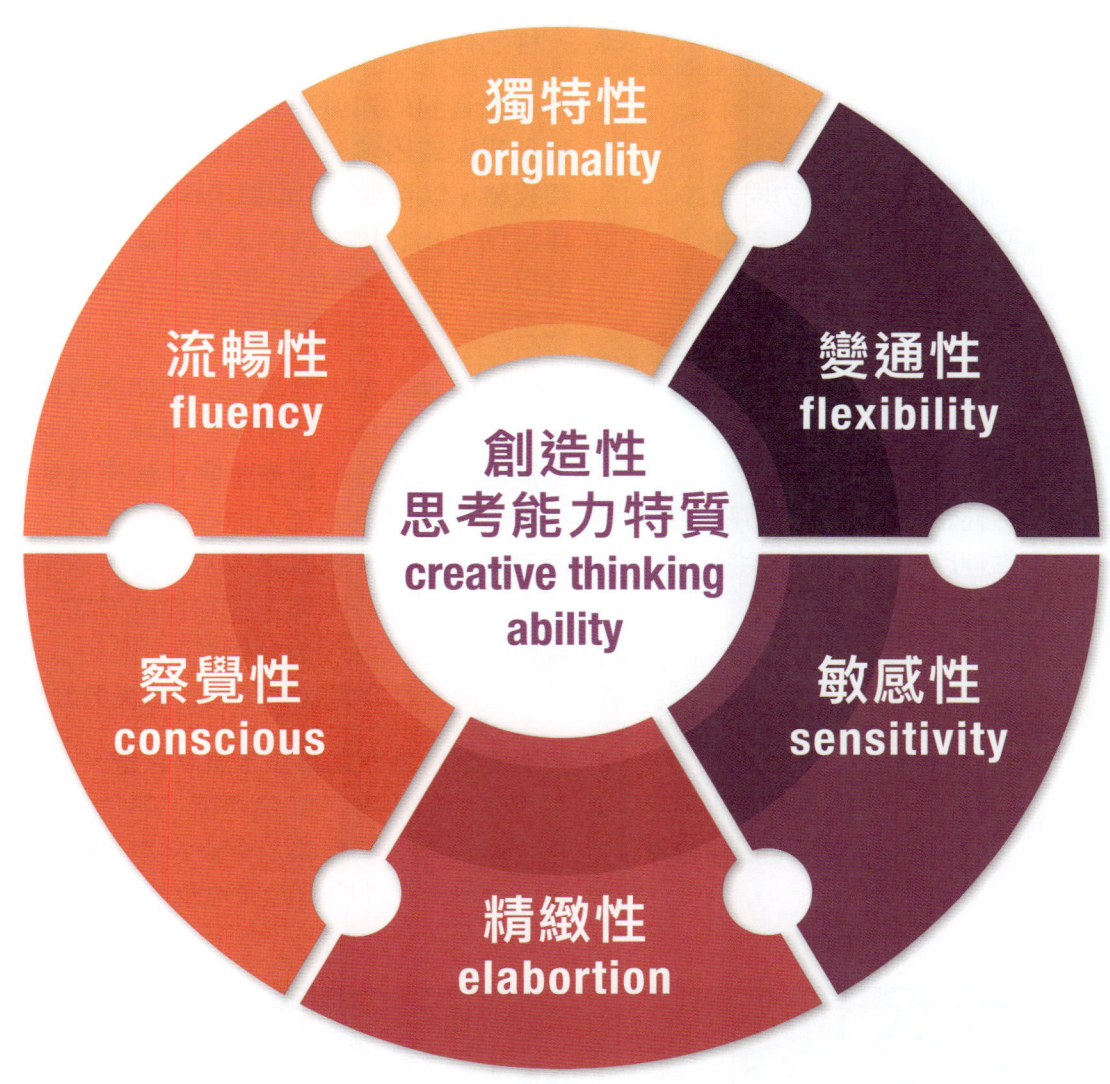

▲ 創造性思考能力之特質發展

三 創造性思考的歷程與階段

心理學家瓦拉斯（G. Wallas）在 1926 年的研究指出，創造是一種「**自萌生意念之前，進而形成概念到實踐驗證的整個歷程**」，在這個歷程中，包括四個階段，在每個階段中的思考模式及人格特質，有其不同的發展，所以**創造**也可說就是一種**思考改變進化的過程**。

▽ 創造歷程的四個階段

階　段	特性 - 思考模式	特性 - 人格特質	說　明
預備期	● 記憶性 ● 認知學習	● 專注 ● 好奇 ● 好學 ● 用功	1. 主要在於記憶性及認知的學習，經由個體的學習而獲得知識。 2. 相似於學校、家庭中所進行的學習，重點乃在於**蒐集整理有關的資料，累積知識於大腦中**。 3. 人格上有**好奇、好學**等特質。
醞釀期	● 個人化思考 ● 獨立性思考	● 智力開發 ● 思考自由	1. 將所學習到的知識和經驗儲存於潛意識中，當遇到問題或困難時，即會**將潛意識當中的知識和經驗，以半自覺的型態來作思考**。 2. 運用個人化及獨立性的思考模式，會如夢境般的以片段的、變換的、扭曲的、重新合成等非完整性之形式出現於腦海之中。
開竅期	● 擴散性思考 ● 創造性思考	● 喜愛冒險 ● 容忍失敗	1. 會因擴散性及創造性思考，使個體及時頓悟，進而有新的發現，覺得突然開竅了，有豁然開朗的體驗，此時就會**產生許多啟示性的概念**。在綜合所得之概念後，即能發展出另一種全新而清晰完整的「新觀念」。就如阿基米德在浴缸中得到利用體積與重量相比的方法，測得不規則物體的密度，頓悟開竅了一樣。 2. 人格上同時具有喜愛冒險與容忍失敗的特質。
驗證期	● 評鑑性思考	● 用智力訓練來導引邏輯結果	1. **將開竅期所獲取之新觀念加以驗證**。 2. 用評鑑性的思考角度來判斷、評估、應用，再將它轉化為一種理論組織與文字語言之說明表達，以得到完善的驗證流程及結果。

創意來自哪裡呢？創意來自有知覺的生活，你要認真去過每一天的生活！

—— 台灣廣告界　創意奇才 孫大偉

2-4 ▶ 思考方式的二元論

在大腦思考方式學理的長期發展上，有兩種很重要的思考模式概念，那就是大家所悉知的**思考方式的二元論**，而「二元」所指乃是所謂的「**垂直式思考**」（Vertical Thinking）與「**水平式思考**」（Lateral Thinking）兩者，其特質上的差異如下：

◆ 垂直與水平思考方式之特質差異

	垂直式思考	水平式思考
型態	是一種「**收斂性思考**」或稱「**邏輯性思考**」，思路模式從「問題」出發，依循著各種可確信的線索，而紛紛向解答集中，**更進而推向那唯一的目標或標準的解答**。	是一種「**擴散性思考**」或稱「**開放性思考**」，思路模式由「問題」本身出發，而向四面八方輻射擴散出去，能跳脫邏輯性的限制，把原本彼此間無聯繫的事物或構想連結起來，建立新的相關性，並指向**各自不同而多元的可能解答**。
特色	• **理性導向** • 想找到標準答案 • 依循固定的模式及程序進行思考 • 是非對錯分明，而且堅持	• **感性、知覺、直觀導向** • 樂於挖掘更多的可能解答 • 無固定的模式及程序，隨興進行思考 • 會因應環境的變化，而產生合理的是非對錯看法
優缺點	優點： 　有助於我們的分析能力及對事物中誤謬性的指出或澄清，以及對問題或解答的**評估與判斷**，亦能協助我們處事的條理性。 缺點： 　難以協助發展較具創見性的新觀點，依賴過度時，則易使人心智僵化或陷於窠臼之中。	優點： 　有助於問題解決的多元化思維，提供多種可能的解決方案，有時雖是天馬行空的想法，但這也是一種別出心裁獨特創見的重要來源。 缺點： 　若無後續的歸納整理及理性的評量與規劃，則會變成流於空幻。

	垂直式思考	水平式思考
涵蓋面	分析、評估、判斷、比較、對照、檢視、邏輯……	創意、創新、發明、創造、發現、假設、想像、非邏輯……
行為顯現	• **肯學、具耐心** • 喜愛上學 • 易於接受教師的指導 • 按規定行事、服從性高 • 推理性與批判性強	• **好奇、勇於嘗新** • 覺得學校有太多拘束與限制 • 思路複雜，教師指導不易，常是教師眼中的麻煩人物 • 不愛聽命行事、自由意志高、我行我素 • 創意點子多
醫學觀點	左腦思考	右腦思考
大腦運作層次	「**意識**」層次運作的思考	「**潛意識**」層次運作的思考
比喻	把一個洞精準的挖深，直到找到泉水	再多找其他地方挖洞試試看

二元思考的相輔相成

當有一個問題我們已經想到某一種解答方向,而以垂直式思考,在做進一步的邏輯推演時,有時會遇到無法突破的瓶頸,當無法再用邏輯的方式進行下去時,我們則可改用水平式思考,運用綜合性與直觀性,從另外的角度思考,打破現有框架尋得新的方向。當新的方向已經明確後,我們即可回到垂直式的思考模式,以嚴謹的推理、計算、比較、分析,直到找出最理想的解答。

水平式思考的功能,在於產生新創意點子或新概念,以提供運用者更多的可為選擇。而垂直式思考的功能,則在於以邏輯性來歸納分析,由水平式思考所產生的創意點子或概念的合理性與正確性。所以「垂直式思考」與「水平式思考」兩者的並存與相互的運用(就是所謂:**全腦開發** Whole Brain Development),並沒有任何矛盾之處。

創造力是跳脫已建立的模式,藉以用不同方法看事情。
—— 心理學家　愛德華・波諾(Edward De Bono)

2-5 ▶ 創意的產生與技法體系

在諸多創意的產生方法中，有屬於「直觀方式」的，也有經使用各種「創意技法」或以「實物調查分析」而得到創意的方案。目前世界上已被開發出來的創意技法超過兩百種以上，諸如腦力激盪法、特性列表法、梅迪奇效應創思法、型態分析法、因果分析法、特性要因圖法、關連圖法、KJ法（親和圖法）、Story（故事法）等，技法非常多，也因各種技法的適用場合不一，技巧性與方法各異，但綜合各類技法的創意產生特質，可將之歸納為**分析型**、**聯想型**和**冥想型**等三大體系。

分析型

根據實物目標題材設定所做的各種「調查分析」技法運用，而後所掌握新需求的創意或解決問題的創意方案等均屬之。

例如：特性列表法、問題編目法、因果分析法、型態分析法等，這是一種應用面非常廣的技法體系。

冥想型

透過心靈的安靜以獲致精神統一，並藉此來建構能使之進行創造的心境，也就是由所謂的「**靈感**」來啟動產生具有新穎性、突破性的創意。

從心理學的角度來看，**靈感是「人的精神與能力在特別充沛和集中的狀態下，所呈現出來的一種複雜而微妙的心理現象」**。

例如：在東方文化中的禪定、瑜伽、超覺靜坐；西方文化中的科學催眠等。

聯想型

透過人的思考聯想，將不同領域的知識及經驗，做「**連結和聯想**」而能產生新的創思、想法、觀念等。

例如：梅迪奇效應創思法、腦力激盪法、相互矛盾法、觀念移植法、語言創思法等，這也是一項最常被應用的技法體系。

▲ 創意技法的三大體系

一個創意的產生，有時可由上述的某個單一體系而產生，有時並非單純的依靠著某個單一體系完成，而是經由這三大體系的多種技法交互作用激盪而產生出來的。

高品質創意的誕生過程

要如何讓天生具有創造力的人提升其創意的獨特性與質量？如何讓較不具創造力的人達到激發創意的效果？這就要靠良好的創造性思考訓練了。

一個「好」創意的誕生需要經過幾個過程：

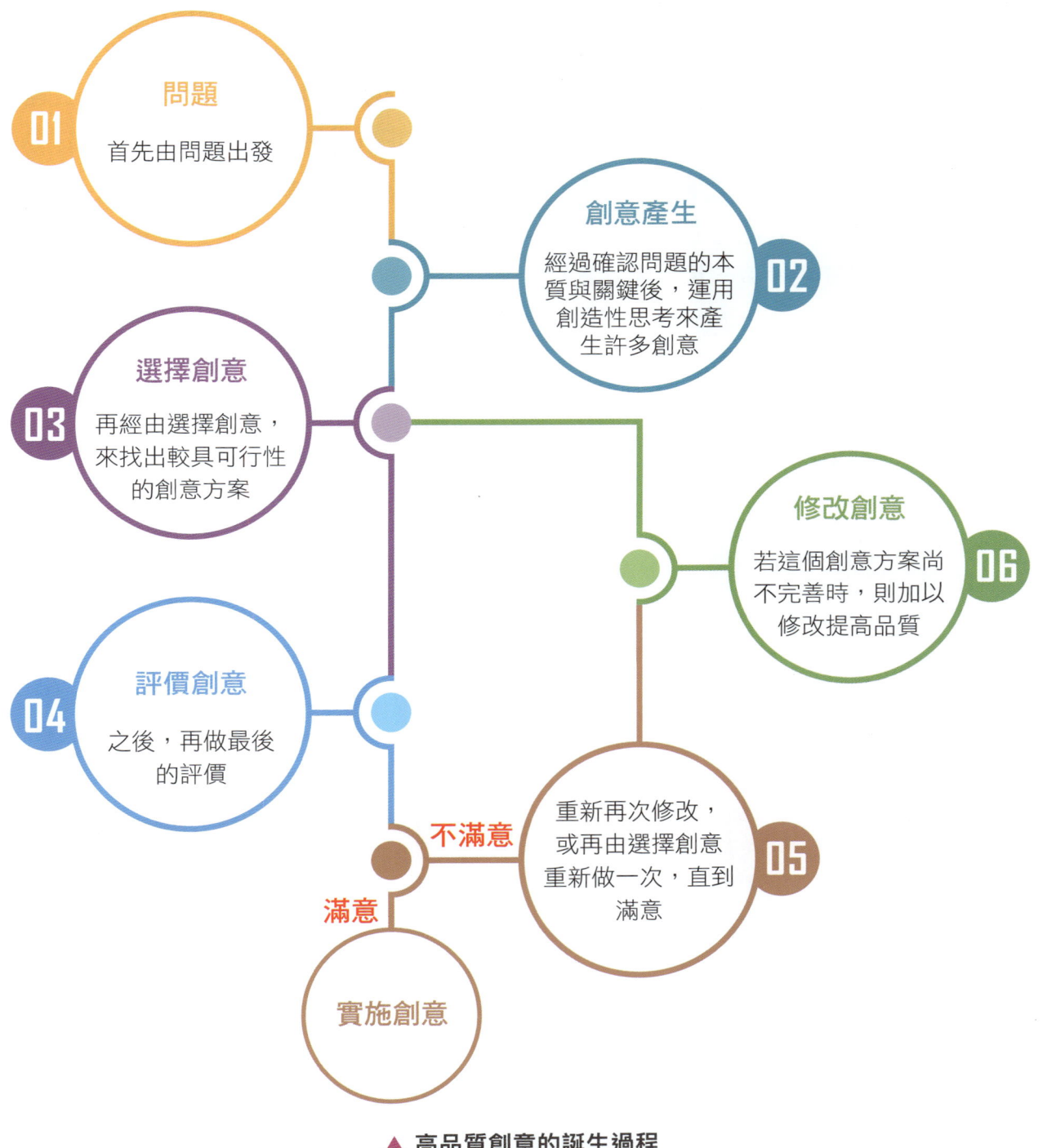

▲ 高品質創意的誕生過程

水平式創意思考練習：個人練習單

「水平式創意思考」的思考模式是跳躍式的、天馬行空的、聯想的、無拘無束的、無邏輯性的，也許會覺得匪夷所思，這都是無妨的，只要想到就行了！我們可以海闊天空的想像，無須問為什麼會這麼想，也無所謂對與錯，因為這種方式經常能夠產生獨具創意、令人拍案叫絕的新概念，這也就是所謂的「創造性思考」了！

本練習單用「個人練習」的方式進行，其目的在訓練個人的**獨立思考**能力，這對日後創意思考能力的提升很重要。以下用「吸管」為例，至少寫出二十種不同的用途。（可參考第三篇參考答案）

一、姓名：
二、物品名稱：吸管
三、至少寫出二十種不同的用途：（愛因斯坦說：想像力比知識更重要）

3 團體創意訓練

3-1 腦力激盪創意技法概要
3-2 腦力激盪與團體創意思考
3-3 其他創意技法簡述
3-4 團體腦力激盪：案例解說示範

目前最被創意家經常應用的團體創意思考技法：**腦力激盪創意技法，是從事創意、創新、創造，必定要學會使用的方法**。另外其他諸如筆記法、大自然啟示法、相互矛盾法等，也都是很好的創意技法和應用工具，相信學習這些具有系統的創意技法後，人人都能成為創意達人。

3-1 ▶ 腦力激盪創意技法概要

　　目前已被開發出來的兩百多種創意技法中，因各種技法的特質、適用場合、技巧性等各有不同，某些技法有其同質性，亦有某些技法存在著程度不一的差異性，若要細分出來切割明確，實屬不易。以下介紹的是最常用、應用面最廣、易於使用的**腦力激盪創意技法**。

一 腦力激盪法

　　腦力激盪（Brainstorming）是一種群體創意產生的方法，也是最常被使用的方法。其原理是由美國的奧斯朋（Alex F. Osborn）所發明，應用原則有下列幾項：

1. 聚會人數約五至十人，每次聚會時間約一小時左右。

2. 主題應予以特定、明確化。

3. 主席應掌控進度。

4. 運作機制的四大原則：

    (1) **創意延伸發展與組合**：由一個創意再經組員聯想，而連鎖產生更多的其他創意。

    (2) **不做批判**：對所有提出的創意暫不做任何的批評，並將其再轉化為正面的創意，反面的意見留待以後再說。

    (3) **鼓勵自由討論**：在輕鬆的氣氛中發想對談，不要有思想的拘束，因為在輕鬆的環境中，才有助於發揮其想像力。

    (4) **數量要多**：有愈多的想法愈好，無論這一個創意是否具有價值，總之，數量愈多時，能從中產生有益的新構想之機率就會愈高。

　　腦力激盪法是基於一種共同的目標信念，透過一個群體成員的互相討論，刺激思考延伸創意，在有組織的運作活動中，激發出更大的想像力和更具價值的創意。

二 腦力激盪的創意發想與延後判斷

要產生大量的創意，然後在眾多的創意構思中，篩選出具有價值、品質高的創意來實施，在這個過程中，「**延後判斷**」是一個相當重要的技巧，**所謂「延後判斷」並不是「不做判斷」**，而是指在激發創意的同時先不要急著去批評或判斷這個創意好不好、可不可行？因為在此同時去做判斷的動作，就會形成「潑冷水」的負面效果，若是在群體創意激發時，也會阻擾了他人大膽的構想。

三 為什麼需要「延後判斷」？

創意的激發就如在騎腳踏車時，用力的「**向前踩**」，而**批判性的思考和判斷**動作，就像在「**剎車**」一般，這兩種行為是相互排斥而矛盾的，所以不能同時進行，這就是為什麼在從事創意發想時，一定要採用「延後判斷」做法的真意了。

當所有創意構想都提出來之後，此時才是判斷與評價的適當時機，我們在這時候就必須用周延的態度，來全面檢視所有的創意構想，到底哪些才是真正具有價值的。

3-2 ▶ 腦力激盪與團體創意思考

具有創造性的思考，是要能提出許多不同的想法，而這些想法最後也必須找出具體可行的方法。在這過程中必須先提出「**創意點子**」（Creative Idea），而在眾多創意點子中，經過客觀「**評價**」（Appraise）的程序，找出最具「**可行性**」（Feasibility）的項目去「**執行**」（Execution），即可順利達成目標。

通常人們的習慣是在提出創意點子構思的同時,就會自己先做「自我認知」的評價,在這當中又常會發生自認為這點子太差勁或太幼稚了,根本不可行,提出來會被同組一起討論的人「笑」,所以,東想西想,卻也開不了口,連一個創意點子也沒提出來,其實這是不正確的。若一邊構思創意點子一邊做評價,其結果反而會破壞及壓抑了創造性思考力,正確的做法應該是:

主題
練習時每組成員約五至十位是較恰當的,成員太少激盪出的創意火花會不足;成員太多時練習,則所費時間恐太長

創意點子
- 嚴禁批評或先行判斷
- 氣氛自由奔放
- 創意想法的量要多
- 改善結合,歡迎延伸前例的進一步想法,再思考延伸創意

評價
共同討論各個創意點子的優點、缺點、可行性等,可視主題需要,加入其他項目,如時效性、成本等來做綜合評價

再評價
共同討論各個創意點子的優點、缺點、可行性等,可視主題需要,加入其他項目,如時效性、成本等來做綜合評價

可行性「高」之項目
可用高、中、低,或一至十分,或其他足以區分判斷評價結果的方式

執行
選出可行性「高」者「執行」即可

▲ 腦力激盪之創意產生與評價模式

3-3 ▶ 其他創意技法簡述

一 語言創思法

透過語意學的分析應用,迅速形成各種應對之道,這是運用語言的相關性及引申性來進行創意聯想,此法常用於廣告創意中。例如日本內衣生產商華歌爾的廣告語詞創意中,使用了「用美麗把女人包起來」的創思語言,以及某廠牌的保肝藥品廣告語:「肝若好人生是彩色,肝若不好人生是黑白的」(台語)。又如,由 NW 愛爾廣告公司為戴比爾斯聯合礦業有限公司製作的「鑽石恆久遠,一顆永流傳」創意廣告一詞,其廣告宣傳成就不凡。

二 筆記法

將日常所遇到的問題及解決問題方法的靈感,都隨時逐一的記錄下來,經不斷反覆的思考,沉澱過濾,消除盲點,然後就會很容易「**直覺**」的想到解決問題的靈感,再經仔細推敲找出最可行的方法來執行,透過這種方法可以啟發人們更多的創意,**此法也是愛迪生最常使用的技巧**。

在天才和勤奮之間,我毫不遲疑地選擇勤奮,它幾乎是一切成就的催化劑。

——德裔美國科學家　愛因斯坦(Albert Einstein)

三 其他創意技法

觀念移植法	此法是**把一個領域的觀念移植到另一個領域去應用**，例如人類好賭的天性，從古至今中外皆然，與其這種人性中行為的地下化，倒不如讓它檯面化，所以就有很多的國家政府將此一「人性好賭」的觀念移植到運動彩券、公益彩券的發行做法上，不但滿足了人們好賭的天性，也讓社會福利基金有了大筆的經費來源。
特性列表法	又稱「**創意檢查表法**」，**也就是將各種提示予以強制性連結**，對於創新產品而言，這是一種周密而嚴謹的方法，它是將現有產品或某一問題的特性，如形狀、構造、成分、參數以表列方式，作為指引和啟發創意的一種方法。
大自然啟示法	**透過觀察研究大自然生態如何克服困難解決問題的方法**，創意的產生可以運用這種觀察生態的做法，解開生物界之謎後，並加以仿效，再應用到人類的世界中，例如背包、衣服及鞋子上所使用的魔鬼貼，它的發明就是模仿了刺果的結構。
相互矛盾法	亦稱「**逆向思考法**」，**就是將對立矛盾的事物重新構思的方法**，有些看似違背邏輯常理或習慣的事重新結合起來，卻能解決問題，鉛筆加上橡皮擦的創意，原本一項是用來寫字的，而另一項卻是擦去字跡的，將它的對立用途結合起來，就能創造出有用的統一體。
問題編目法	也稱「**問題分析法**」或「**調查分析法**」，是以**設計問卷表**的方式，讓消費大眾對他們所關切熟悉的產品或希望未來能上市的新產品，有一些創新性的概念。
類比創思法	以與主題本質相似者作為提示，來進行創意的思考方法。
時間序列法	以時間序列的先後順序進行彙整的方法。
歸納法	以類似資料給予彙整歸納製作出新分類，所進行的創意思考方法。
因果法	以實際因果關係進行彙整的方法。
機能法	以目的及手段之序列進行機能彙整的方法。

3-4 ▶ 團體腦力激盪：案例解說示範

主題：有位學生希望在半年內能換一台新型的筆記型電腦

◆ 團體腦力激盪，創意點子蒐集表

主題：半年內換一台新型筆記型電腦			
創意＼成員	想法一	想法二	想法三
第一位	A.利用假日或晚上到夜市擺攤	B.到便利商店或速食店打工賺錢	C.買樂透彩券
第二位	D.省下零食費	E.少看電影	F.和女友約會，盡量約在不花錢的公共、藝文場所
第三位	G.用銀行現金卡預借	H.起會，當互助會會頭	I.向朋友借款
第四位	J.希望在路上撿到錢	K.等過年時長輩發紅包（壓歲錢）	L.請父母親支援費用
第五位	M.當家教	N.到民歌餐廳駐唱	O.做臨時演員

◆ 創意評價表

編號	創意點子	優點	缺點	可行性（高、中、低）評價
A	利用假日或晚上到夜市擺攤	• 利潤不錯 • 收到現金又免繳稅	• 拋頭露面，遇到同學會不好意思 • 須躲警察，以防被開罰單	中
B	到便利商店或速食店打工賺錢	• 工作機會多、工作穩定 • 時薪不錯	• 若輪夜班會比較累	高
C	買樂透彩券	• 可一夕發財	• 須先投注資金 • 中獎機率不高	低
D	省下零食費	• 少吃零食可省錢又可減肥	• 節省金額不多	低
E	少看電影	• 節省金額較多，但仍不足換機費用	• 少了和朋友或女友聚會的機會	中
F	和女友約會，盡量約在不花錢的公共、藝文場所	• 可表現自己的藝文涵養 • 完全免費	• 要看女友的個性，或許會覺得太無聊了	中

編號	創意點子	優點	缺點	可行性（高、中、低）評價
G	用銀行現金卡預借	• 馬上可達成換機的目標	• 利息太高 • 還款不易	低
H	起會，當互助會會頭	• 馬上可達成換機的目標	• 有倒會的風險	低
I	向朋友借款	• 馬上可達成換機的目標	• 不好意思開口向人借 • 欠朋友人情	中
J	希望在路上撿到錢	• 完全不用付出任何勞力	• 撿到錢的機率太小了 • 遺失者會回頭來找	低
K	等過年時長輩發紅包（壓歲錢）	• 完全不用付出任何勞力	• 紅包一年才一次，時效性不佳 • 壓歲錢金額多寡難掌控	中
L	請父母親支援費用	• 完全不用付出任何勞力	• 父母經濟狀況不是很好 • 父母親會要求下次考試要一百分	中
M	當家教	• 工作性質很好 • 薪資也很不錯	• 需多複習以前念過的書 • 休閒時間減少了	高
N	到民歌餐廳駐唱	• 收入不錯 • 能結識許多各類型朋友	• 樂器、歌聲等才藝必須很棒才上得了台 • 目前民歌餐廳並不多	低
O	做臨時演員	• 酬勞不錯 • 體驗不同的工作經驗	• 影劇業環境複雜 • 影劇業不景氣，工作機會不多	低

　　由以上練習中，五位成員所提出的創意點子想法，若用心去觀察也可約略瞭解每位成員的個性或價值觀，這是個有趣的現象（例如，第一位為開源型，第二位為節流型，第三位為預支型，第四位為等待型，第五位為才藝型）。

　　由這五位成員所激盪出的十五項創意點子中，經由「創意評價表」的「評價」，而選出最具「可行性」的項目去「執行」。

　　若由「創意評價表」的「評價」中，可行性「高」者有（編號）B 與 M 兩個，則可用這兩個創意點子再做一次「再評價」來選出「最高可行性」者。

☑ 學後習題

分組討論（每組 2～5 人）：腦力激盪學習單

💡 腦力激盪法目的

1. 透過一種不受限制的發想過程，來蒐集眾人的創意點子，進而發展出許多構想。
2. 集思廣益，跨越個人的慣性思考，團體式的討論與激盪，激發大量新想法，量中求質。

💡 腦力激盪法原則

1. 一群人共同運用腦力激盪思考，在短時間內，對某項問題的解決方式，提出大量構想的技巧方法。
2. 目標明確：訂定的主題方向及要解決的問題目標明確。
3. 兩大原理：量中求質、延後判斷。
4. 兩大階段：構想產生階段、構想評價階段。
5. 四項規律：(1) 自由思考應用想像力；(2) 觀念意見愈多愈好；(3) 不可批評，自由輕鬆；(4) 組合改進別人意見。

💡 解決問題或情境敘述（例）

每次在逛觀光夜市時，總是有很多人亂丟垃圾，造成環境髒亂，若你是觀光夜市商圈的主任委員，要如何改善解決此問題呢？

🚩 註：學員可使用自己想出來的主題來做練習！並請學員在完成後，每組輪流上台發表分享，以擴大群體創意交流，增進學習效果。

組員姓名：1._____ 2._____ 3._____ 4._____ 5._____

團體腦力激盪，創意點子蒐集表（創意思考練習） （表1.構想產生階段）

成員＼創意	想法一	想法二	想法三
第一位	A	B	C
第二位	D	E	F
第三位	G	H	I
第四位	J	K	L
第五位	M	N	O

主題：如何改善觀光夜市遊客亂丟垃圾問題？

創意評價表 （表2.構想評價階段）

編號	創意點子	優點	缺點	可行性（高、中、低）評價
A				
B				
C				
D				
E				
F				
G				
H				
I				
J				
K				
L				
M				
N				
O				

4 創造力訓練

4-1 學習單：「創造力」的自我測驗
4-2 創造力的迷思及表現之完整過程
4-3 創造力的殺手與如何培養創造力
4-4 台灣奇蹟：創意好發明行銷全世界

創造性思考有別於智商，故智商高的人創造力不一定就表現好，「創造力」的發生始於好奇心、夢想、問題及需求的察覺，找出因應的方案並加以實作執行，而得到問題的解決與結果的驗證。

創造性思考不可能完全「無中生有」，必須以「知識」和「經驗」作為基礎，再加上正確的思考方法，才能獲得發展，並可經由有效的訓練而給予增強。

4-1 ▶ 學習單：「創造力」的自我測驗

在未正式開始進入介紹「創造力」的內容之前，您可先行測驗瞭解一下，目前自己的「創造潛力」指數為何？

這是一份能測驗「自我創造潛力」的有趣問卷，以下有 50 道題目，請您用約 10 分鐘的時間作答，並以直接的個人感受勾選，千萬不要試圖去猜測勾選哪一個才是富有創造力的，**請盡量以自己實際的觀點、直覺，坦率地快速勾選即可**（註：測驗者若為學生，請自行將以下題目中之相關情境角色做轉換即可，例如，上班→上課；同事→同學）。

「自我創造潛力」的有趣問卷

勾選說明：

A：非常贊同；B：贊同；C：猶豫、不清楚、不知道；D：反對；E：非常反對

	題　目			請勾選		
1	我經常以「直覺」來判斷一件事情的正確或錯誤。	A	B	C	D	E
2	我有明確及堅定的自我意識，且常與人爭辯。	A	B	C	D	E
3	要對一件新的事情發生興趣，我總覺得比別人慢且困難。	A	B	C	D	E
4	有時我很欣賞詐騙集團的騙術很有獨創性，雖然騙人是不對的行為。	A	B	C	D	E
5	喜歡做白日夢或想入非非是不切實際的人。	A	B	C	D	E
6	對於工作上的種種挫折和反對，我仍能保持工作熱情不退。	A	B	C	D	E
7	在空閒時我反而常會想出好的主意。	A	B	C	D	E
8	愛用古怪或不常用的詞彙，像這種作家，我認為其實他們是為了炫耀自己罷了。	A	B	C	D	E
9	我希望我的工作對別人是具有影響力的。	A	B	C	D	E
10	我欣賞那種對他自己的想法非常堅定不移的人。	A	B	C	D	E
11	我能在工作忙碌緊張時，仍保持內心的沉著與鎮靜。	A	B	C	D	E
12	從上班到回家的這段路，我喜歡變換路線走走看。	A	B	C	D	E
13	對於同一個問題，我能以很長的時間，發揮耐心的去解決它。	A	B	C	D	E
14	除目前的本職外，若能由兩種工作再挑選一種時，我會選當醫生，而不會選當一名偵探家。	A	B	C	D	E
15	為了做一件正確的事，我會不管家人的反對，而努力去做。	A	B	C	D	E
16	若只是提出問題而不能得到答案，我認為這是在浪費時間。	A	B	C	D	E
17	以循序漸進，一切合乎邏輯分析的方法來解決所遭遇的問題，我認為這是最好也最有效率的方法。	A	B	C	D	E

	題　目	請勾選
18	我不會提出那種看似幼稚無知的問題。	A B C D E
19	在生活中，我常遇到難以用「對」或「錯」直接了當去判斷的事情，常常是、非、對、錯總是在灰色地帶遊走。	A B C D E
20	我樂於一人獨處一整天。	A B C D E
21	我喜歡參與或觀賞各種藝文展覽、活動。	A B C D E
22	一旦有任務在身，我會克服一切困難挫折，堅決的將它完成。	A B C D E
23	我是一個做事講求理性的人。	A B C D E
24	我用了很多時間來想像別人到底是如何看待我這個人的。	A B C D E
25	我有蒐集特定物品的癖好（如 Kitty、史努比、套幣、模型等）。	A B C D E
26	我欣賞那些用點小聰明而把事情做得很好的人。	A B C D E
27	對於美感，我的鑑賞力與領悟力特別敏銳。	A B C D E
28	我看不慣那些做事緩慢、動作慢條斯理的人。	A B C D E
29	我喜愛在大家一起努力下工作，而不愛一個人單獨做事。	A B C D E
30	我不喜歡做那些無法預料或沒把握的事。	A B C D E
31	我不太在意同僚們是否把我看成一位「好」的工作者。	A B C D E
32	我經常能正確的預測到事態的發展與其最後的結果。	A B C D E
33	工作第一、休假第二，這是很好的工作原則。	A B C D E
34	憑直覺去判斷解決問題，我認為這是靠不住的。	A B C D E
35	我常會忘記路名、人名等看似簡單的問題。	A B C D E
36	我常因無意間說話不小心中傷了別人而感到愧疚。	A B C D E
37	我認為喜歡出怪主意的人，其實他們只是想表現自己的與眾不同。	A B C D E
38	一些看起來沒有價值的建議，就不需再浪費時間去推敲了。	A B C D E
39	我經常會在沒事做時胡思亂想、做白日夢。	A B C D E
40	在小組討論時，我經常為了讓氣氛融洽，而不好意思提出不受歡迎的意見。	A B C D E
41	我總是先知先覺的提出可能會發生的問題點與其可能導致的結果。	A B C D E
42	對於那些做事猶豫不決的人，我會看不起他們。	A B C D E
43	若所提出的問題是得不到答案的，那提出這個問題簡直就是在浪費時間。	A B C D E
44	按邏輯推理，一步一步去探索解決問題，是最好的方法。	A B C D E
45	我喜歡去新開的餐館吃飯，縱然我還不知道口味好不好。	A B C D E
46	我不愛閱讀本身興趣以外的書報、雜誌、網路文章等。	A B C D E
47	「人生無常」，像這種對事情看法是「事事難料」的人生觀，我心有同感。	A B C D E
48	我難以忍受和個性不合的人一起做事。	A B C D E
49	我認為看待問題的觀點和角度，常是影響問題能否順利解決的關鍵。	A B C D E
50	我常會想到一些生活中的小祕方，讓生活變得更美好。	A B C D E

請依下表計算您的得分,再將分數做加總。

• 問卷計分方式 •

題目	1	2	3	4	5	6	7	8	9	10	11	12	13	14	15	16	17	18	19	20
A	4	0	0	4	0	4	4	0	4	0	4	4	4	0	4	0	0	0	4	4
B	3	1	1	3	1	3	3	1	3	1	3	3	3	1	3	1	1	1	3	3
C	2	2	2	2	2	2	2	2	2	2	2	2	2	2	2	2	2	2	2	2
D	1	3	3	1	3	1	1	3	1	3	1	1	1	3	1	3	3	3	1	1
E	0	4	4	0	4	0	0	4	0	4	0	0	0	4	0	4	4	4	0	0

題目	21	22	23	24	25	26	27	28	29	30	31	32	33	34	35	36	37	38	39	40
A	4	4	0	0	0	4	4	0	0	0	4	4	0	0	4	0	0	0	4	0
B	3	3	1	1	1	3	3	1	1	1	3	3	1	1	3	1	1	1	3	1
C	2	2	2	2	2	2	2	2	2	2	2	2	2	2	2	2	2	2	2	2
D	1	1	3	3	3	1	1	3	3	3	1	1	3	3	1	3	3	3	1	3
E	0	0	4	4	4	0	0	4	4	4	0	0	4	4	0	4	4	4	0	4

題目	41	42	43	44	45	46	47	48	49	50
A	4	0	0	0	4	0	4	0	4	4
B	3	1	1	1	3	1	3	1	3	3
C	2	2	2	2	2	2	2	2	2	2
D	1	3	3	3	1	3	1	3	1	1
E	0	4	4	4	0	4	0	4	0	0

總分 151~200 高創造潛力者

總分 101~150 一般創造潛力者

總分 100 以下 低創造潛力者

本測驗主要針對人的先天性格方面,僅供參考,而後天的創造力是能透過技法訓練來獲得提升的。

4-2 ▶ 創造力的迷思及表現之完整過程

一 創造力的迷思

◉ 迷思一：愈聰明就代表愈有創造力？

依據許多的研究及事實證明，創造力與智能的關係只在某一種基本的程度內成立而已，一個人只要具有中等以上的智能，在創造力的表現方面，就幾乎很難再從智能上看出高下了，反倒是**人格特質、意志力、挫折承受力、興趣等非智力因素的影響較大**，因此，在使用學業成績或智商測驗之類的方法，要來篩選出企業所需的創意人才，其在方法上是錯誤的。

◉ 迷思二：只有大膽的冒險者才有創造力？

創造力的展現是要冒風險的，這並沒有錯，但它不等同於你必須要完全特異獨行，天不怕地不怕的盲目冒險，因為此般做法是很危險的。喬治・巴頓（George S. Patton）將軍曾說：「**冒險之前應經過仔細規劃，這和莽撞有很大不同**，我們要的是**勇士**，而不是**莽夫**。」

所謂冒險的精神，應該是願意冒經過詳細評估過的風險，這樣才會對創造力有所助益，且不至使企業陷入危險的狀態。

◉ 迷思三：年輕者較年長者更有創造力？

事實上，年齡並非創造力的主要決定因素，然而，我們會有這樣的刻板印象，其主因乃在於通常年長者在某一方面領域的深厚專業使然，專業雖然是很多知識的累積，但專業也可能扼殺創造力，專家有時會難以跳脫既有的思考模式或觀察的角度。所以，**當從事於創新研發時，請顧及新人與老手之間的平衡，老手擁有深厚的專業，而新人的思維可能更加開放**，若能結合兩者的優點，必能發揮更強的創造力。

最高招的發明：就是用最簡單的原理和低成本來解決問題，這就是所謂 —— 創意的高價值。

—— 佚名

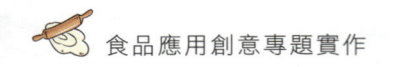

◉ 迷思四：創造力是個人行為？

其實創造力不只在個體產生，它更可以用集體的方式來產生更具價值的創意，世界上有很多重要的發明都是運用集體的智慧腦力激盪、截長補短，靠許多人共同合作而完成的。

◉ 迷思五：創造力是無法管理的？

雖然我們永遠無法預知誰會在何時產生何種創意、創意內容是什麼，或是如何產生的；但企業的經營者卻能營造出有利於激發創造力的環境，諸如，適當的資源分配運用、獎勵措施、研習訓練、企業組織架構、智慧財產管理制度等，在這些方面做良好的管理，是能有效激發創造力的。

二 創造力表現之完整過程

在整個創造力表現的完整過程中，學理上包含了內在行為的「**創意的產生**」和外在行為的「**具體的行動**」兩大部分。

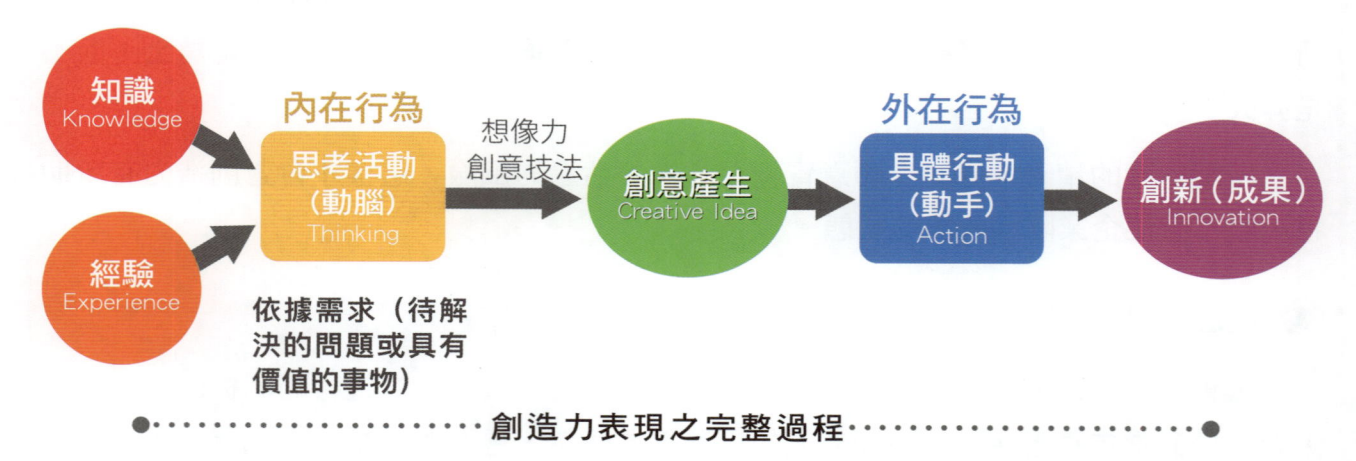

知識 Knowledge ＋ 經驗 Experience → 內在行為 思考活動（動腦）Thinking → 想像力 創意技法 → 創意產生 Creative Idea → 外在行為 具體行動（動手）Action → 創新（成果）Innovation

依據需求（待解決的問題或具有價值的事物）

⋯⋯⋯⋯⋯⋯⋯⋯⋯⋯⋯⋯⋯創造力表現之完整過程⋯⋯⋯⋯⋯⋯⋯⋯⋯⋯⋯

若一個人他的創意產生是很豐富的，但都沒有具體行動去執行，那此人的創造力（或稱創新力）也就只是表現了一半而已，變成流於空幻，故以創造力表現之完整過程而論，其具體行動的能力乃是相當重要的一部分。所以，創新能力的公式即為：

$$創造力 = 創意力 + 執行力$$

4-3 ▶ 創造力的殺手與如何培養創造力

一 創造力的殺手

在社會上工作時,無論是企業或機關常因文化上、制度上、管理上的某些做法或限制,而阻礙了創造力的發揮。

綜觀,**創造力的發展阻礙有「個人因素」及「組織因素」**兩大區塊。據調查資料結果顯示,創造力的殺手具有下表幾個面向:

因素		造成創造力發展阻礙的要項
個人因素	習慣方面	依循傳統的個性
		舊有習慣的制約
		價值觀念的單一
		對標準答案的依賴
	心態方面	自滿與自大
		缺乏信心,自我否定與被否定
		缺乏勇氣,害怕失敗的心理
組織因素	文化方面	保守心態,一言堂
		循例照辦,墨守成規
	制度方面	防弊多於興利的諸多限制
		扣分主義,多做多錯,少做少錯
		缺乏激勵制度,有功無賞
	管理方面	由上而下,單線領導
		缺乏授權,有責無權
		本位主義,溝通不良

只是「夢想家」—不是發明家;
只有「實踐家」—才是發明家。

—— 佚名

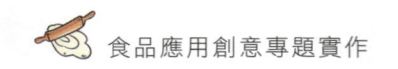

二 如何培養創造力

　　創造學於二十世紀興起於美國，許多學者認為創造力的形成要素中，部分是先天遺傳的，部分是後天磨練出來的，也就是說，先天和後天交互影響的結果，絕大部分是受後天的影響居多。**「知識的創造者」，主要依靠想像力及實踐力，將創意實踐後再經由驗證過程進而創造出新的知識，世界上眾多發明作品和科學新知都是這類的人所創造出來的。**

　　創造力人人都能培養，但並非一蹴可幾，而是須經過長時間的習慣養成與落實於日常生活中，如此才能真正出現成效。依據許多心理學家的研究結果及去探索以往富有創造性的發明家或科學家的成長背景，不難發現他們有共同的成長背景因素，如加以歸納整理必可發現培養創造力的有效方法。

三 培養創造力的有效方法

1　激發好奇心

　　「好奇」是人類的天性，人類的創造力起源於好奇心，居里夫人說：「**好奇心是人類的第一美德。**」但是一個人有了好奇心並不一定就能成大器，必須還要再加上汗水的付出，不斷的努力去實踐與求證的毅力才行。

2　營造輕鬆的創造環境

　　輕鬆的學習環境或工作環境能催化人的創造性思維，雖然人在處於高度精神壓力之下也有集中意志、激發創意的效果，但這只是短期的現象，若人在長期的高度精神壓力之下，對於創造力的產生反倒是有負面的影響，以常態性而言，在較為輕鬆的環境下，人更容易產生具有創造性的思維。

3　突顯非智力因素的作用與認知

　　舉凡意志力、承受挫折能力、抗壓性、熱情、興趣等，排除智力因素外的其他因子影響人的認知心理因素都稱為「非智力因素」。在心理學的研究裡，顯示一個人的成就，智力因素大約只占了 20% 左右，而非智力因素所占的比重約高達 80%，創造力的培養更應著重於非智力的種種因素上。

4 培養獨立思考及分析問題、解決問題的能力

　　培養個人的獨立思考能力是不可缺少的重要一環,若做事都是依賴他人的指示或決定去做,無法自己去分析問題與尋求解決之道,則因此創造心理逐漸被淡化,反而養成依賴心理。

▲ 創客新設計：冰滴咖啡沖泡器　　　　　　　　　圖片來源：葉忠福攝影

5 養成隨時觀察環境及事物的敏感性

　　「創造」通常都需要運用自己已知的知識或經驗,再利用聯想力（想像力）來加工產生的,簡言之,即事物在組合中變化,在變化中產生新事物,也就是說「**已知的知識及經驗是創造力的原料**」,而**觀察力**卻又是吸收累積知識與經驗的必備條件,所以有了敏銳的觀察力就能快速的累積知識及經驗,也就能保有充足的創造力原料。

6 培養追根究柢的習慣

宇宙之間的智識浩瀚無窮，人類累積的知識並不完美，至今仍是非常有限的，從事研究創新工作時必須依靠追根究柢的精神，才能探求真理發現新知。

7 培養實踐的行動力

實踐的行動力甚為重要，若無實踐的行動力則一切將流於空談無所成果。而「創造意識」就是主動想要去創造的欲望及自覺性，而希望改善現狀與成就感都是產生創造意識的重要動機。

▲ 戶外取暖的煤氣爐設計
圖片來源：葉忠福攝影

4-4 ▶ 台灣奇蹟：創意好發明行銷全世界

　　台灣地區天然資源貧乏，只有用之不盡的腦力資源才是台灣最大的資產，而具原創性的「創意」又是一切創新的開頭。從台灣的發明史上來觀察，我們可以看出台灣的好創意、好發明、好產品是受到世界肯定的。所謂：「**學習別人成功的經驗，是使自己通往成功的最佳捷徑。**」以下幾項由台灣人所創意發明出來的好產品，並行銷全世界的成功實例，我們可藉由這樣的成功軌跡，找尋下一個可能成就偉大市場潛力的發明新作品。

案例故事 1　台灣發明「免削鉛筆」登上大英百科全書

　　「免削鉛筆」的發明是為女兒削鉛筆時感到太麻煩，才得以發明出來的。 免削鉛筆的創意發明是在 1960 年代的台灣。據聞，當時發明人洪蠣是位造船工人，因每天下班之後，總要為就讀小學的女兒削鉛筆。有一天，他下班回家時，將戴在頭上的斗笠放到桌邊成疊的斗笠堆上時，想到待會兒又要為女兒削鉛筆，真煩人呀！於是靈機一動有了免削鉛筆的創意發明靈感，若能像剛剛放斗笠時一樣，將鉛筆頭一支又一支重複疊起來，用鈍了就抽換另一支，這樣就不必再天天削鉛筆。經實驗後洪蠣很滿意這樣的發明，並在 1964 年向當時的中央標準局申請了發明專利，這也引起當時紡織廠商人莊金池的興趣和關注，後來莊金池以八百萬元的天價買下專利權，以當時的物價，這筆錢可在都市裡買下十棟房子。

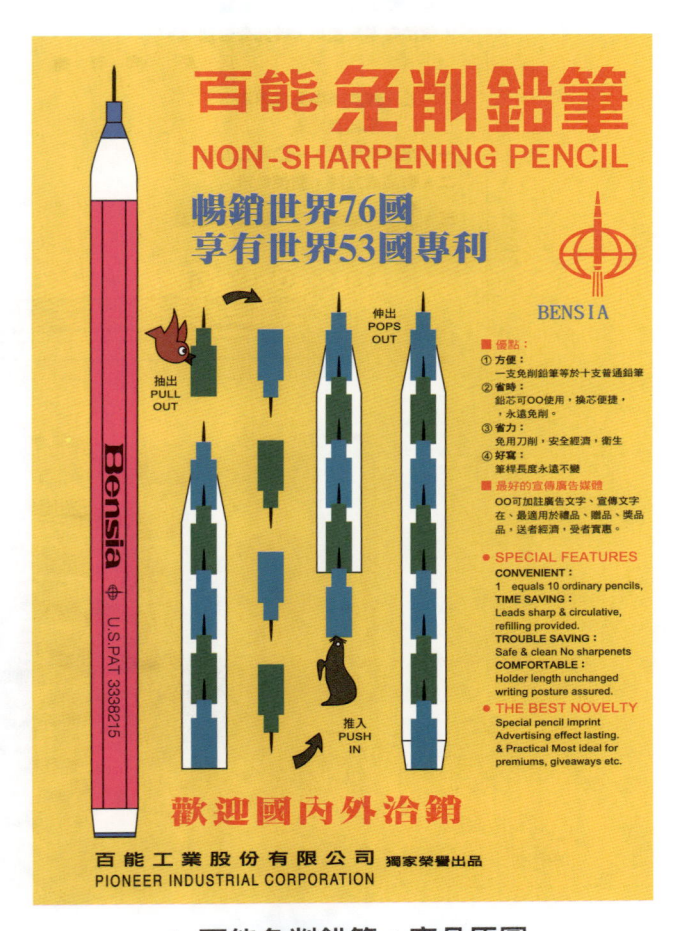

▲ 百能免削鉛筆：商品原圖
圖片來源：www.facebook.com/FormosaMuseum
秋惠文庫

這項專利,並於 1967 年成立百能文具公司(Bensia,台語「免削」的拼音),「**Bensia 免削鉛筆**」還登上大英百科全書,是第一個聞名全球的台灣創意發明產品,行銷世界九十幾個國家,為台灣賺進很多外匯,是令世界驚嘆的好創意妙發明,時至今日仍是熱銷的文具商品之一。

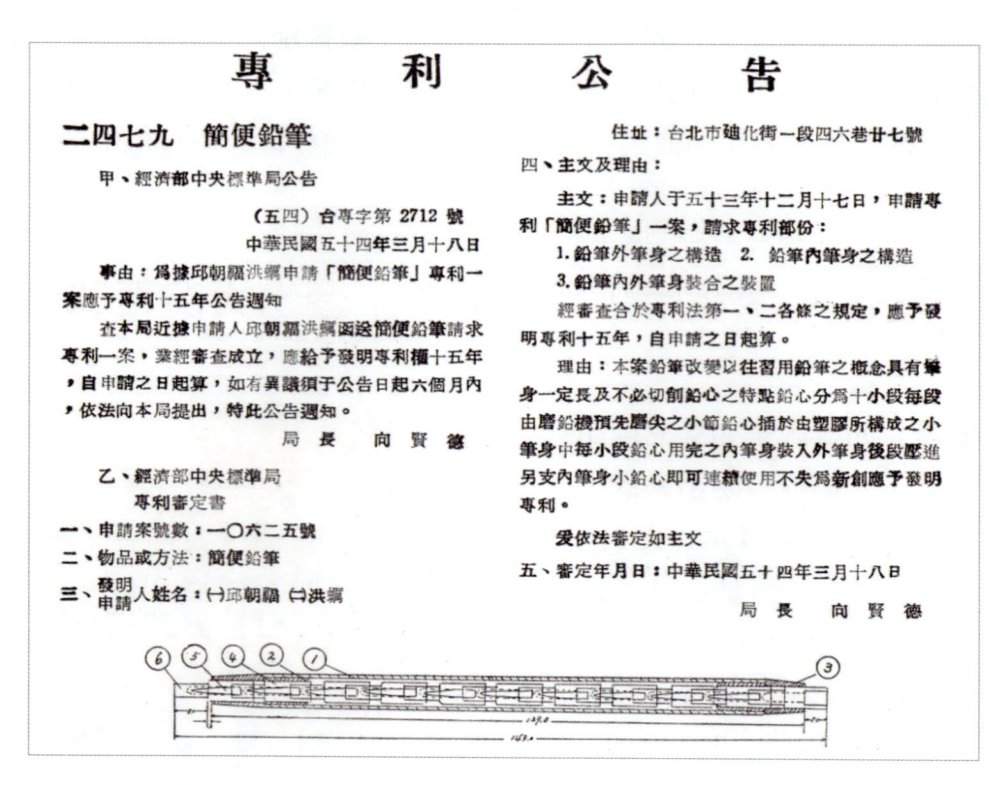

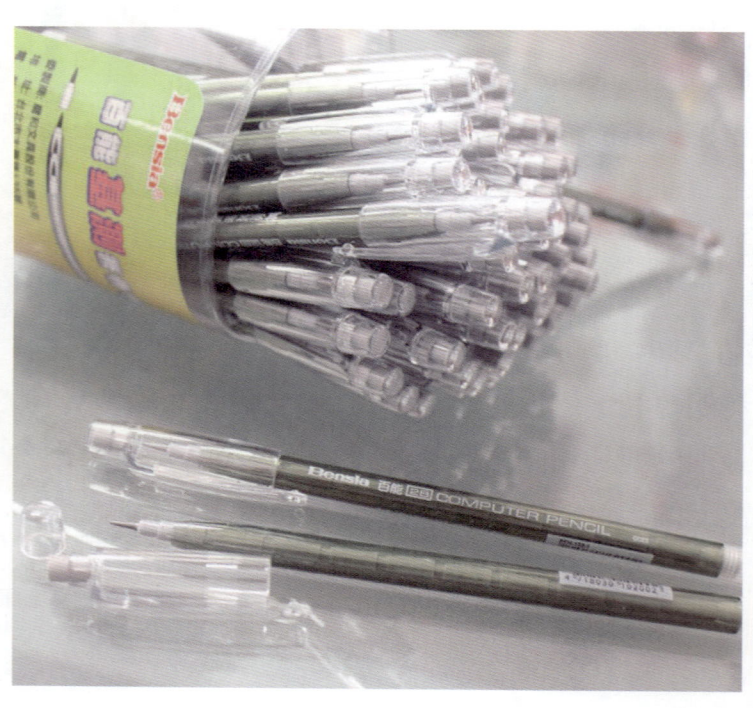

▲ 免削鉛筆於 1964 年,向當時的中央標準局提出發明專利申請

圖片來源:https://www.tipo.gov.tw/ 經濟部智慧財產局

案例故事 2　打掃拖地好創意：發明「好神拖」行銷全世界

　　打掃拖地也能有好創意，在發明界清潔用品類中的台灣之光「好神拖」，自 2007 年上市以來，可謂是全球旋轉式拖把的先驅發明者，迄今銷售超過數千萬組，不僅榮獲德國紅點設計獎、台灣金點設計獎，更是家庭主婦家事清潔的好幫手。

　　「好神拖」的點子靈感來源，最早是由位於花蓮從事開設餐廳的丁明哲所發明，當年他開餐廳每天打烊時，都必須拖地打掃餐廳清潔環境。每天遇到沙發、櫃子底部因傳統拖把厚度太高而伸不進去，遇到桌腳或柱子拖把就會卡住，為了要改善自己整天的工作所需，於是靈機一動，他設計出扁平圓盤狀的拖把，圓盤狀拖把遇到桌腳、柱子可自動旋轉滑過不會卡住，而且圓形拖把可利用離心水槽的離心脫水，省去用手擰乾且太費力的缺點，更因拖地過程中不再需要用手去接觸髒兮兮的拖布，讓使用者的手更乾淨衛生，這發明更在 2005 年申請了專利。

　　丁明哲花了二年的時間到處找人合作要開發成商品，卻都未能完成商品化，直到經友人介紹與 1984 年就創立的鉅宇企業負責人林長儀合作開發成商品，因林長儀以彈簧產品及塑膠射出廠起家，熟悉如何產品設計商品化及生產行銷等，於是二人一拍即合，成功的將扁平圓形拖把商品化生產製造出來。

▲ 好神拖 C600 雙動力旋轉　拖把組

創意必須是自由的，如果創意循一定的規則，應該這樣，應該那樣，那就不是創意，那叫乏味。

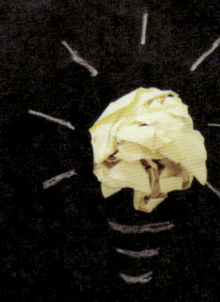

—— 佚名

為你的發明商品取一個響亮的好名字很重要

「好神拖」此一商品名稱的由來，也是一個有趣的故事，當產品開發出來，工作人員在試用時，發現使用效果實在太好了，於是**脫口讚嘆說了一句：「哇！好神」**，經公司討論後，覺得此一讚嘆「好神」不但讓消費者好記，更可顯現出這支拖把的**好用與神奇**，於是「**好神拖**」這樣的商品名稱就此確定了，也成為日後圓形旋轉式拖把商品的代名詞了。

好神拖在台灣剛上市時，曾在電視購物台推出銷售，當時市面上最貴的拖把也只不過三、四百元，而好神拖一組超過一千元，沒想到播出四十分鐘賣出 823 組，銷售業績近百萬元，創下當時生活用品類最高銷售紀錄。除了台灣市場大賣之外，好神拖也曾在韓國電視購物台銷售，原計畫第一檔銷售目標一萬二千組產品，沒想到一開播三十分鐘內就銷售一空，又創下新的銷售紀錄。好神拖外銷到世界其他國家也都創下銷售佳績，為發明人帶來極大的獲益。

抓住懶人經濟就有好商機

「好神拖」的新創意發明產品出現了，它解決了多數人拖地時的困擾，就是以往要用手去擰拖布，以及拖地時的卡卡不順暢。而且在行銷上「好神拖」是用整個套餐式的販售，包括水桶及拖把本身和拖布一整組銷售，日後可再購買新拖布組以作為後續耗材的更換，以提高消費者的回客率，這正是運用懶人經濟學來提升商品銷售的好範例。

創意創新、發明創造是不限男女老少、學歷、經歷，只要您在生活的周遭多加留意及用心，隨時都可得到很好的創意點子，再將實用的創意點子加以具體化實踐，即可成為發明作品。好的發明創意靈感構想，就在我們的身邊生活環境中，只要我們多加留意身旁的困擾與不方便，小創意也能創造大商機。

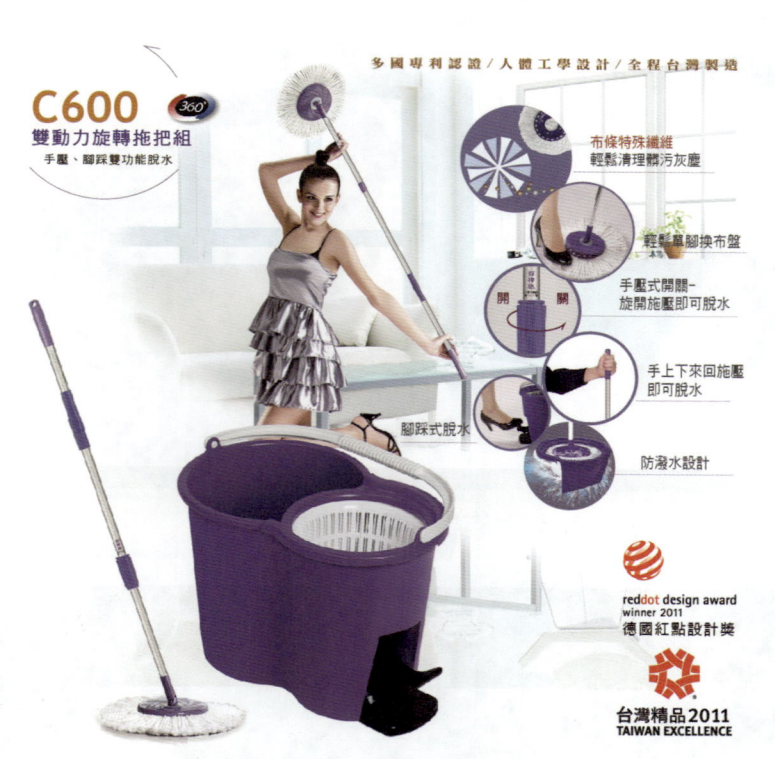

▲ 多功能符合人體工學：好神拖 C600 雙動力旋轉拖把組

學後習題

觀察力練習活動單（問題觀察紀錄單）

　　本練習可以是個人的練習，也可以用 2～5 人的小組討論做練習，其目的在於訓練敏銳觀察力，透過日常生活中的小細節，觀察周遭環境發現問題與困擾不方便之處並提出紀錄，這對創意思考練習能有很大幫助。

（註：學員在練習完成後，可輪流上台發表分享，以擴大群體交流，增進學習效果。可參考第三篇參考答案）

一、姓名：
二、主題：**問題的發現**
三、每人至少提出二個困擾不方便或生活中的問題點

5 創新發明訓練

5-1 發明來自於需求
5-2 商品創意的產生及訣竅
5-3 創新發明的原理及流程
5-4 創新機會的主要來源

「**創新**」與「**速度**」是二十一世紀競爭力的兩大支柱，「**創新**」是成長的動力，而「**速度**」是超越對手的最佳利器。本微課的目的，在於學習具正確創新發明的概念、要領，讓學員在面對從新產品設計到消費者使用端時，具備應有的態度與認知。

5-1 ▷ 發明來自於需求

所謂「**需求為發明之母**」，大部分具有實用性的發明作品，都是來自於有實際的「需求」，而非來自於為發明而發明的作品。在以往實際的專利申請發明作品中，不難發現有很多是「**為發明而發明**」的作品，這些作品經常是華而不實，要不然就是畫蛇添足，可說創意有餘而實用性不佳。

創造發明的作品，最好是來自於「**需求**」，因為有了需求，即表示作品容易被市場所接受，日後在市場行銷推廣上，會容易得多，這些道理都很簡單，似乎大家都懂，但是**問題就在於：「如何發現需求？」**這就需要看每個人對待事物的敏感度了，正所謂「處處用心皆學問」，其實，只要掌握何處有需求、需求是什麼，**在每個有待解決的困難、問題或不方便的背後，就是一項需求**，只要我們對身邊每件事物的困難、問題或不方便之處，多加用心觀察，必定會很容易找到「需求」在哪裡，當然發明創作的機會也就出現了。也有人開玩笑的說：「懶惰為發明之父」，對發明創造而言，人類凡事想要追求便利的這種「懶惰」天性，和相對的「需求」渴望，其實只是一體的兩面。

▲ 日本新設計單人電動車　　　　　　　　圖片來源：葉忠福攝影

「發明」的六字箴言：問題、需求、商機。
（一個問題就是一個需求，一個需求就是一個商機）

—— 佚名

一 有「問題」就能產生「需求」

例如，早期的電視機，想要看別的頻道時，必須人走到電視機前，用手去轉頻道鈕，人們覺得很不方便，於是就有了「需求」，這個需求就是最好能坐在椅子上看電視，不需起身就能轉換頻道，欣賞愛看的節目，當有了這樣的需求，於是發明電視遙控器的機會就來了，所以，現在的電視機每台都會附有遙控器，已解決了早期的不便之處。

又如，現今汽車非常普及，差不多每個家庭都有汽車可作為代步工具，大家都覺得夏天時汽車在大太陽的照射下，不用多久的時間，車內的溫度就如烤箱般熱呼呼的，剛進入要開車時，實在是很難受的一件事，若有人能依這種「需求」，而發明一種車內降溫的技術，且產品價格便宜、安裝容易、耐用不故障，市場必定會很容易就接受這種好的產品，而為發明人帶來無限的商機。

又如，簡便的蔬果農藥殘留檢測光筆，如能像驗偽鈔的光筆一樣，使用簡易方便，能提供家庭主婦在菜市場購買蔬果時使用，這也必定有廣大的需求。**這種「供」、「需」的關係，其實就是「需求」與「發明」的關係。**

▲ 日本發明感冒人士專用衛生紙架
你覺得實用性如何呢？你會購買這樣的產品嗎？
圖片來源：http://www.jiaren.org

二 發明與文明

人類生活的不斷進步與便利，依靠的就是有一大群人不停的在各種領域中研究創新發明，目前全世界約六秒鐘就有一項創新的專利申請案產生，光是台灣地區一年就有超過八萬多件專利申請送審案件，全世界每天都有無數的創新與發明促成了今日社會的文明，**別小看一個不起眼天馬行空的構想，一旦實現，可能會改變全人類的生活**，例如現在每個人都會使用到的迴紋針就是發明者在等車時無聊，隨手拿起鐵絲把玩，在無意中所發明的，雖是小小的創意發明卻能帶給人們無盡的生活便利。

然而今天的發明創新環境須具備更多的人力、財力、物力及相關的知識，尤其是當自己一個人，人單力薄，資金與技術資源有限，尋求外界協助不易，對於專利法規若又是一竅不通，此時即使有滿腦子的構思，終究也難以實現，所以有正確的發明方法及知識，才能很有效率的實踐自己的創意與夢想，同時帶給人類更進一步的文明新境界。

5-2 ▶ 商品創意的產生及訣竅

每一個人除了在各個專業領域所遇到的瓶頸外，在生活當中，也一定都會遇到困難或感到不方便的事項，此時正好就是產生創意思考去解決問題的時機。然而，發明家不只在想辦法解決自己所遇到的困難，更能去幫別人解決更多的問題，尤其當創意是有經濟價值的誘因時，從一個創意產生，到可行性評估，再到實際去實踐，是需要一些訣竅的，以下先將一些創意的產生訣竅及有效方法，提供給學員參考及應用。

一 從既有的商品中取得靈感

可經常到國內外的各種商品專賣店或展覽會場及電腦網路的世界中尋找靈感，由各家所設計的產品去觀察、比較、分析，看看是否有哪方面的缺點是大家所沒有解決的，或是可以怎樣設計出更好的功能，再應用下列所提的各種方法，相信要產生有價值的發明創意並不困難。

二 掌握創作靈感的訣竅

※ 隨時作筆記

一有創作靈感就隨時摘錄下來，這是全世界的發明家最慣用而且非常有效的訣竅。每個人在生活及學習的歷程中，不斷的在累積經驗，這些看似不起眼的經驗或許正是靈感的來源，而靈感在人類的大腦中常是過時即忘，醫學專家指出，這種靈感快閃呈現，大多只在大腦中停留的時間極為短促，通常只有數秒至數十秒之間而已，真的是過時即忘，若不即刻記錄下來，唯恐會錯過許多很好的靈感，就像很多的歌手或詞曲創作者一樣，當靈感一來時，即使是在三更半夜，也會馬上起床坐到鋼琴前面趕快將靈感記錄下來，其實發明靈感也是相同的。而且**當你運筆記錄時常又會引出新的靈感，這種連鎖的反應，是最有效的創作靈感取得方法**，大家不妨一試。

「成功發明」的三力方程式：
成功發明＝（創意力＋研發執行力）× 行銷力 ─佚名
「發明」就是：「讓創意化為真實」。 ─佚名

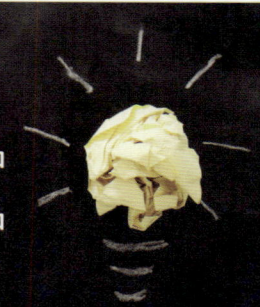

善用潛意識

這也是個很好的方法，相信大多數人都有這種經驗，當遇到問題或困難無法解決想不出辦法時，先去吃個飯、看場電影或小睡片刻，**將人轉移到另一種情境裡，時常就這樣想出了解決問題的方法**，這就是我們人類大腦**潛意識**神奇的效果。

三、新產品創意的形成模式

一項新產品的創意來源形成模式有兩種，分別為「**群體**」產生及「**個人**」產生。在一個可獲利的發明商品中，從**創新管理**（Innovation Management）的角度來看，它包括了**發明→專利→商品→獲利**這四個階段，而**新產品的發明創意構想是整個產品研發到獲利的流程之首，也是研發成敗的重要關鍵所在**，無論是群體或個人的創意，一個完美的創意構想，能使後續開發工作進行順利，反之則可能導致失敗結果。

在**群體創意**的產生方面，可透過**集體腦力激盪、組織研討會、成員的經驗分享、新知識的學習等，來提高創意的品質及構想的完整性**。而在**個人創意**的產生方面，則可經由個人**知識的累積、經驗的體會及個人性格與思考模式**的特質，發揮想像力來獲取高素質的創意構想。

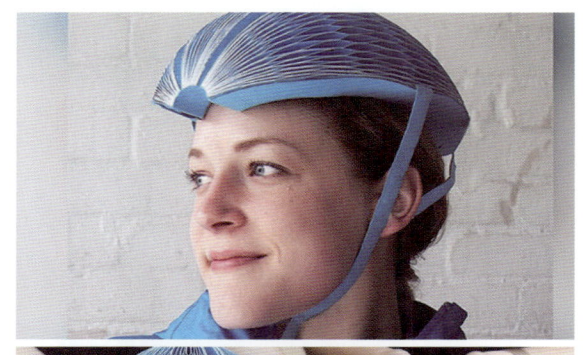

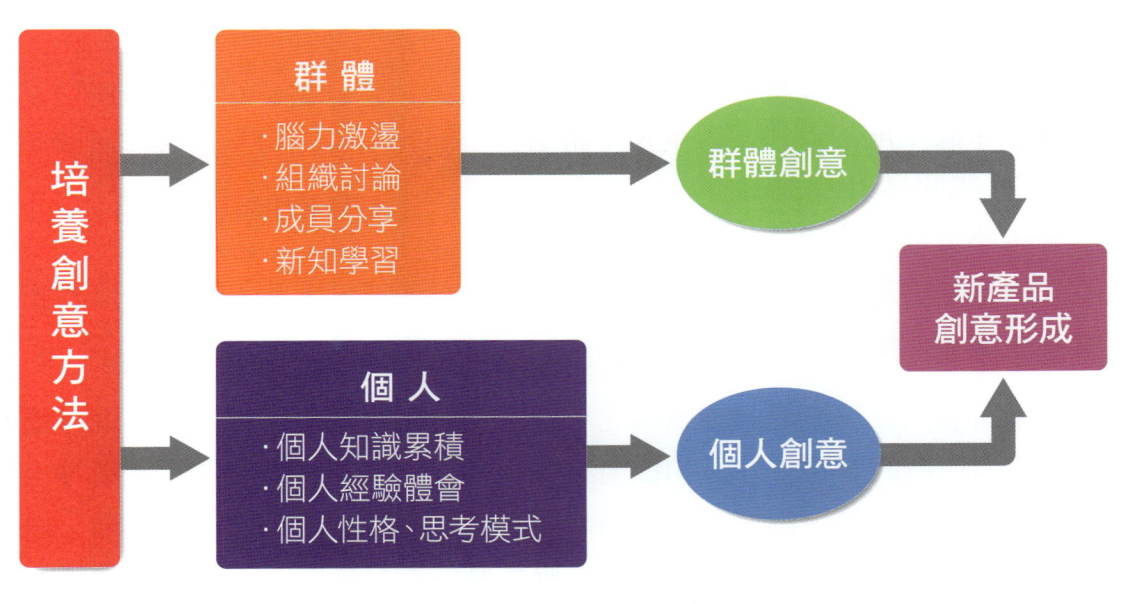

▲ 28歲的美國設計師希弗（Isis Shiffer）設計出了可隨身攜帶的紙安全帽
圖片來源：http://www.ecohelmet.com

▲ 新產品創意的形成

5-3 ▶ 創新發明的原理及流程

創新與發明並非只有天才能夠做，其實每個人天生皆具有不滿現狀的天性和改變現狀的能力，只是我們沒有用心去發掘罷了，在經過系統化學習創新發明的原理及流程後，一般大眾只要再綜合善用已有的各類知識與思考變通，其實人人都能成為出色的發明家。

在現代實務上的「創新發明原理流程」中（如右圖），眾所皆知，**發明來自於「需求」，而「需求」的背後成因，其實就是人們所遭遇到的種種「問題」**，這些問題，可能是你我日常生活中的「困擾」之事，簡單舉例，如夜晚蚊子多是人們的「困擾」，於是人們發明了捕蚊燈、捕蚊拍等器具，來解決夜晚蚊子多的「問題」。這些問題，也可能是你我的「不方便」之事，如上下樓層不方便，尤其當樓層很高時，所以我們發明了電梯，來解決此一上下樓層不方便的「問題」。如上所述，這些問題在表徵上的「困擾」、「不方便」之事，會以千萬種不同的型態出現，只要發明人細心觀察必能有所獲。因此，我們可以如此的說：**「發明來自於需求，需求來自於問題。」**

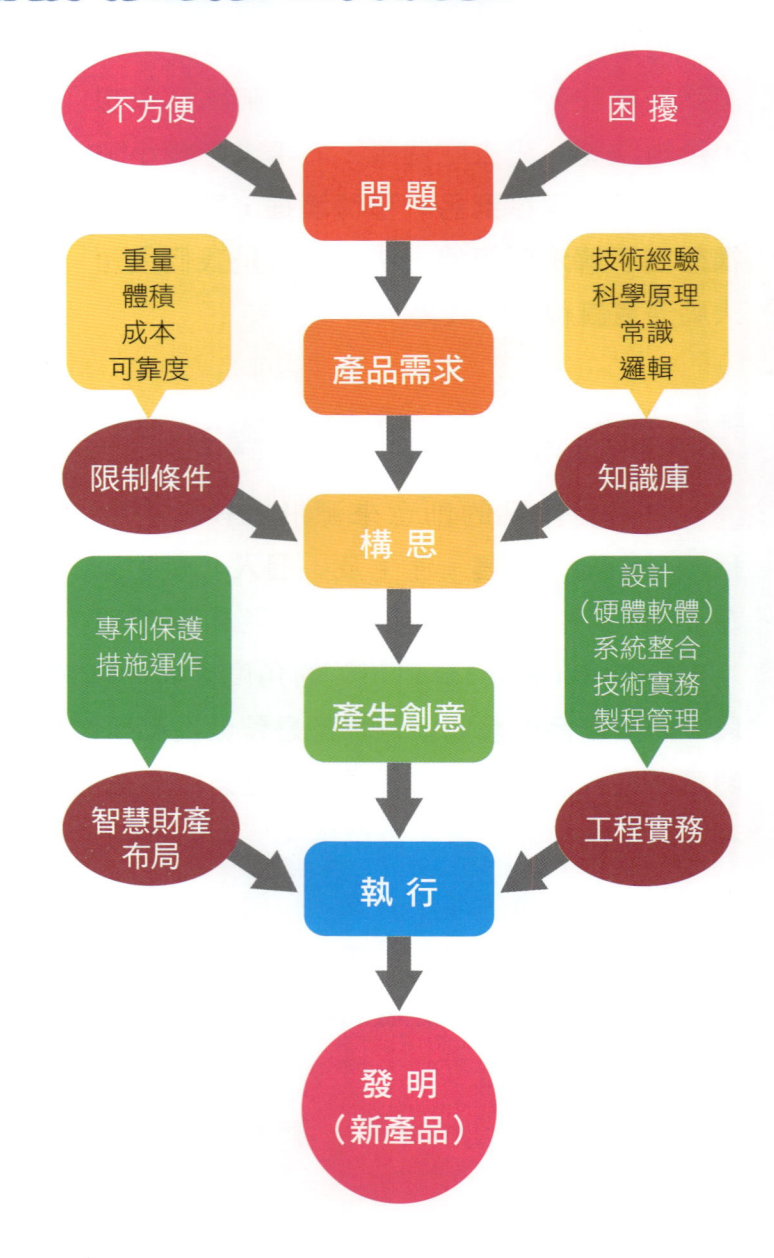

▲ 創新發明原理流程圖

將上圖創新發明原理流程詳細說明之，當我們有了「產品需求」時，就可透過「構思」，運用綜合已有的各類知識，如技術經驗、科學原理、常識與邏輯判斷等，經過思考變通，就可以產生新的「創意」出來，然而在產生具有實用價值的「構思」過程中，則必須考量到「限制條件」的存在。所謂**「限制條件」**是指每一項具實用價值的發明新

產品，它一定會受到某些「不可避免」的先天條件限制。以捕蚊拍為例，它的重量一定要輕，成本要低，其可靠度至少要能品質保證使用一年以上不故障，這些都是具體的「限制條件」。反之，若不將「限制條件」考慮進去而產生的「構思」，如捕蚊拍的成本一支為 5 千元新台幣，重量 10 公斤，即使它的捕蚊功能再好，產品大概也是賣不出去的。所以，目前市面上大賣的捕蚊拍，實際產品一支大約 1 百至 2 百元新台幣之間，重量也只有 3 百公克左右，每年在台灣就可以賣出 4 百萬支。

> **創意短語**
>
> 專利評估人員的三項職責：
> 1. 確認是否可取得專利權（是否符合專利三要件：產業利用性、新穎性、進步性）
> 2. 市場分析
> 3. 技轉授權可能性
>
> ——佚名

　　有了好的「創意」產生之後，接著就是要去「執行」創意，在執行創意的過程中，必然要使用「工程實務」才能化創意為真實，首先透過「設計」將硬體及軟體的功能做「系統整合」後展現出來，並運用「技術實務」施作，將創意化為真實的產品，再由效率化的「製程管理」，將發明的新產品快速大量生產，提供給消費者使用。然而在「創意」產生之後，還有一項重點就是「**智慧財產布局**」，**當在「執行」創意的同時，我們就應該要將「專利保護措施運作」包含在內**，本項必須先由專利的查詢開始，以**避免重複發明及侵權行為**的發生，另一方面，也應針對本身具獨特性的創意發明，提出國內、外的專利申請，來保障自身的發明成果。

　　有些創意在學理上和科學原理上，是合理可行的，也符合在專利取得申請上的要件，但在工程實務的施作上卻無法達成，到最後這項發明還是屬於失敗的。所以，**有了「創意」之後，接續而來在「執行」階段的「可行性」綜合評估**，就顯得非常重要了，這一點請發明人要特別小心注意。

▲ 有多種型式功能的 Arduino 開發板原始碼開放自由運用

5-4 ▶ 創新機會的主要來源

創造力表現於從事創新工作時，它需要大量知識為基礎，也需要策略和方法，當這些因素都齊備時，創新工作就變成明確的目標、專注投入、辛勤與毅力了。

美國的管理學大師：彼得‧杜拉克（Peter Ferdinand Drucker）曾對創新機會的主要來源做了研究與歸納。

▲ 創新機會的七種來源

（創新機會的七種來源：新知識的導入、不預期的意外事件、不調和的矛盾狀況、作業程序的需求、產業與市場之經濟結構變化、認知的變化、人口結構的變化）

一　不預期的意外事件

此種創新機會來源，是因為**突發意外狀況所帶來的，這種機會來的速度很快，消失的也可能很快，靈活度與應變能力必須要非常敏捷**，否則機會稍縱即逝。例如，2010年H1N1新流感、2014年伊波拉病毒在西非各國的大傳染、2015年MERS中東呼吸症候群病毒大傳染、2016年由蚊子所傳染茲卡病毒等、2019年爆發新冠病毒（COVID-19）意外事件，隨之造就了疫苗、醫藥防疫器材用品，以及為了減少人的聚集傳染，而開發推廣的網路視訊會議系統等，多項產品的研發創新機會。

二 不調和的矛盾狀況

這是一種**實際狀況與預期狀況的落差**現象，所產生出來的創新機會，它的徵兆會表現出不調和或矛盾的現象，在這種不平衡或不穩定的情況下，只要稍加留意，多下一點功夫，就能產生創新的機會，並促成結構的重新調整。例如，隨著就業人力的短缺與企業人事成本的增加，就會發展出許多服務型機器人的技術應用，來彌補人力的不足缺口。

▲ Pepper 機器人

三 作業程序的需求

這類型的創新機會，主要來自於**既有工作需求，或尚待改善的事項**，它不同於其他的創新機會來源之處，則在於**它是屬於環境內部而非外部環境事件所帶來的機會，它專注於工作本身，將作業程序改善，取代脆弱的環節，基於程序上的需求而創新**。例如，台灣最大的網路書店（博客來），為了克服消費者在網路上購物時，不放心線上刷卡的安全性，以及貨件物流成本過高的問題，而採取與 7-11 便利商店合作的模式，在全國約四千家的門市體系中，可指定將貨件送到住家附近的 7-11 便利商店，去取貨的同時付款即可，如此，不但解決了消費者擔心的線上刷卡安全性問題，更降低了貨件物流成本，使之大幅提升了商品的銷售業績與企業獲利能力。

▲ 居家保全機器人
圖片來源：葉忠福攝影

四 產業與市場之經濟結構變化

此一經濟結構的變化，主要為**產業型態的市場變遷**所產生的結果，當產業與市場產生變化的同時，在原有產業內的人會將它視為一種威脅，但相對於這個產業外的人而言，則會將它視為一種機會，因此，產業與市場的板塊移動就在這時發生。例如，原本傳統相機的大廠只有 Nikon、Canon、Leica、PENTAX、OLYMPUS 等，家數並不多。但是當手機數位相機興起時，許多原非相機製造的廠商，則將此一產業與市場的變化，視為切入的大好機會。如今，市場上的手機數位相機品牌，就增加了很多，例如，SONY、htc、Apple、三星、LG 等，原本是電子產業的廠商，也一起在手機的數位相機上創新與競爭。

五 人口結構的變化

人口結構的統計數據，是最為明確的社會變遷狀況科學數據，其資料甚具創新來源的參考價值，諸如新生兒的出生率、老年人口數、總人口數、年齡結構、結婚離婚統計數、家庭組成狀況、教育水準、所得水準等，都清楚可見，從這些人口結構的變化，即可找出創新的來源，例如，日本和台灣等區域老年人口的增加，可創造出保健營養食品的生技產業、老人醫療用品、遠距居家照護系統、安養機構等許多產業的蓬勃發展。

▲ 人口老化帶動相關照護產業的蓬勃發展

六 認知的變化

　　所謂認知的改變，就是**原本的事實並沒改變，只是對這個既有事實的看法做了改變**。例如，一個杯子裝了一半的水，我們可說它是「半滿的杯子」，但若用另一個看法，我們卻也能說它是「半空的杯子」，其實這兩種說法，都沒有違背同一個事實，這也就是當看法不一樣時，即便是同一個事實，都會產生不一樣的結論，在這樣的認知改變時，其實就有許多的創新機會暗藏在裡面。就如，大家最常舉的例子，有兩位賣鞋子的業務員，到非洲考察，看到那邊的人都沒穿鞋子，有一位業務員就說：他們都沒穿鞋子的習慣，鞋子在這裡大概是賣不出去的。而另一位業務員卻認為：他們都沒穿鞋子，只要用對方法來加以推廣，這裡一定是個大市場。其實機會就在這種不同的認知上產生了。

七 新知識的導入

　　通常由新知識的出現到可應用的產品技術，這段時間是相當漫長的，基於此一基本特性，**創新者應就自身的專長核心技術，從中切入**，如此將可縮短新知識導入產品的時程。例如，奈米科技技術的導入，在奈米電腦、奈米水、奈米防病毒口罩、奈米電池等，各式各樣的產品上做應用與創新。

▲ 奈米科技技術導入的口罩與相關產品

想像力比知識更重要。
—— 佚德裔美國科學家 愛因斯坦（Albert Einstein）
大家強調知識和創新，卻很少人談想像力，不知想像力是一切的源頭。

☑ 學後習題

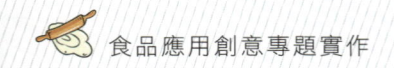

分組討論（每組 2～5 人）：創意發明提案單

　　在傳統烤肉網架上，當油滴落到炭火時，總是冒出大量油煙或起火燃燒，眾所周知的是油煙會產生致癌物質對身體不健康。要如何設計出一種烤肉油滴落時不發生冒油煙或起火的烤肉網架裝置或方法，以保護人體的健康呢？請學員依此主題發揮創意練習下列的「創意發明提案單」。

（註：學員可使用自己想出來的主題來做練習！並請學員在完成後，每組輪流上台發表分享，以擴大群體創意交流，增進學習效果。可參考第三篇參考答案）

一、組員姓名：
二、創意發明提案名稱：
三、專利檢索關鍵字：
四、解決問題或情境敘述：
五、可能銷售對象或市場：
六、創意發明示意圖與說明：

6 智慧財產保護

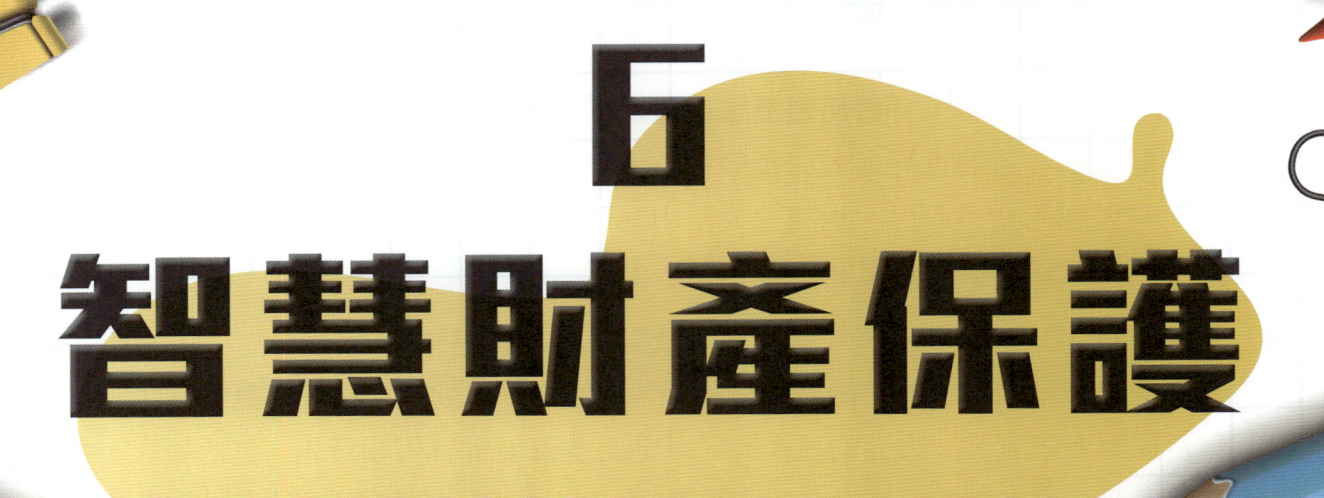

6-1 如何避免重複發明？
6-2 認識專利
6-3 專利分類
6-4 專利申請之要件

當所有的**創新智慧、成果是具有價值時，對於「智慧財產」**的保護就顯得相當地重要。為何世界各國都會訂有保護創新工作者權益的法令呢？尤其是「專利法」，這是與所有從事創新工作者最相關的。所以我們必須要有「專利」的基本概念，方能保護自身發明應有的權益。

6-1 ▸ 如何避免重複發明？

　　在從事發明工作時，**「如何避免重複發明」**是一個相當重要的課題，也許你覺得你的創意很好，但在這個世界上人口那麼多，或許早已有人和你一樣，想出相同或類似的創作了，只是你不知道而已，也許他人已申請了專利，你再花時間、金錢、精神去研究一樣的東西，就是在浪費資源。

　　例如，近年來依據歐洲專利局所做的統計，在歐洲各國的產業界，因不必要的重複研究經費，每一年就多浪費了約二百億美金，原因無他，就是**「缺乏完整的資訊」**所致。所以，當你需要研發某一方面的技術時，一定要多蒐集現有相關資訊，包括報章、雜誌、專業書刊、網路訊息和市面上已有的產品技術，以及本國與外國智慧財產局的專利資料。

　　尤其是以**專利資料**最為重要，因為能從各**「專利申請說明書」**中，全盤查閱到有關各專業**「核心技術」**的資料，這是唯一的管道。

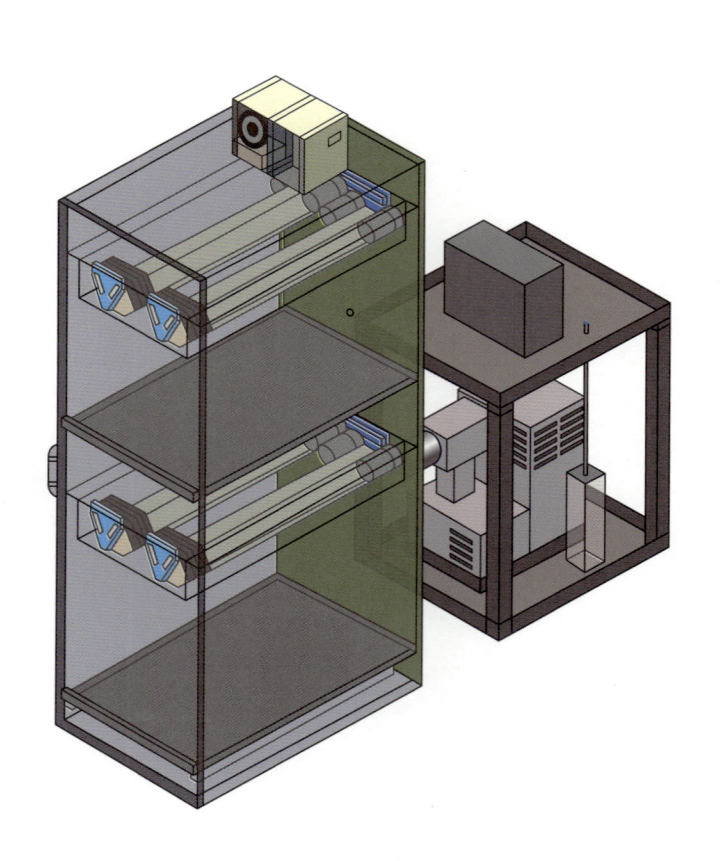

▲ 植物生長人工氣候室（植物工廠）技術研發
圖片來源：葉忠福攝影

一 專利資料是最即時的產業技術開發動向指標

根據經濟合作暨發展組織（Organization for Economic Cooperation and Development, OECD）的統計結果顯示，有關科技的知識和詳細的實施方法，有90%以上是被記錄在專利文件中的，而大部分被記錄在專利文件中的技術及思想，並沒有被記載在其他的發行刊物中，而且**專利文件是對所有的人公開開放查閱的**。當你在構想一項創作時，所遇到的某些技術問題，往往能在查詢閱讀當中獲得克服問題的新靈感。

專利資料也是最新最即時的產業技術開發動向的明確指標，因為大家最新開發出來的創作，都會先來申請專利，以尋求**智慧財產權**的保護。專利文件如有必要還可複印出來，供查閱人做進一步的研究之用，複印也只須支付少許的工本費用即可。近年來智慧財產局，已將專利資料上網，供大眾方便查詢，上網**經濟部智慧財產局網站**（http://www.tipo.gov.tw/）即可進行查詢，而且可免費下載資料，大家可多加利用。

發明人要好好善加利用這項重要的資訊來源，如此，**不但可增加你在開發設計時的知識及縮短開發時程，更可避免侵權到他人的專利**，如能善加應用已有的技術，再加上你自己最新的創意，將會更容易完成你的創作作品，更重要的是能防止重複的發明，免得浪費資源又白忙一場。

二 專利資料的公開具良性競爭之效果

另一方面，可藉由專利的保護與資料的公開，讓原發明人得到法定期間內的權益保障，也因技術的公開，讓更多人瞭解該項研發成果，他人雖然不能仿冒其專利，但能依此吸取技術精華，做更進一步的研究開發新產品，如此對整體的產業環境而言，是有良性競爭的效果，使技術一直不斷的被改良，也使產品能夠日新月異的推出，嘉惠於整體社會，而各國政府將專利文件公開的最大意義與目的也就在此。

▲ 綠電：太陽能發電
圖片來源：葉忠福攝影

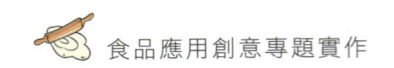

三 更便捷的專利網路查詢系統

要查閱台灣的專利資料，除了在「經濟部智慧財產局聯絡資料」的台北、新竹、台中、台南、高雄等五個地方服務處資料室可供查詢外，自 2003 年 7 月 1 日起，智慧財產局也正式開放上網查詢，使用起來非常方便。

提供常用網路上專利查詢網址如下：

1. 經濟部智慧財產局：http://www.tipo.gov.tw

   （直接連結專利檢索系統 http://twpat.tipo.gov.tw/）

2. 美國專利局專利查詢：http://www.uspto.gov/patft/index.html

3. 中國大陸專利檢索：http://www.sipo.gov.cn/zhfwpt/zljs/

4. 中國國家知識產權局：http://www.sipo.gov.cn/

5. 日本專利局（Japan Patent Office）：http://www.jpo.go.jp

6. 歐洲專利局（European Patent Office）：http://www.european-patentoffice.org

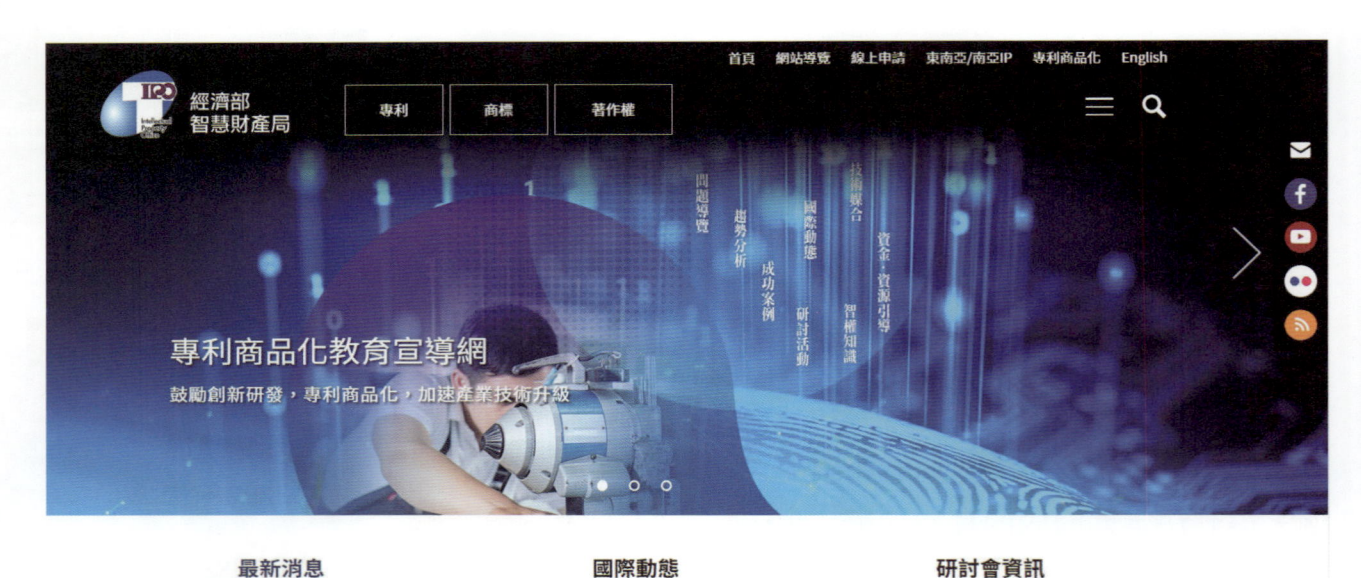

▲ 經濟部智慧財產局網頁

6-2 ▶ 認識專利

一 台灣的智財權主管機關與相關業務

台灣智財權的主管機關為**經濟部智慧財產局**，簡稱 **TIPO**，目前該局主管的業務範圍有專利權、商標權、著作權、營業祕密、積體電路電路布局、反仿冒等項目，在此僅就與發明人有較密切關係的專利權部分業務做介紹。

目前智慧財產局有台北、新竹、台中、台南、高雄五個服務處。目前所有有關專利的各種業務，如專利申請、舉發、再審查、專利申請權讓與登記、專利權授權實施登記等，皆可由各地的服務處收件。然後會統一集中送件到位於台北的專利組進行審查，個人也可以將專利申請案件，用郵寄的方式直接寄到台北的專利組即可。至於專利申請書表格，以往必須向智慧財產局的員工消費合作社購買，但目前已經停售，現在只須用網際網路（Internet）**在智慧財產局的網站（http://www.tipo.gov.tw）中，點選「專利」項目下之「申請資訊及表格」**，即可直接免費下載所有表格，依表格所示，自行電腦打字後列印出來送件即可。

二 專利是什麼？

專利是什麼？為什麼各國都會訂定《專利法》來保障發明創作的研發者，這是要踏入發明之路的人，首先要認識的概念。

無體性　排他性　地域性　時間性　不確定性

▲ 專利權的特性

專利權是一種「無形資產」，也是一般所稱的「智慧財產權」，當發明人創作出一種新的物品或方法技術思想，而且這種新物品或方法技術思想是可以不斷的重複實施生產或製造出來，也就是要有穩定的「再現性」，能提供產業上的利用。**為了保護發明者的研發成果與正當權益，經向該國政府主管機關提出專利申請，經過審查認定為符合專利的要項規定，因而給予申請人在該國一定的期間內享有「專有排他性」的權利。「物品專利權人」可享專有排除他人未經專利權人同意而製造、為販賣之要約、販賣、使用或為上述目的而進口該物品之權；「方法專利權人」可享專有排除他人未經同意而使用、為販賣之要約、販賣或為上述目的而進口該方法直接製成物品之權，這種權利就是「專利權」。**

為販賣之要約（Offering for Sale）

在中國大陸專利法稱作「許諾銷售」權，是指以販賣為目的，向特定或非特定主體所表示的販賣意願。例如：簽立契約、達成販賣之協議、預售接單、寄送價目表、拍賣公告、招標公告、商業廣告、產品宣傳、展覽、公開演示等行為均屬之。唯因**意圖侵權之概念已存在時就可進行法律上的保護**。此權利的保護可在銷售行為準備階段即採取防範措施，以遏止侵害行為的蔓延，而達到更有效維護專利權人權利之目的。

專利權是一種無體產權，不像房子或車子具有一定的實體，但**專利權也是屬於一種「所有權」，具有動產的特質，專利權得讓與或繼承，亦得為質權之標的**。所以專利權所有人可以將其創作品，授權他人來生產製造、販賣或將專利權轉售讓與他人，若專利受到他人侵害時，專利權人可以請求侵害者侵權行為的損害賠償。但**某些行為則不受限於專利權之效力，如作為研究、教學或試驗實施其專利，而無營利行為者**。原則上專利權會給予專利權人一定期限內的保護「時間性」（如十至二十年）。所謂的**專利權「不確定性」**，係指專利權隨時有可能因被舉發或其他因素而使得專利權遭撤銷，這種權利存續的不確定性。

▲ ALCHEMA 智慧釀酒瓶

6-3 ▶ 專利分類

一 專利的種類

在我國的《專利法》中，規定的專利種類有三種：**發明專利**（Invention）、**新型專利**（Utility Model）、**設計專利**（Design）。在此先就一般概念性的問題加以說明。

專利的種類

專利分類	保護項目	保護期限
發明專利	物品、物質、方法、微生物之發明，利用自然法則之技術思想之創作	自申請日起算 20 年屆滿
新型專利	物品（具一定空間型態者）之形狀構造或裝置之創作或組合改良，利用自然法則之技術思想之創作	自申請日起算 10 年屆滿
設計專利	物品之形狀、花紋、色彩或其結合，透過視覺訴求之創作，及應用於物品之電腦圖像及圖形化使用者介面	自申請日起算 15 年屆滿*

＊註：依民國 108 年 5 月 1 日新版《專利法》規定，設計專利保護期限修改為 15 年。

🛡 發明專利

係指利用自然法則之技術思想之高度創作，其保護項目甚廣，包括物品（具一定空間型態者）、物質（不具一定空間型態者）、方法、微生物等。簡言之，就是創作必須是以前所沒有人創作過，且技術層次是較高的創作。

例如，某人創作出「水煮蛋自動剝殼機」，可供食品廠生產作業使用，可節省人工剝蛋殼的大量人力。如果以前從未有人創作出這種機器，則這就是屬於「物品」的發明專利。又如，某人創作出某種特殊氣體，具有醫療某種疾病的特殊效果，若這種特殊的氣體物質是前所未見的，則是屬於「物質」的發明專利。

發明專利，若經智慧財產局審查通過，**自公告之日起給予發明專利權，核發專利證書給予申請人，發明專利權期限為自申請日起算二十年屆滿。**

🛡 新型專利

係指利用自然法則之技術思想對「物品」（具一定空間型態者）的形狀構造或裝置之創作或組合改良。簡言之，就是創作品屬於在目前現有的物品中，加以改良，而可得到創新且具實用價值的創作。

例如，由市面上已有的窗型冷氣創作出「不滴水窗型冷氣機」，它係利用室內側冷卻器，所冷凝下來的排水，將之導往室外側的散熱器加以霧化，而可達到增加散熱效果及不滴水的目的，這是從構造上去做改良的創作例子。而「物質」（不具一定空間型態者），則不適用於「新型專利」，例如，化學合成物或醫藥的研發改良，都不適用於「新型專利」的申請，而應該直接以「發明專利」來提出申請審查。

新型專利，若經智慧財產局審查通過，**自公告之日起，給予新型專利權，核發專利證書給予申請人，新型專利權期限為自申請日起算十年屆滿。**

▲ 日本 THANKO 設計的雨傘，只要打開機關就可令雨傘變成橙
圖片來源：www.thanko.jp

🛡 設計專利

係指對物品之形狀、花紋、色彩或其結合，透過視覺訴求之創作。簡言之，就是創作品屬於在外觀造型上所做的創作，例如「流線形飲水機面板」等。

設計專利，若經智慧財產局核准審定後，應於審定書送達後三個月內，繳納證書費及第一年年費，始予公告；屆期未繳者，不予公告，其專利權自始不存在。設計專利，**自公告之日起給予設計專利權，並發證書。民國 108 年 5 月 1 日新版《專利法》規定，設計專利權期限為自申請日起算十五年屆滿。**

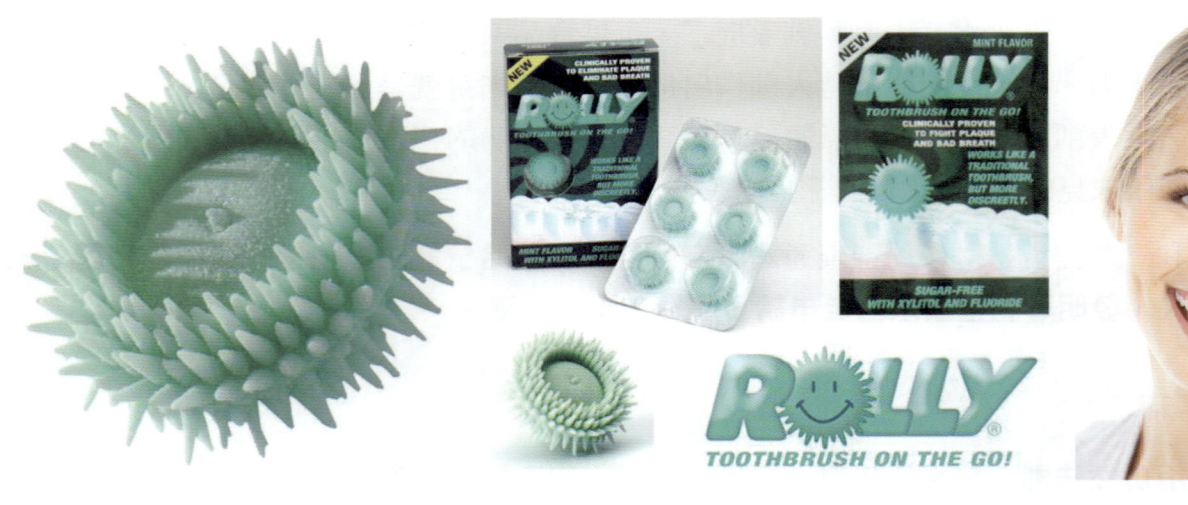

▲ 英國研發世界上最小的咀嚼式牙刷：Rolly Brush
圖片來源：www.rollybrush.co.uk

二 何種創作可申請專利？

　　凡對於實用機器、產品、工業製程、檢測方法、化學組成、食品、藥品、醫學用品、微生物等的新發明，或對物品之結構構造組合改良之創作，及對物品之全部或部分之形狀、花紋、色彩或其結合，透過視覺訴求之創作及應用於物品之電腦圖像及圖形化使用者介面，都可提出申請專利。但對於**動／植物及生產動／植物之主要生物學方法；人體或動物疾病之診斷、治療或外科手術方法；妨害公共秩序、善良風俗或衛生者，均不授予專利。**

三 何時提出專利申請？

　　何時提出專利申請最為適當？這也是發明人所關心的事，一般而言，專利當然是越早提出通過的機率會越高，尤其是在以「**先申請主義**」作為專利授予裁定基礎的國家（如中華民國），**專利申請提出送件當日叫做申請日，當有二人以上提出相同的專利申請案時，中華民國是以誰先送件申請，誰就能獲得該項專利，而不去管到底誰是先發明者。**所以在台灣瞭解到這一點的發明人，有必要時會於專利構想好之後就馬上提出申請。而於申請後再實際的進行研發工作，但這也有一定程度的風險，因為有時只靠構想推理就提出專利申請，恐怕在實際研發驗證時，會出現某些未料想到的問題或思考的盲點，而導致無法照原意實施的失敗結果。但若要等到一切研發驗證通通完成才來申請專利，又擔心可能會讓競爭者有機可乘，捷足先登。所以，要在何時提出專利申請最為適當？這就是見仁見智的問題了，但大原則應該是「**在有相當程度的把握時，要儘早提出申請**」。

　　美國在 2011 年 9 月之前，是採用「先發明主義」作為專利授予裁定基礎的國家，當有二人以上提出相同的專利申請案時，是以誰能提出證明自己的發明最早，專利權就授予誰，而不管專利申請日的早晚，因這種「先發明主義」在有爭議時的審查及界定上的程序較為嚴謹，但審查過程非常繁雜。美國於 2011 年 9 月新修改的《專利法》中已改採「先申請主義」。而「先申請主義」在界定上非常清楚且容易，也是世界各國所通用的模式。

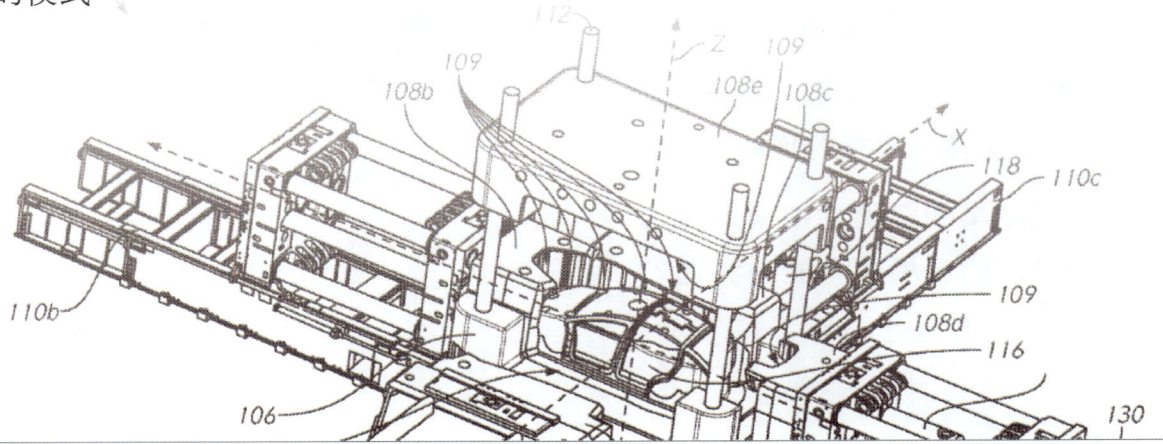

四 誰能申請專利？

專利申請權人，係指發明人、創作人或其受讓人或繼承人，可自行撰寫專利申請書向智慧財產局提出申請，亦可委託專利代理人（專利事務所或律師事務所）申請。但在中華民國境內無住居所或營業所者，則必須委託國內專利代理人辦理申請。

五 專利申請須費時多久時間？

專利審查的作業流程甚為複雜，為求嚴密，必須非常謹慎的查閱比對有關前案的各種相關資料，以及《專利法》中所規定的新穎性、進步性及產業上的利用等要項，必須符合才能給予專利，所以審查期間會耗時較長，這也是世界上各國共同的現況，如美國平均約二十個月，日本約二十四至三十六個月，我國則約須耗時十二至十八個月。

六 職務發明與非職務發明

受雇人於職務上所完成之創作，其專利申請權及專利權屬於雇用人，雇用人應支付受雇人適當之報酬。但契約另有訂定者，從其約定。**受雇人於非職務上所完成之創作，其專利申請權及專利權屬於受雇人**。但其創作係利用雇用人資源或經驗者，雇用人得於支付合理報酬後，於該事業實施其創作。

七 取得專利的優點

取得專利對創作人的權益保障大致有幾點：

1. 能防止他人仿冒該創作品。
2. 專利是創造力、創新能力的具體表現結果，也是競爭力的指標，而且可提升公司及產品的形象。
3. 可將專利權讓與或授權給他人實施，為公司或創作人帶來直接的獲利。
4. 若專利為某產業的關鍵性技術，則能阻礙競爭者的市場切入能力與進入領域。

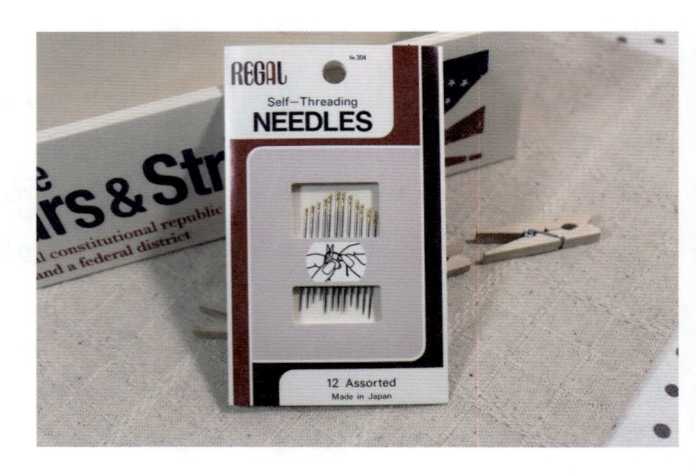

▲ 日本發明：免穿線的針

八 取得專利須支出哪些費用成本？

取得專利及專利權的維護，一般而言費用負擔大致會有以下幾項：

1. 專利申請書表格：以前須以每份新台幣 20 元購買，現在則改由網路免費下載。
2. 專利申請費用：若自行申請只須繳交申請規費新台幣 3,000 至 10,500 元之間，視申請類別及是否申請實體審查而定。若由代理人來協助申請則須再負擔代理人的服務費用。
3. 專利證書領證費用：每件新台幣 1,000 元。
4. 專利年費：視發明專利、新型專利、設計專利及專利申請人為企業法人、自然人或學校與專利權的第幾年，專利年費各有差異。

九 獲得專利權後之注意事項

當創作人收到智慧財產局的審定書是「給予專利」，經繳交規費後，開始正式公告時，即表示創作人已擁有該創作的專利權，在獲得專利權之後，須注意以下事項：

1. 須留意專利公報訊息，對於日後專利公報中的公告案，若與自身的創作相同類似者，可儘速蒐集相關事證後，提出「舉發」來撤銷對方專利權以確保自身權益。
2. **須準時繳交專利年費，若年費未繳，專利權自期限屆滿之次日起消滅。**
3. 若專利尚在申請審查期間內，可在產品上明確標示，專利申請中及專利申請號碼，以供大眾辨識。**取得專利權後應在專利物上標示專利證書號數，不能於專利物上標示者，得於標籤、包裝或以其他足以引起他人認識之顯著方式標示之。**附加標示雖然不是提出損害賠償的唯一要件（僅為舉證責任的轉換而已），但如能清楚標示，就可於請求損害賠償時，省去舉證「證明侵害人明知或可得而知為專利物」的繁瑣事證。

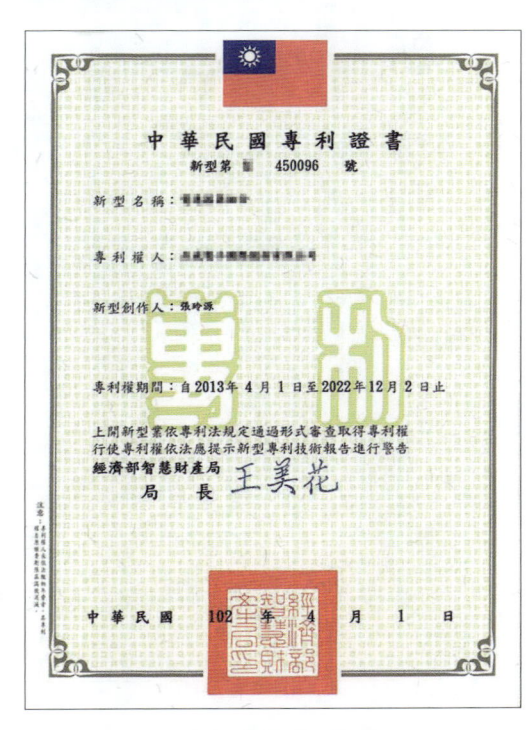

▲ 中華民國專利證書

6-4 ▸ 專利申請之要件

專利的申請與取得，必須符合其相關之要件，才能順利通過審查。

專利要件重點分析比較表

	專利要件	產業利用性	新穎性	進步性	創作性
專利要件 / 發明專利	1. 產業利用性 2. 新穎性 3. 進步性	凡可供產業上利用之發明	（無下列之情況） ★申請前已見於刊物或已公開使用者 ★申請前已為公眾所知悉者	其所屬技術領域中具有通常知識者依申請前之先前技術所能輕易完成時，仍不得依本法申請取得發明專利	—
專利要件 / 新型專利	1. 產業利用性 2. 新穎性 3. 進步性	凡可供產業上利用之發明	（無下列之情況） ★申請前已見於刊物或已公開使用者 ★申請前已為公眾所知悉者	其所屬技術領域中具有通常知識者依申請前之先前技術所能輕易完成時，仍不得依本法申請取得發明專利	—
專利要件 / 設計專利	1. 產業利用性 2. 新穎性 3. 創作性	凡可供產業上利用之發明	（無下列之情況） ★申請前已見於刊物或已公開使用者 ★申請前已為公眾所知悉者	—	其所屬技藝領域中具有通常知識者依申請前之先前技藝易於思及者，仍不得依本法申請取得設計專利

一 專利要件之內涵與意義

🛡 產業利用性

產業利用性也可稱為「實用性」，其創作必須：

1 達到真正的「可實施性」

2 達到真正的「可在產業上使用的階段」

換言之，**產業利用性是需要具備可供人類日常生活使用的實際用途（Practical Process）**。例如，依化學元素所排列組合而成的化學物質，雖知其如何組合完成，但尚不知其實際用途？可用於何處？能提供產業上何種功效？則仍屬不符「產業利用性」。

此一「產業利用性」內涵意義的立法目的在於排除一些「**不符合人類生活所需，就沒有必要給予專利的獨占利益，以防止因知識獨占而妨礙了科學的進步**」的申請案。

產業利用之「可實施性」在判斷基準上，簡易的基準可用「**以所屬技術領域的一般技術人員能否實現**」為判斷標準。

🛡 新穎性

我國專利對於新穎性是採用反面列舉「不具新穎性」的方式，即專利申請案喪失新穎性者，不予專利之原則處理。判斷基準則以申請日或主張優先權日為準，就**該專利申請案對當時已知技藝與現有知識做比較**：

刊物
不限於國內或國外之刊物。

公開使用
不限於國內或國外之地域，及使用規模大小或已公開銷售者。

公眾所知悉
已為一般公眾所知悉者。

🛡 進步性

　　進步性在美國則稱為「非顯而易知性」（Non-obviousness），係指該專利申請案對於現在之技術而言，是否為那些熟習此一技術領域之人士來說，屬於明顯而易知悉者。此一內涵意義的立法目的在於排除「一般技術人員之傳統技術，以防止一些金錢上、投資上的浪費，以及技術貢獻少」的申請案。

　　前述兩項專利要件（產業利用性、新穎性）在專利審查判斷上，都是屬於較容易界定的，而進步性在界定上是最困難，也是引起最多爭議的部分，以實務上的經驗而言，有80%以上的專利申請遭拒案中，就是因為被認為「不具進步性」而被駁回的。由此可知進步性的確認在專利要件中的重要性了，所以創作者在設計創作品時應特別注意這項「非顯而易知性」的特質所在，也就是說創作品應該是能說服專利審查官，讓他認為你的創作是「非一般熟習此一技術領域之人士所能（輕易）想到的」，這樣的作品才能被專利審查官所接受。

你醉了嗎？
你看得出來錶上顯示的是什麼呢？（顯示的是 10：15）

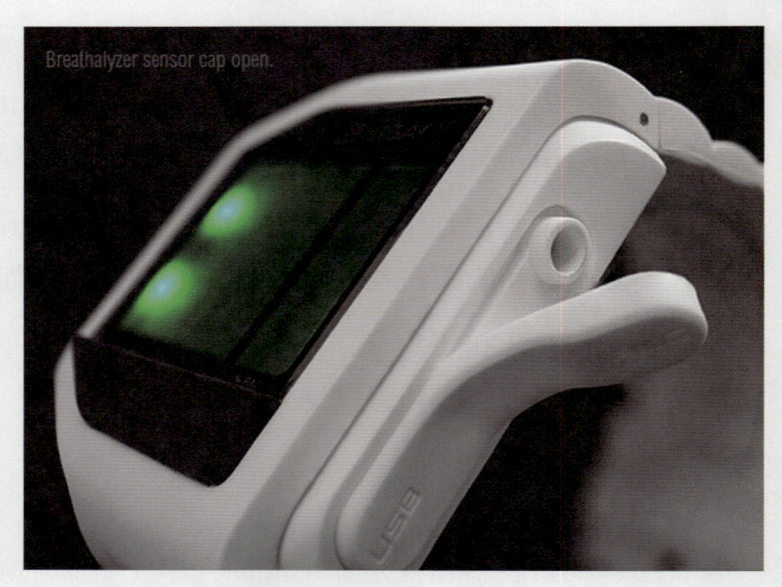

手錶側面有一個酒測吹孔

▲ 日本 Tokyoflash 發明：酒測手錶
圖片來源：www.tokyoflash.com

🛡 創作性

在設計之專利要件,其關鍵在於「**創作性**」,設計專利須為有關工業量產物品,也就是說「**能夠被利用於工業上的重複製造生產出來的物品之形狀、花紋、色彩或其結合之創作**」。

設計應著重於「**視覺效果**」之強化增進,藉商品之造型提升與品質之感受,以吸引一般消費者的視覺注意,更進而產生購買的興趣或動機者。

由此可知,**設計的創作性著重在於物品的質感、視覺性、高價值感之「視覺效果」**表達,以增進商品競爭力及使用上之視覺舒適性。

另外,對於純以動物、花鳥之情態轉用時,也就是說屬「**具象之模仿**」,並不被認**為屬設計專利之「創作性」作品**,故一般的繪畫、藝術創作等作品並不能申請設計專利,而創作者應採用「著作權」的方式來保護。

▲ **美國發明除鞋臭機**
圖片來源:www.sterishoe.com

學後習題

分組討論（每組 2～5 人）：創意發明提案單

每當下雨天，無論是撐傘或穿雨衣，走路時腳上的鞋子總會被雨淋濕，非常不舒服。如何設計出一種能在雨天不被雨淋濕且好收納攜帶、易穿脫的鞋套，以改善克服這個惱人的問題呢？請學員依此主題發揮創意練習下列的「創意發明提案單」。

（註：學員可使用自己想出來的主題來做練習！並請學員在完成後，每組輪流上台發表分享，以擴大群體創意交流，增進學習效果。可參考第三篇參考答案）

一、組員姓名：
二、創意發明提案名稱：
三、專利檢索關鍵字：
四、解決問題或情境敘述：
五、可能銷售對象或市場：
六、創意發明示意圖與說明：

7 創客運動與群眾募資

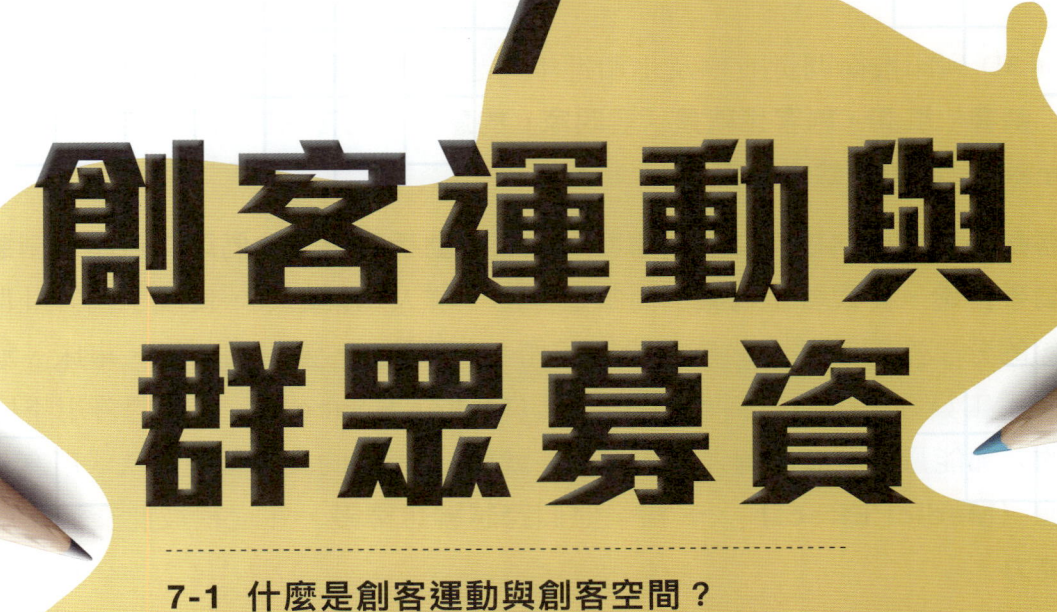

7-1 什麼是創客運動與創客空間？
7-2 創客運動的發展
7-3 什麼是群眾募資？
7-4 群眾募資平台的發展

創客運動（Maker Movement）風潮 2005 年從美國興起後，目前已擴展至世界各地，也拜近年各種有利條件成熟之賜，如 3D 列印技術的進步及成本降低、網路社群發展成熟及群眾募資平台興起與專案募資金額履創新高，在許多因素配合造就之下，快速擴散到世界各國。

7-1 ▷ 什麼是創客運動與創客空間？

　　自從 3D 列印技術問世並普及化和近年興起「**群眾募資**」平台之後，全球各地正吹起一股「**創客**」風潮，**創客也就是「發明家」的意思**，創客一詞概念源自英文「**Maker**」和「**Hacker**」兩詞的綜合釋義。

　　創客是一群熱愛科技與文創新事物，且熱衷動手實踐，他們以交流思想創意、分享技術、動手自造、實現夢想為樂。而當這樣的一群人聚集起來，便成了創客社群，再加上有實際的分享空間和共享的自造設備（如 3D 列印機、雷射切割機、車床、銑床、電動工具、手工具等），便成為「**創客空間（Maker Space）**」。他們善用不同專長領域創客的外部能量，激發每個人的創造力。就如 15 世紀的文藝復興時代，所產生的「**梅迪奇效應（Medici Effect）**」一樣，他們**跨越聯想障礙**，在這裡彼此交流，增加**跨領域創新能力**。

　　目前全球已有上萬個創客空間社群，光是中國大陸就約有二千個聚落，創客們在創客空間社群中聚會交流創意及腦力激盪，已創造出許多膾炙人口的創新作品，且得到頗大的市場價值和認同，相信再經幾年之後，**創客經濟**將會是全球重要的發展指標項目之一，創客們五花八門的創意作品，也將為人們的生活帶來全新的感受與體驗。

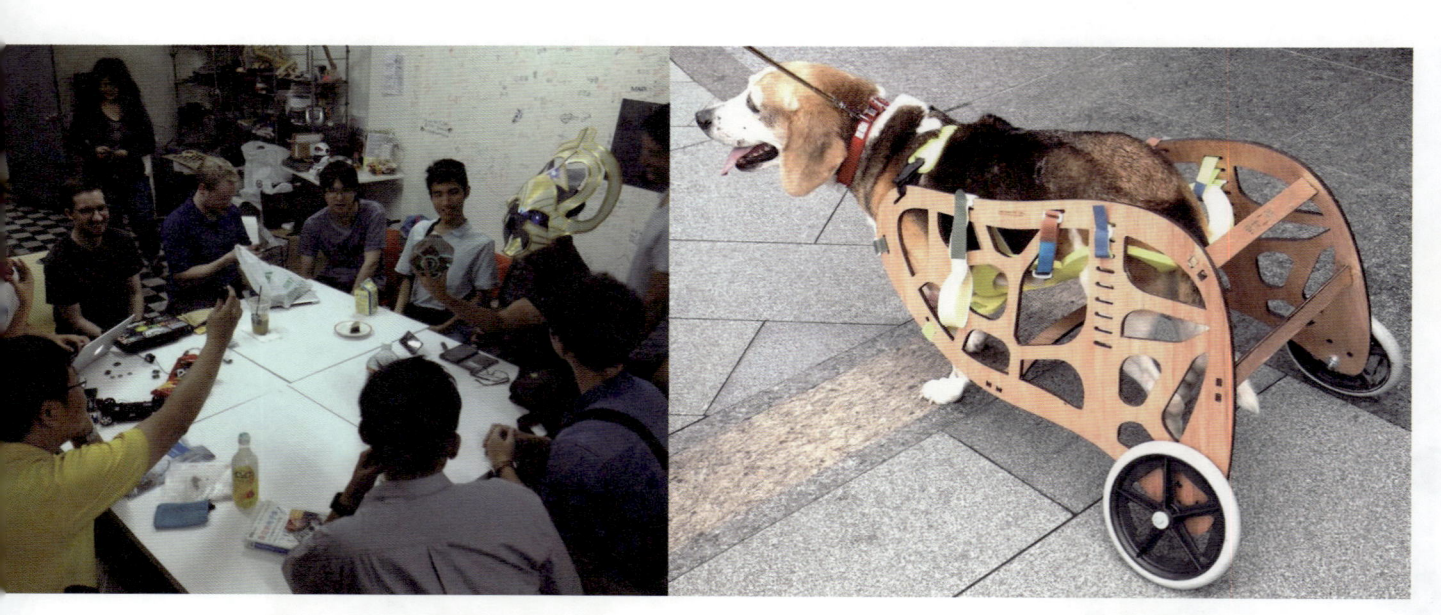

▲ 創客們的創意交流與腦力激盪
圖片來源：Taipei Hackerspace 創客空間

▲ Dynamic- 狗輪椅
圖片來源：Fablab 創客公司

創客的特質就是透過動手去主動學習，把自己的點子實現出來，能清楚解釋作品的原創思考，不用考試成績來定義自己，而是用動手實做展現自己解決問題的能力和自信。創客對每件新事物做出的過程都充滿好奇，對新的人事物及交流分享會有一種滿足與成就感。

18 世紀瓦特在英國打造發明了蒸氣機，帶領第一次工業革命，19 世紀的愛迪生和特斯拉對於直流電與交流電的發明應用及相關產品，改變了人類的近代生活模式。1970 年代賈伯斯在車庫創造了第一台蘋果電腦，引領了近代資訊產業發展數十年。其實他們也就是早期的「創客」，也都對人類的發明史做出巨大的貢獻。

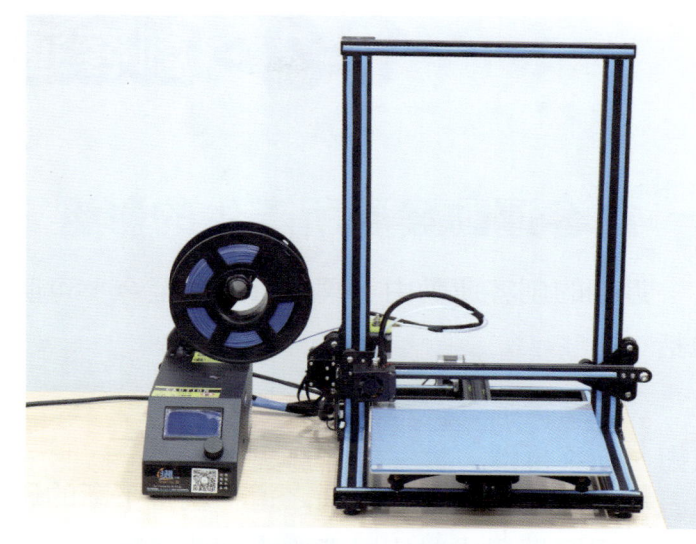

▲ 3D 列印機可讓創客製作樣品的成本大幅降低

在現今創客的精神中，**點子創新、數位應用、DIY 動手實做**是三個關鍵元素，更因近年各種製造生產技術資訊的開放，透過網際網路即可學習，加上動手自造設備成本門檻的降低，及各領域人才交流社群平台發達，使得現代的創客運動蓬勃發展，相信這股風潮必定為人類的發明史，寫下嶄新的一頁。

為何創客運動會出現呢？因適逢近年來幾項條件的成熟：

1. 網路社群發展成熟，便於創客交流。

2. 樣品製作門檻及成本降低，拜 3D 列印技術的成熟之賜，設備成本不斷降低。

3. 自由開發板的興起（如 Arduino 的誕生）讓創客們發揮創意自由運用。

4. 搭上物聯網趨勢，適合少量多樣的作品發展。

5. 募資平台興起，無論是群眾募資、股權群募、天使基金或創投，多重管道可幫助創客實現夢想。

7-2 ▶ 創客運動的發展

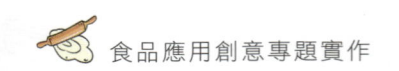

一 創客運動發展所產生的影響

近期的創客運動由美國盛行發展至今，可明顯看出對創新產業規則的影響，其層面包括：

科技業由技術競爭轉化為創新競爭

以往科技業的生存發展之道，就是不斷的研發新技術，以技術取勝競爭對手，但近年的發展已轉變成對使用者的「創新體驗」，如手機產品設計更為人性化的操作介面，這也許並不是太高科技的技術，但需多一點巧思和體貼、簡單化、人性化設計，對使用者的創新體驗是非常重要的。

創新型態由集中到分散的改變

以往大企業包辦了大多數的創新研發人才與成果，而在創客風潮興起後將會轉變為創新能量散布在各處的創客人群之中，這有助於擴大整體社會的創新動能。大企業若想保持優勢，則必須設法與民間創客社群合作，共享軟硬體資源共創雙贏。

創客空間社群將愈來愈受重視

全世界有上萬個創客空間社群，這些創客來自於不同領域行業的創新愛好者，他們彼此交流腦力激盪，所產生的創意點子往往更勝於大企業研發部門的同質性人員所想像。所以，爾後會有更多的創客作品顛覆傳統大企業的產品概念，甚至能演變成企業的興衰大洗牌。

通路先行需求驅動供給

在創客經濟生態圈中，**群眾募資**是重要的一環，創客們借助群眾的支持，取得實踐創意的資金，這也是最直接的市調結果，當有了市場需求才讓你的創意實現，這種通路先行的模式能大幅降低失敗的風險。

教育方面的翻轉

東方國家教育大都是填鴨式的背考方式，難以培養出真正具創新思考的人才，**當創客運動盛行後，東方國家教育模式亦會開始由靜態學習轉變為更重視實做勝於理論**。反觀美國的車庫創客精神成果，光是一家蘋果公司對台灣的零組件採購金額是全台上市櫃公司市值的 10%。蘋果智慧型手機獲利比重，更占了全球所有智慧型手機公司獲利總數的 95%，難怪其他國家的許多手機公司要裁員或倒閉。

▲ 台灣綜合型的群眾募資平台 FlyingV
圖片來源：FlyingV 官網

二 創客運動大環境的推手逐步到位

2005	2006	2007	2008	2009	2011	2012	2014
《Make》雜誌創立;「Maker」一詞出現	手工藝電子商務平台 Etsy 創立;Arduino 開發板誕生	第一屆 Maker Faire,全球最大創客嘉年華	第一家 TechShop 創客空間開張	Indiegogo 創立（美國最早成立的綜合型募資平台）;Kickstarter 創立（全球規模最大募資平台）;熔融沉積 3D 列印技術專利到期	Beaglebone Black 開發板誕生;FlyingV 創立（台灣最大的綜合型群眾募資平台）;樹莓派（Raspberry Pi）開發板誕生	在 Kickstarter 成功募資的 Pebble 智慧手錶,募資金額達 1,030 萬美元,創下募資案最高金額	金管會櫃買中心（OTC）成立「創櫃板」,全球首創政府協助新創公司募資;在噴噴 zeczec 成功募資的八輪滑板,募得金額達新台幣 3,900 萬元;雷射燒結 3D 列印技術專利到期

任何一次機遇的到來,都必將經歷四個階段:「看不見」、「看不起」、「看不懂」、最後:「來不及」！「發明」就是:「讓創意化為真實」。

—— 馬雲（阿里巴巴創辦人）

三 創客競賽：實務參考資料（網站連結）

1. 愛寶盃創客機器人大賽：https://use360.net/iPOE2017
2. IoT 創客松競賽網站：http://mft2017.iot.org.tw
3. IEYI 世界青少年創客發明展暨臺灣選拔賽：http://www.ieyiun.org/
4. Maker Faire：https://makerfaire.com
5. Mzone 大港自造特區：https://www.facebook.com/mzon.KH
6. vMaker 台灣自造者：https://vmaker.tw
7. LimitStyle（HOLA 特力和樂）：http://ideas.limitstyle.com

7-3 ▶ 什麼是群眾募資？

一 創客創意發明商品化的重重關卡

作品不等於產品，產品不等於商品。 這是發明人應瞭解的道理，然而現實中卻為大家所忽略，這當中由「作品」要轉化到「商品」過程裡，不只是發明人要創作出優秀的作品來，更要運用**量產技術**及良好的**品質管理**，再透過建立**行銷通路**來銷售商品獲取利潤，如此才能建立完整的商品化流程。

目前台灣在眾多發明人和國內各校的努力下，發明作品相當多元豐富，但大多苦於作品無法順利商品化，目前世界各國快速發展中的群眾募資模式，能協助發明人與早期使用者共同支持參與的方式，將創意實現共創雙贏。

創意發明商品化關卡重重！該如何突破？

作品 ≠ 產品 ≠ 商品

- 發明人
  創作人
- 量產技術
  品質管理
- 建立通路
  行銷獲利

▲ 作品不等於產品，產品不等於商品

二 什麼是群眾募資？

3D 列印和群眾募資被喻為是 21 世紀最偉大的發明之一，所謂**群眾募資（Crowd Funding）**，就是用「通路先行」的創業概念，落實於向大眾籌募創業基金的做法。提案者必須公開自己的**創意**和完整的**募資計劃**，透過運用「**文案及影片**」方式，在群眾募資平台上公開演示表達出來。

提案計劃書說明內容包括：

1. 明確的主題設定。
2. 預定募集金額目標。
3. 具體的執行計劃。
4. 風險與潛在問題的告知。
5. 募資成功時的回饋方案。（回饋方案項目，可以是致謝、得到預購的產品、限量商品、預購的門票、會員優惠等，各種獨家的獎勵）

一般而言，群眾募資專案有兩大型態，分別為**產品設計類**及**藝文活動類**。產品設計類如，多功能自行車、智慧型手錶、電腦遊戲及軟體開發等；藝文活動類如，電影、音樂、表演、活動等。

群眾募資在過去五年中，在世界各國的成長都令人驚豔，透過**群眾募資這種通路先行的概念執行，能將提案者的創意或夢想，運用群眾的力量將它實現出來**，提案者不但可獲得所需資金，更能從大眾對於你的產品設計認同度上，得到訊息反應，瞭解市場的評價與接受度，預估產量及有效控制庫存負擔，降低失敗的風險，**即使專案沒有在群眾募資平台募集資金成功，你也幾乎沒有任何實質上的損失，反之，你得到的是寶貴的經驗。**

群眾募資與創投不同，在此平台能讓你的創意和想法直接與市場接軌，以大眾消費者的實際行動，決定你的提案是否應被實現，並得到最即時的修正改善建議，讓你的提案更貼近市場需求，這就是最直接的「**市調**」結果。

對專案計劃發起人而言，在此通路先行的運作測試中，除了考驗自己的創意想法是否可行具有市場性外，由獲得贊助的募資金額結果得到解答。也因在群眾募資平台上的專案揭露及其他社群網站（如 Facebook、Twitter、Google+）的親友相互推薦下，更能

達到推廣宣傳和行銷的效果，用市場大眾的力量支持實現你的美好夢想，然後你以**回饋方案**來相對感謝大眾對你的支持。

對支持者們而言，當你所支持的專案募資成功後，發起人會依回饋方案給予支持者們回饋，讓你享受到最新和與眾不同的創意商品或美好體驗。支持者們也可透過各種社群網站分享及號召親朋好友一起加入贊助，幫助專案計劃在**設定的時間內（通常為三十到六十天）**，達成募資目標金額，使該專案計劃可以被實現，讓大家的生活更美好。

有關群眾募資類型分成：**捐贈基礎型、債權基礎型、股權基礎型**，其定義、使用對象、主要網站平台，分述如下：

群眾募資類型

類型	Donation-based crowd funding 捐贈基礎型 【或稱贊助型】	Lending-based crowd funding 債權基礎型 【或稱借貸型】	Equity-based crowd funding 股權基礎型 【或稱投資型】
定義	請求群眾贊助您的專案，以**換取有價值非財務的報酬**（如一份專案實現後的商品、一場電影或演唱會門票等）。	請求群眾提供金錢給您的公司或專案，以**換取財務報酬**或未來的利益。	請求群眾提供金錢給您的公司或專案，以**換取股權**。
使用對象	**募資提案發起人**：如發明家、藝術家、電影及音樂工作者、作家、夢想家、創意者。 **資金贊助人**：如慈善家、熱心粉絲、新事物及小玩意的愛好者。	**募資提案發起人**：如發明者、創業者、新創企業、企業所有人。 **資金提供人**：如投資者、企業家。	**募資提案發起人**：如企業家、新創企業、企業所有人。 **資金提供人**：如投資者、企業家、股東。
主要網站平台（例）	Kickstarter（美） Indiegogo（美） Dragon Innovations（美） HWTrek（美） FlyingV（台） Zeczec（嘖嘖、台） LimitStyle（HOLA 特力和樂、台） xstudio-mclub（X 工作坊、台） We-report（台） 京東眾籌平台（陸） CAMPFIRE（日）	KIVA Prosper People Capital Lending Club	AngleList Symbid Funders Club Crowdcnbe Grow VC Group CircleUP 金管會櫃買中心 - 創櫃板

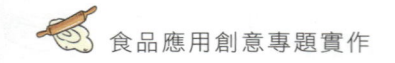

7-4 ▶ 群眾募資平台的發展

　　全世界的群眾募資平台，大多為**捐贈基礎型**。美國最有名的群眾募資平台，分別為 Kickstarter 和 Indiegogo，Kickstarter 的創意來自華裔青年 Perry Chen（陳佩里）及兩位友人，於 2009 年 4 月在紐約成立，是一個**營利型的群眾募資平台，募資成功時的手續費為向提案人抽取募得金額的 5%，另外募資的繳費配合平台亞馬遜（Amazon）也會收取 5% 手續費**。Kickstarter 可提供多種創意方案的募資，如新發明設計、電影、音樂、舞台劇、電腦遊戲及軟體等。Kickstarter 曾被紐約時報譽為「培育文創業的民間搖籃」，也獲得時代雜誌頒發「2010 最佳發明獎」、「2011 年最佳網站」等殊榮。目前平台網站分別拓展擴及美國、英國、加拿大、澳洲等國，要參與募資提案的個人或公司，必須要有美國或英國銀行的帳戶，而想要參加贊助的人則必須要有亞馬遜註冊帳號的會員。當募資提案者在 Kickstarter 的設定募資天數中，達到預期募資金額目標時，表示募資成功，提案人可獲得扣除手續費後的贊助金，並依回饋方案給予贊助人獎勵。若募資期限到期而未達募資金額目標時，則表示募資失敗，Kickstarter 將全額退回所有已募集到的該案金額還給贊助人。

▲ 美國 LuminAID 吹氣式太陽能防水備用燈

　　美國另一著名群眾募資平台為 Indiegogo，該平台成立於 2008 年 1 月，開放群眾募資項目更多於 Kickstarter，所以在 Indiegogo 的平台上，你可看到更多各式各樣奇奇怪怪的創意，這也是目前大家常用來收集最新創意資訊的平台，Indiegogo 目前服務於二百多個國家。對於提案的接受上，Kickstarter 較為精挑細選，只做精品而相對封閉，猶如 3C 產業界的蘋果，而 Indiegogo 則相對開放，對各式提案來者不拒，猶如 Android，故你可在 Indiegogo 看到更多公開的創意。也就是因為 Kickstarter 嚴苛挑剔的條件限制，因此以科技類為例，當創意經審核通過放在 Kickstarter 群眾募資平台上的募資成功率約有 34%。而相較條件寬鬆的 Indiegogo 平台上募資成功率約為 3.6%。但依實際的募資成功案件數量相比較，則 Indiegogo 是 Kickstarter 的 1.3 倍。

台灣的 FlyingV 群眾募資平台，於 2011 年 7 月成立，台灣很多年輕人有創意、有設計能力，但沒有資金又缺乏舞台，如果一直以傳統產業、代工製造業的眼光去看台灣的產業未來，這些年輕人是不易被發掘出來的。

FlyingV 開辦第一年就收到超過三百份創意提案，經審查後約一百二十件上架募資，約有七十件募資成功，募資總金額超過一千五百萬，到 2015 年 3 月約有四百五十件募資成功，募資總金額超過二億元。FlyingV 創辦人林弘全鼓勵年輕人發揮創意打造自己的夢想，借由群眾募資的力量將它實現出來。

Zeczec（嘖嘖）也是台灣的群眾募資平台，由創辦人徐震及總經理林能為於 2012 年 2 月網站上線。

台灣群眾募資平台密度全球最高，2015 年總集資 5.12 億元新台幣，**台灣和目前盛行於國際的「捐贈基礎型（贊助型）群眾募資平台」概念類似**，這對台灣的文創設計及創意發明產業會有很大幫助，**當你想出一個很棒的點子，只要具有可行性及市場性，不管任何類型，都可利用自製文案及影片等，上傳到群眾募資平台網站，介紹你的創意想法，經群眾募資平台審核通過及簽署提案者合約，即可將你的提案上架公開向網友募資，幫助你的提案付諸實行，讓你夢想成真。**若未達募資金額目標，則會將已募得的款項全數退還贊助者。而群眾募資平台的獲利模式為：**募資成功時向提案者收取募資金額 8 ～ 10% 手續費。**

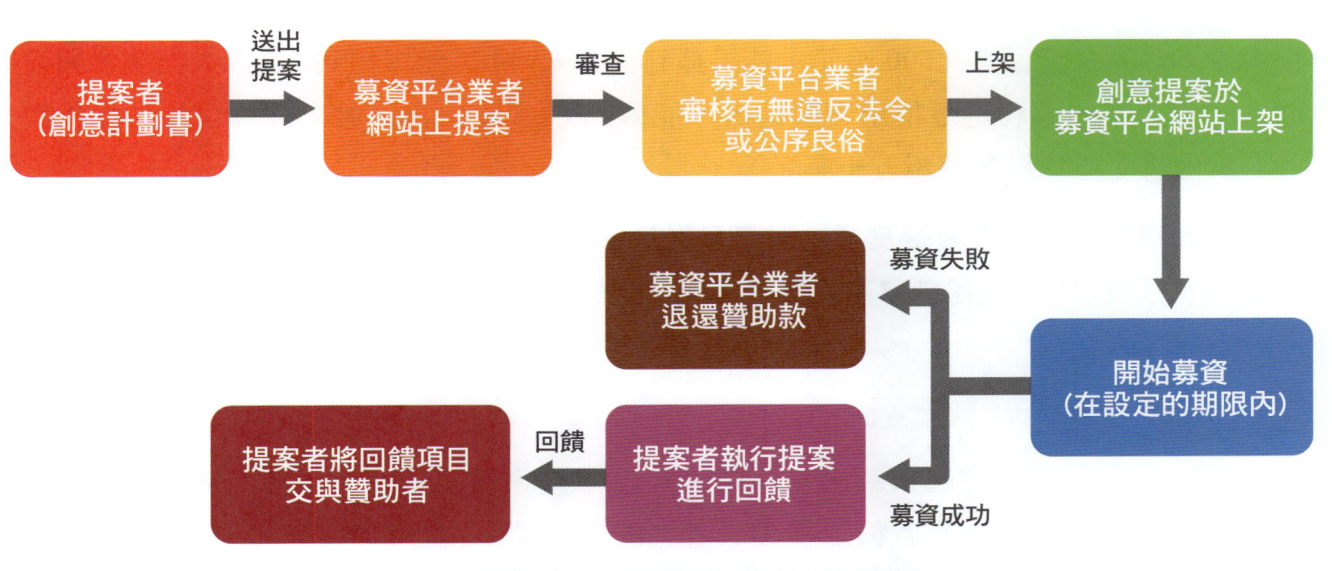

▲ 贊助型群眾募資平台運作模式示意圖

一 群眾募資平台的成功案例

🏆 Coffee Joulies 神奇的控溫豆：（Kickstarter 群眾募資平台）

這種用金屬豆就能讓你的咖啡或其他熱飲調溫，達到最適合飲用溫度且能延長保持時間的創意，是來自一位帶有科學頭腦的美國大男孩，其原理是他利用一種具有大比熱特性的控溫物質，密封在不鏽鋼材質的殼內，利用剛沖泡出來熱咖啡的高溫，放入這種神奇控溫豆後，控溫豆馬上吸收熱咖啡的高溫，使得咖啡溫度很快降溫到最令人愉悅的攝氏約六十度，不但減少了被燙嘴的危險，且能保持咖啡的香味，同時間也因這種神奇控溫豆吸收了大量的熱，使得這種密封的物質形成固體，然後再慢慢放出熱能，使得這杯咖啡能夠穩定的保持於攝氏六十度左右，延長的保溫效果時間多達一倍。

▲ Coffee Joulies 神奇的控溫豆

當這個創意提案放在 Kickstarter 群眾募資平台上架募資時，得到廣大的迴響，就連愛喝熱可可巧克力或熱茶的人都引起很大的共鳴，覺得這個創意實在太棒了。這個創意提案原本預計募資目標 9,500 美元，結果募到了 306,944 美元，總共 4,818 人出資參與贊助。回饋方案的福利是每位出資贊助者，能得到 Coffee Joulies 神奇控溫豆第一批售價的五折優惠（原售價為每組五十美元）。

由此案例中，你會發覺其成功要素是從生活切入，發現生活的樂趣與需求，再加上一些科學原理效果，使得創意產品讓人有所美好的心理期待，就能產生很好的共鳴作用。

🏆 Stair-Rover 八輪滑板：（Zeczec- 嘖嘖 - 群眾募資平台）

2014 年 8 月提案發起人賴柏志為英國 RCA（皇家藝術學院）畢業，是個熱愛發明的工業設計師，喜歡鑽研各種工程和設計上的新技術，在經過數年的研發後，設計出 Stair-Rover 八輪滑板車，這不只是設計來讓你跨越新的地形，同時也能讓你發掘屬於自己的新特技、新花招。透過新底盤的機構設計，賴柏志看到了許多過去想像不到的滑板特技表現可能性。賴柏志很期待看到板客們能發揮出無盡的創造力。

城市對板客來說就像是一片待你探索的汪洋，而 Stair-Rover 就是設計來讓你重新領會這片汪洋的美妙。在平地上，Stair-Rover 和一般的滑板一樣容易操作，當地形一旦開始顛簸（不論是導盲磚或者石頭路），它獨特設計的底盤會吸收路面帶給輪胎的振動和衝擊，讓滑板無礙地前行。一旦遇到階梯，Stair-Rover 就會展現出如它的名字一樣的威力，你僅僅需要航向階梯的頂端，剩下的就交給 Stair-Rover 和地心引力吧！以專利技術研發出來的輪架結構，會引領著八顆輪子配合著樓梯形狀上下交錯，這樣有如螃蟹爬行般的動作可以讓 Stair-Rover 順流而下，板客只需要在板身上維持自身的重心，就能體會到都市衝浪的自由樂趣。Stair-Rover 團隊集結了充滿創意和經驗的設計及工程專業夥伴，一同開發了這組世界首創的底盤設計，V 字型的延伸輪架（V-Frame）讓八顆輪子如同仿生機構一般，能隨著地形自主地上下擺動；底層的龍骨（Gliding Keels）強韌而富彈性，讓板客在樓梯上一滑而下時，宛如乘風破浪。

Stair-Rover 八輪滑板團隊，在台灣 Zeczec（嘖嘖）群眾募資平台竟然創下台灣、甚至是亞洲史上最高募資金額，**原預定募資目標二十萬，結果在二個月時間裡竟然募到了三千九百萬元。**

▲ **Stair-Rover 八輪滑板能克服各種地形無礙地前行**
圖片來源：嘖嘖官網

🏆 Pockeat 口袋裡的便當盒：（Zeczec-嘖嘖-群眾募資平台）

Pockeat 口袋裡的便當盒創作人海琪，就是為了減少生活中的一次性塑膠垃圾，以「無痕飲食」的理念而創作 Pockeat。海琪自己幾乎每天都會帶著便當盒出門，除了自己準備便當外，去外面買食物時，也會請店家老闆裝到自己自備的容器裡面。但是便當盒又重又大，用三明治袋又會擔心外漏。每天為了少用一點塑膠而拎著大包小包出門，卻換來壞心情與僵硬的肩膀。所以決定要設計一款最適合台灣人的食物袋，讓更多人可以加入「無痕飲食」的行列。

Pockeat，是「Pocket 口袋＋Eat 吃」這兩個英文單字的混合，因為它是一款史上最小，可收納進口袋裡面的食物袋。Pockeat 的重量只有 43 克，等於 3 支鑰匙的重量。另外只要輕鬆捲動黏扣帶，Pockeat 可以依照內容物變化大小。最大可以裝到三公升的大容量（相當於三碗湯麵）；捲動到最小，裝一份蛋餅蘿蔔糕也剛剛好。

Pockeat 是專為台灣人的飲食習慣打造的，因為有防水防油的內袋，不僅僅可以裝麵包與三明治（乾的），更可以裝各種有「醬汁」的台灣小吃（濕的）。耐熱溫度達到 120 度 C，可以直接裝熱湯麵也不會有食安的疑慮。拎著 Pockeat 征服整座夜市也沒問題：滷味、紅豆餅、鹹水雞、麵線、仙草愛玉，通通可以裝進來。

Pockeat 用完之後，可以先收納起來，回家後再清洗，不會沾的包包到處都是。清洗的時候，內袋可以拉出來清洗，清洗後自然陰乾約 3 小時，或是用烘碗機、洗碗機清洗，安全沒問題。

▲ Pockeat 口袋裡的便當盒，不但可裝各種食物，也讓出門時更方便攜帶

圖片來源：嘖嘖官網

二 群眾募資平台：實務參考資料（網站連結）

1. Zeczec（嘖嘖）群眾募資平台（台灣）：http://www.zeczec.com
2. FlyingV 群眾募資平台（台灣）：http://www.flyingv.cc
3. Kickstarter 群眾募資平台（美國）：https://www.kickstarter.com
4. Indiegogo 群眾募資平台（美國）：http://www.indiegogo.com

學後習題

活動練習：群眾募資平台登入

🗨 活動練習說明

1. 請學員使用以「Zeczec（嘖嘖），http://www.zeczec.com」這個群眾募資平台做為登入練習。

2. 當學員瞭解如何登入群眾募資平台成為會員後，對於爾後無論是要參與資助他人的募資活動並訂購取得新產品，或自己要去提案進行募資，或單純要查詢他人的創意作品與構思，就能開始運用此一群眾募資平台的資源。

🔗 登入群眾募資平台網址

Zeczec（嘖嘖）：http://www.zeczec.com

🔗 登入方法

1. 點入「登入」或「Facebook 登入」欄位。

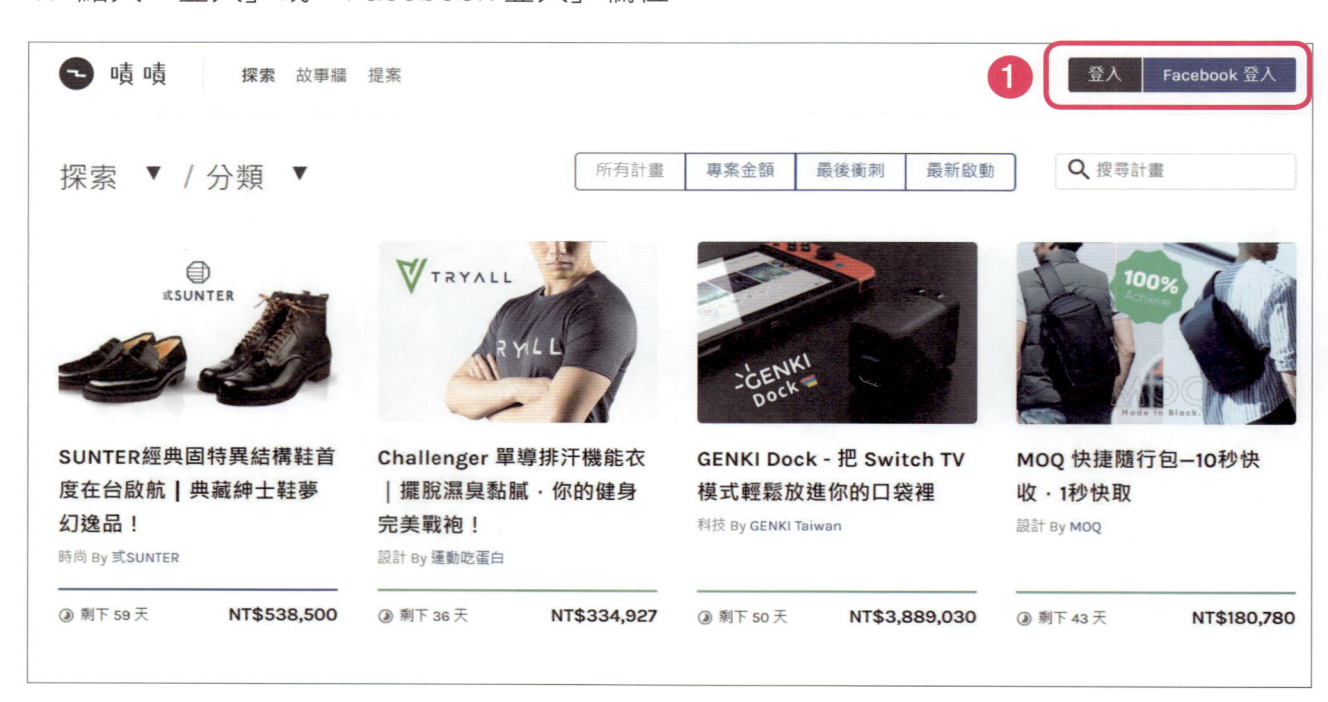

2. 利用「Facebook 帳號」或「電子信箱」來登入，即可完成會員。

第二篇
專題暨創意實作篇

第一題　　　　　　　　　　　　　　　　2-1.i　專題組
「燒酒」螺～開動：萃取福壽螺消化酵素分解水果纖維廢棄物，製造生質酒精的可行性研究

第二題　　　　　　　　　　　　　　　　2-2.i　專題組
「飛」常厲害－開發魚肉慕斯以提高鯖魚經濟價值可行性之研究

第三題　　　　　　　　　　　　　　　　2-3.i　專題組
「飛」「腸」「香」「田」－開發水草魚肉香腸以提高鱰魚（鬼頭刀）經濟價值可行性之研究

第四題　　　　　　　　　　　　　　　　2-4.i　創意組
龍「鳳」「橙」祥～以鳳梨及柳橙果皮製作可裁式調味紙取代傳統速食麵調味包之可行性研究

第五題　　　　　　　　　　　　　　　　2-5.i　創意組
「凍」人心「鹹」，「黃」金 Style～以冷凍凝膠法創作速成鹹蛋黃之新「蛋」生

第六題　　　　　　　　　　　　　　　　2-6.i　創意組
年年有「魚」 步步「糕」生～魚肉蛋糕

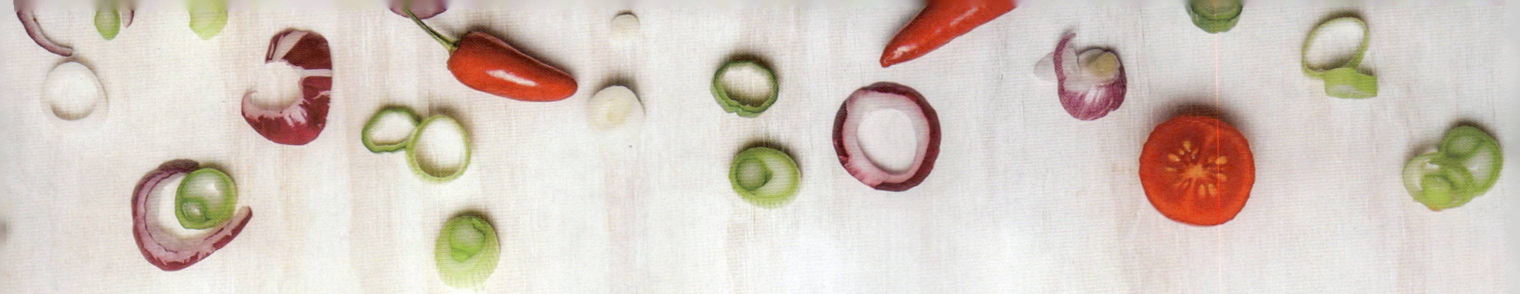

專題組

「燒酒」螺～開動：萃取福壽螺消化酵素分解水果纖維廢棄物，製造生質酒精的可行性研究

作者群：徐承理、何昌峯、吳慧楨

指導教師：謝文斌

關鍵詞：福壽螺、柳丁皮、纖維質分解酵素

目錄

目錄	2-1.ii
圖目錄	2-1.iv
表目錄	2-1.v
摘要	2-1.2
壹、研究動機	2-1.2
貳、研究目的	2-1.2
參、研究設備及器材	2-1.3
一、材料	2-1.3
二、器材	2-1.3
肆、研究過程及方法	2-1.3
一、文獻整理	2-1.3
二、制訂從福壽螺抽取萃取液之標準操作步驟	2-1.4
三、以甘蔗纖維質原料利用不同水解方法進行水解、酒精發酵及蒸餾實驗	2-1.4
四、以柳丁果皮及肉為原料添加酵素、福壽螺萃取液進行水解、酒精發酵及蒸餾實驗	2-1.6
五、以柳丁果皮及肉為原料加不同濃度福壽螺消化腺萃取液進行水解及不同的酵母菌以及不同發酵溫度、進行酒精發酵及蒸餾實驗	2-1.7
六、柳丁果皮及肉為原料以不同水量比例加入福壽螺消化腺萃取液進行水解、酒精發酵及蒸餾實驗	2-1.8
七、柳丁果皮及肉為原料以福壽螺萃取液進行水解製成之生質酒精量產實驗	2-1.8
八、柳丁果皮及肉為原料以福壽螺萃取液進行水解製成之生質酒精進行電力實驗	2-1.9
九、進一步以福壽螺消化腺萃取液及商業用纖維質分解酵素分別進行纖維質分解實驗測試酵素活性	2-1.9

Contents

伍、研究結果與討論 ... 2-1.11

    一、制訂從福壽螺抽取萃取液之標準操作步驟結果 ... 2-1.11

    二、以甘蔗纖維質原料利用不同水解方法進行水解、酒精發酵及蒸餾實驗結果 ... 2-1.11

    三、以柳丁果皮及肉為原料添加酵素、福壽螺萃取液進行水解、酒精發酵及蒸餾實驗結果 ... 2-1.13

    四、以柳丁果皮及肉為原料加不同濃度福壽螺消化腺萃取液進行水解及不同的酵母菌以及不同發酵溫度、進行酒精發酵及蒸餾實驗結果 ... 2-1.15

    五、柳丁果皮及肉為原料以不同水量比例加入福壽螺消化腺萃取液進行水解、酒精發酵及蒸餾實驗結果 ... 2-1.19

    六、柳丁果皮及肉為原料以福壽螺萃取液進行水解製成之生質酒精量產實驗結果 ... 2-1.19

    七、柳丁果皮及肉為原料以福壽螺消化腺萃取液進行水解製成之生質酒精進行電力實驗結果 ... 2-1.21

    八、進一步以福壽螺消化腺萃取液及商業用纖維質分解酵素分別進行纖維質分解實驗測試酵素活性 ... 2-1.22

陸、結論 ... 2-1.24

參考資料 ... 2-1.24

圖目錄

圖一、原料製備及測量法示意圖　　　　2-1.5
圖二、3,5-二硝基水楊酸溶液試劑測量還原糖流程圖　　　　2-1.10
圖三、從福壽螺萃取消化酵素之操作步驟示意圖　　　　2-1.11
圖四、甘蔗纖維質原料以不同水解方法進行水解糖度變化圖　　　　2-1.12
圖五、甘蔗纖維質原料以不同水解方法進行水解後進行發酵糖度變化圖　　　　2-1.12
圖六、甘蔗纖維質原料以不同水解方法進行水解 pH 變化圖　　　　2-1.12
圖七、甘蔗纖維質原料以不同水解方法進行水解後進行發酵 pH 變化圖　　　　2-1.12
圖八、甘蔗纖維質原料以不同水解方法進行水解發酵後蒸餾所得酒精濃度比較圖　　　　2-1.12
圖九、以甘蔗為原料進行酒精蒸餾示意圖　　　　2-1.12
圖十、以柳丁果皮及肉為原料添加不同酵素以 18℃進行水解及發酵實驗之糖度變化統計圖　　　　2-1.13
圖十一、以柳丁果皮及肉為原料添加不同酵素以 35℃進行水解及發酵實驗之糖度變化統計圖　　　　2-1.13
圖十二、以柳丁果皮及肉為原料添加不同酵素以 45℃進行水解及發酵實驗之糖度變化統計圖　　　　2-1.14
圖十三、以柳丁果皮及肉為原料添加不同酵素以 18℃進行水解及酒精發酵之 pH 值變化統計圖　　　　2-1.14
圖十四、以柳丁果皮及肉為原料添加不同酵素以 35℃進行水解及酒精發酵之 pH 值變化統計圖　　　　2-1.14
圖十五、以柳丁果皮及肉為原料添加不同酵素以 45℃進行水解及酒精發酵之 pH 值變化統計圖　　　　2-1.14
圖十六、以甘蔗為原料添加不同酵素水解發酵後進行酒精蒸餾實驗結果示意圖　　　　2-1.15
圖十七、柳丁果皮及肉添加不同濃度福壽螺消化腺萃取液 18℃水解糖度變化圖　　　　2-1.16
圖十八、柳丁果皮及肉添加不同濃度福壽螺消化腺萃取液 18℃水解 pH 變化圖　　　　2-1.16
圖十九、35℃紅葡萄酒酵母發酵糖度變化圖　　　　2-1.16
圖二十、35℃紅葡萄酒酵母發酵 pH 變化圖　　　　2-1.16
圖二十一、35℃白酒酵母發酵糖度變化圖　　　　2-1.16
圖二十二、35℃白酒酵母發酵 pH 變化圖　　　　2-1.16
圖二十三、35℃米酒酵母發酵糖度變化圖　　　　2-1.17
圖二十四、35℃米酒酵母發酵 pH 變化圖　　　　2-1.17
圖二十五、35℃米麴酵母發酵糖度變化圖　　　　2-1.17
圖二十六、35℃米麴酵母發酵 pH 變化圖　　　　2-1.17
圖二十七、45℃紅葡萄酒酵母發酵糖度變化圖　　　　2-1.17
圖二十八、45℃紅葡萄酒酵母發酵 pH 變化圖　　　　2-1.17

圖二十九、45℃白酒酵母發酵糖度變化圖 　2-1.17
圖三十、45℃白酒酵母發酵 pH 變化圖 　2-1.17
圖三十一、45℃米酒酵母發酵糖度變化圖 　2-1.18
圖三十二、45℃米酒酵母發酵 pH 變化圖 　2-1.18
圖三十三、45℃米麴酵母發酵糖度變化圖 　2-1.18
圖三十四、45℃米麴酵母發酵 pH 變化圖 　2-1.18
圖三十五、以柳丁果皮及肉添加不同濃度福壽螺消化腺萃取液進行水解及不同的酵母菌以及不同發酵溫度發酵後蒸餾結果統計圖 　2-1.18
圖三十六、不同比例柳丁果皮及肉製造柳丁發酵醪並進行酒精蒸餾示意圖 　2-1.19
圖三十七、生質酒精量產示意圖 　2-1.19
圖三十八、第一次與第二次蒸餾酒精製成率比較圖 　2-1.20
圖三十九、第一次蒸餾濃度變化（酒精度／每100ml） 　2-1.20
圖四十、第二次蒸餾濃度變化（酒精度／每100ml） 　2-1.21
圖四十一、生質酒精燃料電池進行電力實驗示意圖 　2-1.22
圖四十二、生質酒精燃料電池進行電力實驗示意圖 　2-1.22
圖四十三、標準濃度葡萄糖回歸曲線 　2-1.23
圖四十四、福壽螺酵素與商業纖維質酵素於 18℃、45℃ 分解 CMC 後測得吸光值比較圖 　2-1.23
圖四十五、福壽螺酵素與商業纖維質酵素於 18℃、45℃ 分解 CMC 換算還原糖比較圖 　2-1.23

表目錄

表一、捕捉福壽螺之基本統計數據（每批平均值） 　2-1.11
表二、生質酒精量產實驗二次蒸餾示意圖 　2-1.20
表三、柳丁果皮及肉以福壽螺消化腺酵素水解製成酒精進行第二次蒸餾所得酒精濃度表 　2-1.20

摘要

　　生質酒精多以糧食經由發酵生成但易造成食物短缺，若能以纖維質製成酒精將是未來新趨勢。福壽螺多年來危害臺灣作物，若能萃取螺體酵素進而分解纖維質，不僅可消滅害蟲又能廢物利用。本實驗乃探討以甘蔗渣、柳丁皮以濃鹽酸、纖維質分解酵素及從福壽螺萃取液進行水解及發酵實驗並進行觀察。結果發現添加 5～10% 福壽螺消化腺萃取液並於 18℃ 所進行水解，並配合米麴酵母在 35℃ 酒精發酵或以紅葡萄酒酵母在 45℃ 酒精發酵，所測得酒精濃度最高。所生成生質酒精驗濃度可利用二次蒸餾提高至 60% 以上，總製成率達 13.36%。並可有效產生 0.8V 穩定電壓，達 3 小時以上。以 DNS 還原糖實驗發現福壽螺消化腺萃取液能有效分解纖維質生成還原糖，確實具有纖維質分解酵素之活性。

壹　研究動機

　　現今社會由於飲食習慣精緻化，食品原料經過度加工造成許多資源被浪費，試想一瓶柳橙汁或甘蔗汁要擠乾多少柳丁及甘蔗，且擠完後往往都是當廢棄物丟掉，實在太可惜了！是否我們可以有效利用這些廢棄物呢？我們在學校微生物課程中學習到生質酒精是目前各國積極開發新能源之一，利用糖質或澱粉質含量高之糧食原料經由酒精發酵生成酒精，來取代傳統石化燃料，但卻造成全球食物短缺隱憂（黃，2008）。若能改以纖維質製成生質酒精可說是未來生質能源的新趨勢，但如何有效水解纖維質，目前各國多以生物技術方式培育菌株生產水解酵素（戴，2004），但仍有研發瓶頸尚未能商業量產！因此我們異想天開想找尋是否有存在於大自然並能分解纖維質之酵素呢？

　　福壽螺多年來一直是臺灣農民的噩夢，因為沒有天敵所以繁衍的速度十分驚人（張，1982）。福壽螺常常出現在農田水溝或田埂邊，主要是以水草、稻葉等為主要食物來源，政府多年來投入龐大經費研究一直無法有效防治。由於福壽螺是以纖維質作為主食，我們靈機一動，是否福壽螺消化腺中含有纖維質分解酵素，若能將酵素萃取出來，加至纖維質水果廢棄物內，待纖維素分解後再加入酵母進行酒精發酵產生酒精，不僅可有效減少福壽螺害蟲，又能增加稻米產值，並能廢物再利用生產酒精，有一舉多得之功效！

貳　研究目的

一、探討以甘蔗渣、柳丁皮等水果廢棄物添加濃鹽酸、商業纖維質分解酵素及從福壽螺萃取出酵素進行纖維質水解，再進行酒精發酵生成酒精。找出最佳生產生質酒精的原料及條件。

二、本實驗精神為嘗試廢物利用，把同被人們視為害蟲及廢物的福壽螺和廢棄果皮結合在一起，產生高價值的生質酒精，以期能應驗「乞丐能當皇帝，廢棄物也能變黃金」！

參 研究設備及器材

一 材料

（一）臺灣原產柳丁、甘蔗渣、甘蔗汁。

（二）福壽螺（*Pomacea canaliculata*）（採集自學校附近稻田及水溝）。

（三）白葡萄酒酵母、紅葡萄酒酵母（*Saccharomyces ellipsoideus*）、米酒酵母（*Saccharomyces peka*）、傳統米麴（*Saccharomyces sake*）（汎球公司）。

（四）商業用纖維質分解酵素（商品名稱 Cellulyve）（汎球公司）。

（五）12N 鹽酸、10％氫氧化鈉、NaH_2PO_4 及 Na_2HPO_4（宏展公司）。

二 器材

（一）pH 計（瑞士 Mettler 公司）。

（二）均質機（西班牙 Sammic 公司）。

（三）果汁機（Panasonic 公司）。

（四）手壓式榨汁機（臺灣松鄉實業社）。

（五）手持式標準型糖度計（日本 Atago 公司）。

（六）手持式酒精度計 DA-130N（日本 KEM KYOTO 公司）。

（七）恆溫培養箱（Sanyo 公司）。

（八）含水封器發酵血清瓶（委由新竹上展玻璃燒製）。

（九）自組酒精蒸餾裝置（自行組裝）。

（十）酒精燃料電池、三用電錶（購自集廣公司）。

肆 研究過程及方法

一 文獻整理

　　福壽螺（Golden apple snail）屬於軟體動物門（*Mollusca*）、腹足綱（*Gastropoda*）、前鰓亞綱（*Prosobranchia*）、中腹足目（*Mesogastropoda*）、蘋果螺科（*Ampullariidae*），棲息於淡水或半淡鹹水之沼澤、池塘、溝渠等緩水水域。福壽螺為雌雄異體行體內受精，受精卵約三週即可孵化，每年每隻母螺平均可生產 5500 餘顆卵，平均壽命約三年，環境不良時會進入休眠狀態。福壽螺屬於雜食性生物，包括稻米、芋頭以及幾乎所有水生經濟作物均為其食物來源。臺灣發生福壽螺危害源起於 1970 年代末期至 1980 年代初期，福壽螺被引進臺灣飼養，希望能取代石田螺成為養殖物種，後來卻因市場乏人問津被飼養業者隨意丟棄於排水溝、灌溉溝圳，由於繁殖速度快，環境適應良好，食性廣泛且沒有天敵，在短短的幾年內經由水流散佈至臺灣各角落溝渠、溪流、湖泊及池塘、稻田及水生作物區（張，1986）。

二十多年來，福壽螺在臺灣已造成重大的農業經濟損害，粗步估計每年約耗費兩億新台幣。福壽螺不僅造成農業經濟上的損失，牠對棲息地原有的生態環境亦造成相當衝擊。面對福壽螺所帶來的經濟與生態破壞，多年來政府與農民對福壽螺的防治不外乎採用物理性防制、生物性防制與化學藥劑防制等三大類來阻止災害繼續擴大，其中化學藥劑的廣泛濫用一向是臺灣農業所為人詬病的問題，使用藥劑的優點主要是成本低廉，但由於要達到有效的程度必須要高劑量的施放，如果是像灌溉溝渠的流動水域便無法使用。早期採用的三苯醋錫（Triphenyltin acetate；$C_{20}H_{18}O_2Sn$）已破壞臺灣許多水生生態環境，後來陸續有如耐克螺以及天然植物抽出物如苦茶粕等改良過的藥劑出現，但成效有限。化學藥劑消滅福壽螺雖普遍，但是長期使用將導致福壽螺產生抗藥性以及農地發生藥物殘留等嚴重問題（孫，2009）。

　　纖維素（cellulose）是由 100～14,000 個葡萄糖單體以 β-1,4 鍵結方法所形成的聚合物，可經由化學或生化反應的水解而成為單體之 D-glucose。有別於其他多醣類，纖維素的重要特色就是它具有結晶形的構造。在生物合成（biosynthesis）時，由 30 個葡萄糖單體聚集而成初級細纖維，接著再由初級細纖維聚合成為微細纖維，最後便由微細纖維聚集而成為一般所知的纖維素（李，2008）。

　　一般常利用酸、鹼以及蒸氣加熱處理等方法來前處理纖維素。但分解後回收率不高，再加上化學前處理，廢棄物會造成環境汙染。因此利用纖維素分解酵素（cellulase）的生物法，目前被公認是較有效且更自然的方法。纖維素分解酵素是屬於水解酵素（hydrolase），包括內切型纖維素分解酵素、外切型纖維素分解酵素和纖維二糖酵素這三類主要酵素。可將不溶性的纖維素完全水解。

二 制訂從福壽螺抽取萃取液之標準操作步驟

實驗設計一

　　捕捉福壽螺 測量數據（秤重、測量體長）➡ 破殼 ➡ 解剖分成消化腺與螺肉二部份 ➡ 分別加入磷酸鹽緩衝溶液 ➡ 低溫細碎（4℃）➡ 減壓過濾 ➡ 濾液分裝 ➡ 急速冷凍（–40℃）冷凍保存（–18℃）。

三 以甘蔗纖維質原料利用不同水解方法進行水解、酒精發酵及蒸餾實驗

　　本實驗嘗試以榨汁後會產生大量果渣廢棄物的甘蔗為原料，是否可以將甘蔗纖維再利用？在《食品化學與分析》的課程中，我們學習到酵母菌可將糖質原料經由酒精發酵生成酒精，澱粉質原料屬於多醣，須先將澱粉以糖化酵素水解成單醣後才能被酵母利用，纖維質雖然是多醣，但鍵結方式不同，不易水解成單醣（李，2008），因此我們嘗試以強酸、商業酵素、福壽螺螺肉及消化腺萃取液等不同方法進行纖維質分解後，再進行酒精發酵及蒸餾，酒精蒸餾方法參考《食品加工實習》課程所學習到的方法，以化學實驗室現有器材自行組裝蒸餾裝置（張，2007）。探討以不同纖維質分解方法生成酒精濃度，是否有所不同。

實驗設計二

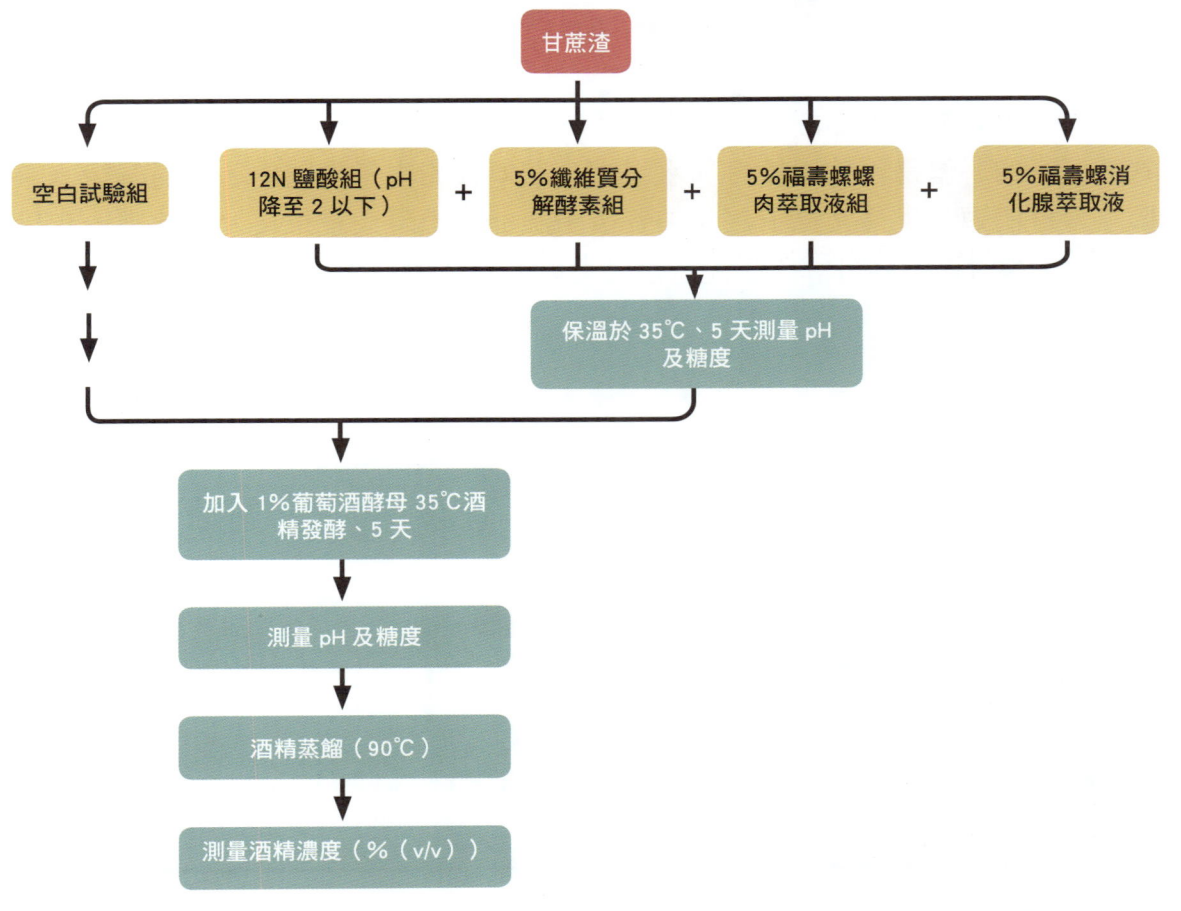

```
                              甘蔗渣
         ┌──────────┬──────────┬──────────┬──────────┐
         ▼          ▼          ▼          ▼          ▼
      空白試驗組  12N 鹽酸組（pH  5%纖維質分  5%福壽螺螺  5%福壽螺消
                 降至 2 以下）  解酵素組  +  肉萃取液組 + 化腺萃取液
                      │          │          │          │
                      └──────────┴──────────┴──────────┘
                                  ▼
                        保溫於 35℃、5 天測量 pH
                               及糖度
                                  ▼
                        加入 1%葡萄酒酵母 35℃酒
                            精發酵、5 天
                                  ▼
                           測量 pH 及糖度
                                  ▼
                           酒精蒸餾（90℃）
                                  ▼
                        測量酒精濃度（%（v/v））
```

（一）原料製備：以均質機打碎，果渣：水 =1：9。

（二）測量 pH 及糖度方法：使用 pH 計測量酸鹼值，使用手持式屈折糖度計測量糖度（°Brix）。pH 計先用 pH=4 及 pH=7 標準校正液校正；糖度計使用蒸餾水進行歸零。

（三）酒精發酵方法：使用血清瓶並加蓋水封阻絕空氣。

（四）酒精蒸餾方法：使用化學實驗室燒瓶、冷凝管等玻璃器皿組裝蒸餾設備。

（五）酒精濃度測量方法：使用酒精度計測量酒精濃度（%）。

以均質機將果渣打碎	糖度計使用蒸餾水進行歸零	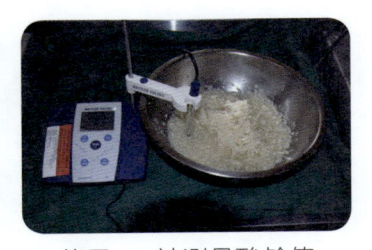 使用 pH 計測量酸鹼值
 加蓋水封血清瓶	 蒸餾設備	 酒精度計

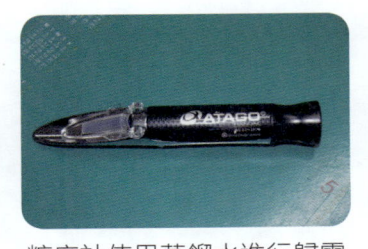

▲ 圖一、原料製備及測量法示意圖

四 以柳丁果皮及肉為原料添加酵素、福壽螺萃取液進行水解、酒精發酵及蒸餾實驗

由上述之實驗結果得知酵素分解水果纖維質廢棄物再進行酒精發酵以達到廢物利用的目的是可行的。但是否適用於每種水果呢？在學校的中午團膳中，常附餐後水果，其中以柳丁等柑橘類水果最常見，每當午餐後廚餘桶常出現大量果皮。因此進一步以柳丁為實驗對象，探討以不同分解方法配合溫度變因所生成酒精濃度，是否會有一樣的結果。

實驗設計三

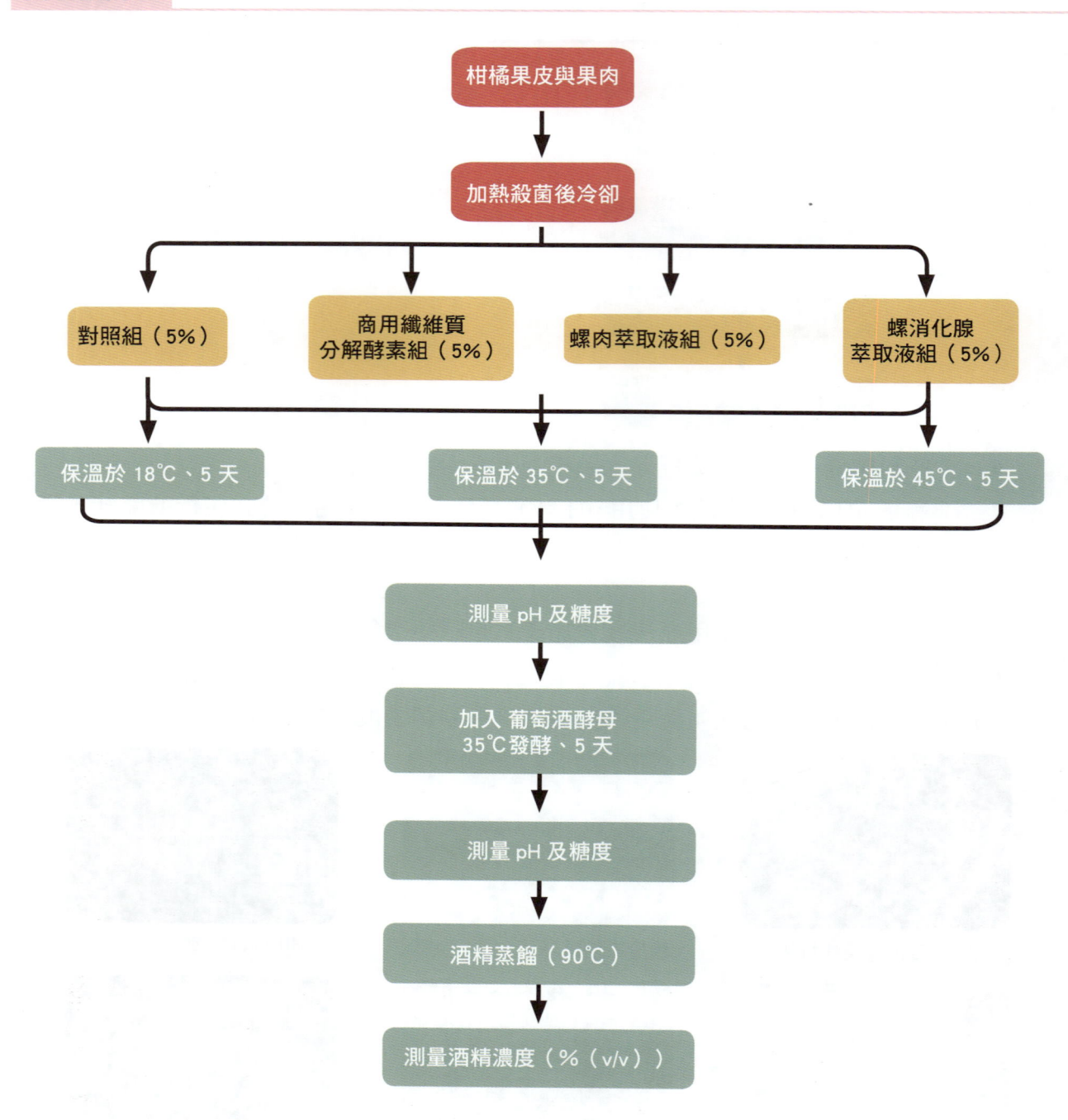

```
柑橘果皮與果肉
        ↓
加熱殺菌後冷卻
        ↓
┌───────────┬───────────┬───────────┬───────────┐
對照組（5%）  商用纖維質      螺肉萃取液組（5%）  螺消化腺
           分解酵素組（5%）                 萃取液組（5%）
        ↓              ↓               ↓
保溫於 18℃、5 天   保溫於 35℃、5 天    保溫於 45℃、5 天
        └──────────────┬──────────────┘
                       ↓
                  測量 pH 及糖度
                       ↓
              加入 葡萄酒酵母
              35℃發酵、5 天
                       ↓
                  測量 pH 及糖度
                       ↓
                  酒精蒸餾（90℃）
                       ↓
              測量酒精濃度（%（v/v））
```

五 以柳丁果皮及肉為原料加不同濃度福壽螺消化腺萃取液進行水解及不同的酵母菌以及不同發酵溫度、進行酒精發酵及蒸餾實驗

實驗設計四

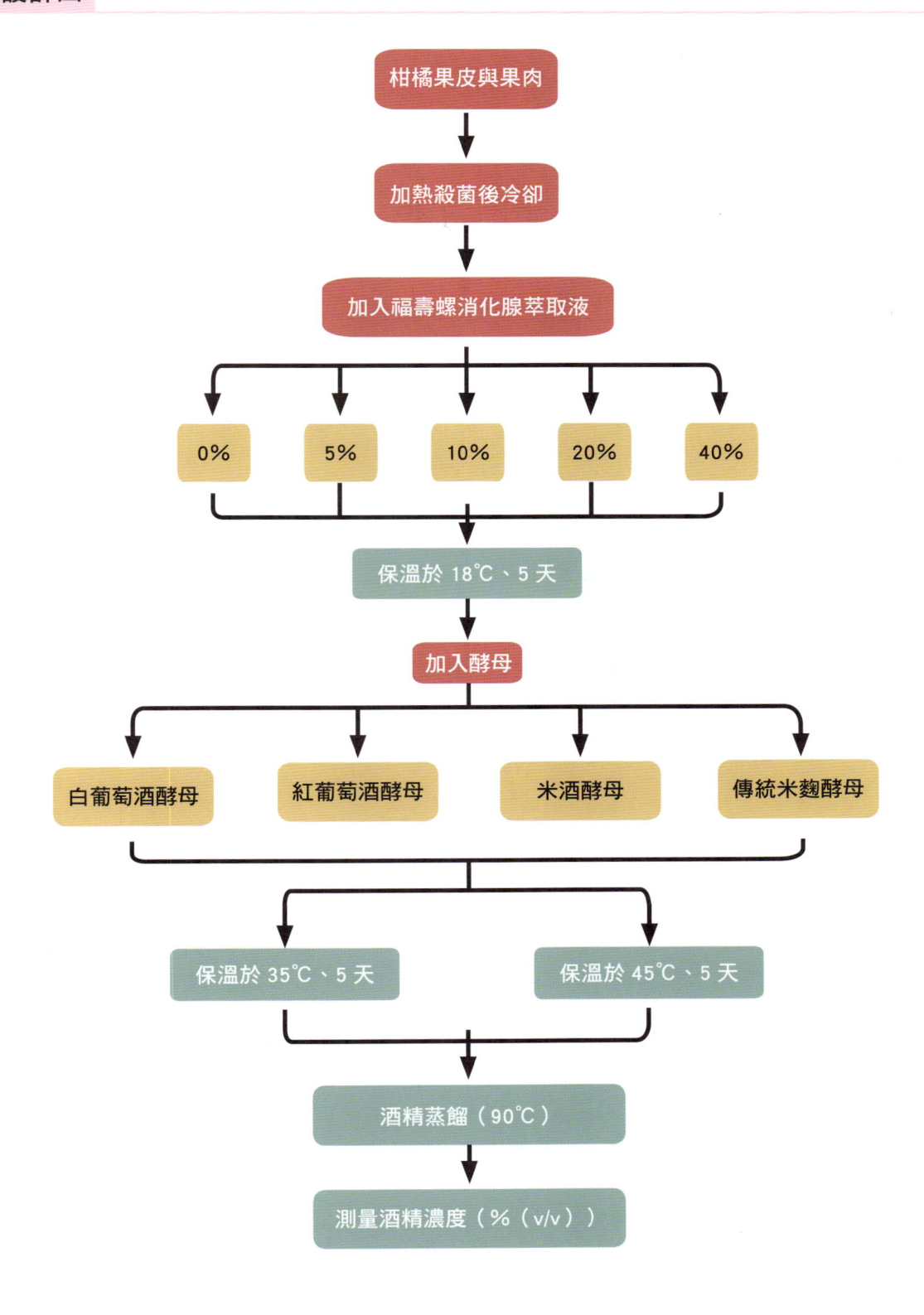

```
柑橘果皮與果肉
      ↓
加熱殺菌後冷卻
      ↓
加入福壽螺消化腺萃取液
      ↓
  ┌────┬────┬────┬────┬────┐
 0%   5%   10%  20%  40%
  └────┴────┴────┴────┘
           ↓
    保溫於 18℃、5 天
           ↓
        加入酵母
  ┌────┬────┬────┬────┐
白葡萄酒酵母  紅葡萄酒酵母  米酒酵母  傳統米麴酵母
  └────┴────┴────┘
           ↓
  ┌──────────┬──────────┐
保溫於 35℃、5 天    保溫於 45℃、5 天
  └──────────┘
           ↓
    酒精蒸餾（90℃）
           ↓
  測量酒精濃度（%（v/v））
```

六 柳丁果皮及肉為原料以不同水量比例加入福壽螺消化腺萃取液進行水解、酒精發酵及蒸餾實驗

實驗設計五

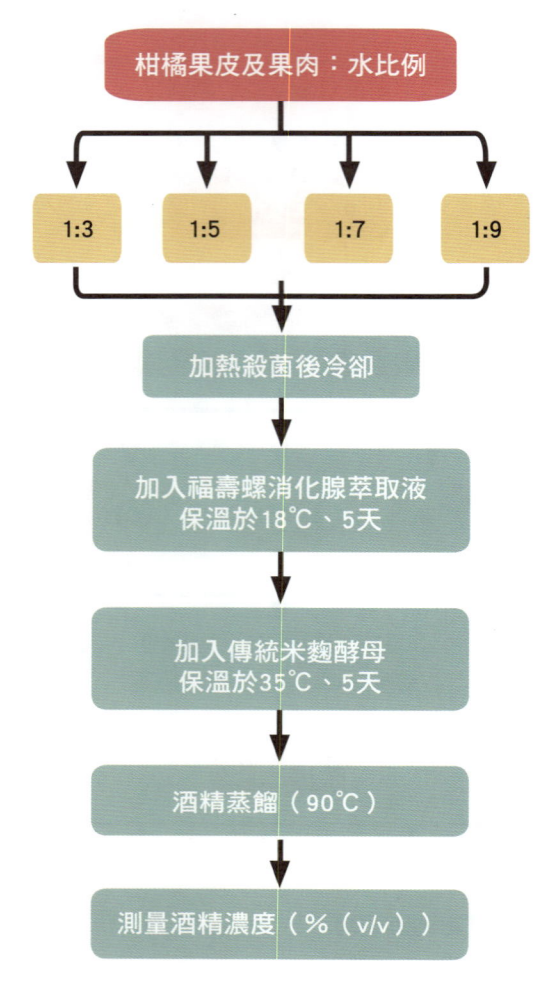

```
柑橘果皮及果肉：水比例
   ↓      ↓      ↓      ↓
  1:3    1:5    1:7    1:9
           ↓
      加熱殺菌後冷卻
           ↓
   加入福壽螺消化腺萃取液
     保溫於18°C、5天
           ↓
      加入傳統米麴酵母
       保溫於35°C、5天
           ↓
       酒精蒸餾（90°C）
           ↓
     測量酒精濃度（%（v/v））
```

七 柳丁果皮及肉為原料以福壽螺萃取液進行水解製成之生質酒精量產實驗

實驗設計六

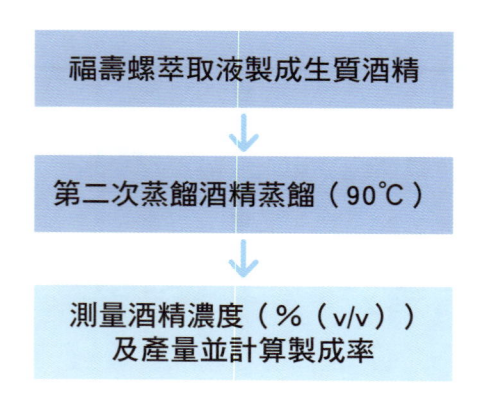

```
福壽螺萃取液製成生質酒精
           ↓
第二次蒸餾酒精蒸餾（90°C）
           ↓
  測量酒精濃度（%（v/v））
    及產量並計算製成率
```

八 柳丁果皮及肉為原料以福壽螺萃取液進行水解製成之生質酒精進行電力實驗

實驗設計七

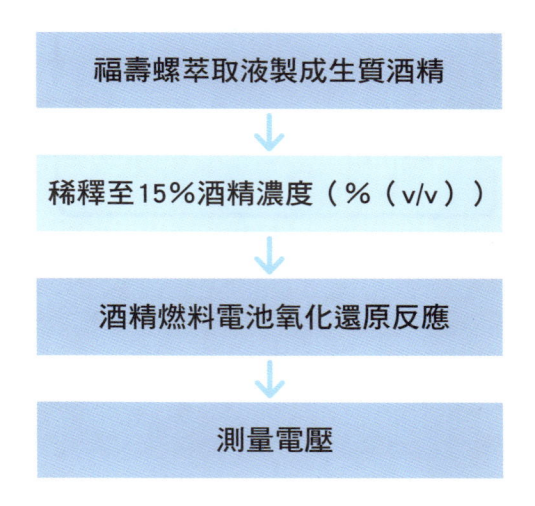

```
福壽螺萃取液製成生質酒精
         ↓
稀釋至15%酒精濃度（%（v/v））
         ↓
酒精燃料電池氧化還原反應
         ↓
      測量電壓
```

九 進一步以福壽螺消化腺萃取液及商業用纖維質分解酵素分別進行纖維質分解實驗測試酵素活性

實驗設計八

（一）3,5-二硝基水楊酸溶液（3,5-dinitrosalicylic acid；DNS）試劑配置方法：將 3,5-dinitrosalicylic acid 1g、酒石酸鉀鈉 30g、NaOH 1.6g 溶於 100ml 蒸餾水中，並於水浴加熱使其溶解，最後置於棕色瓶避光儲存備用。

（二）葡萄糖標準溶液之配置方法：

配置 0.2％之葡萄糖溶液並依序稀釋成 0.1％、0.05％、0.025％葡萄糖標準液。

（三）葡萄糖標準曲線製作：

1. 取 5 支試管分別加入 0.5ml 葡萄糖標準溶液及 0.5ml DNS 呈色劑。
2. 於 100℃恆溫水浴加熱 5 分鐘後，置冷水浴冷卻。
3. 加入 3ml 蒸餾水混合後測 540nm 波長之吸光值。
4. 扣除空白值（以水取代葡萄糖溶液者）後，以吸光值對葡萄糖量作圖可得標準曲線圖。

```
┌─────────────────────┐         ┌─────────────────────┐
│ 福壽螺消化腺萃取液  │         │ 商業用纖維質分解酵素│
└──────────┬──────────┘         └──────────┬──────────┘
           └────────────────┬──────────────┘
                            ▼
                      ┌───────────┐
                      │ 加入CMC   │
                      └─────┬─────┘
              ┌─────────────┴─────────────┐
              ▼                           ▼
    ┌──────────────────┐        ┌──────────────────┐
    │ 保持18℃分解一小時│        │ 保持45℃分解一小時│
    └─────────┬────────┘        └────────┬─────────┘
              └────────────┬──────────────┘
                           ▼
          ┌─────────────────────────────────────┐
          │ 加入DNS試劑於100℃恆溫水浴加熱5分鐘進行反應 │
          └──────────────────┬──────────────────┘
                             ▼
             ┌──────────────────────────────┐
             │ 以分光光度計測量540 nm波長之吸光值 │
             └──────────────┬───────────────┘
                            ▼
             ┌──────────────────────────────┐
             │ 比對葡萄糖標準曲線圖計算葡萄糖含量 │
             └──────────────────────────────┘
```

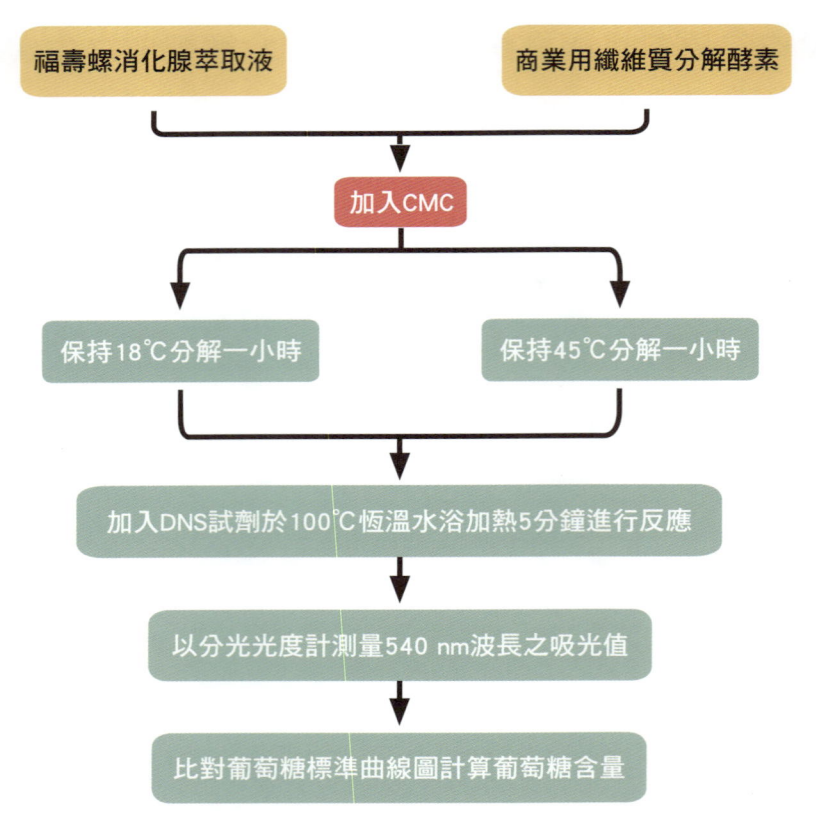

1 配製好 CMC　　**2** 加入待測酵素　　**3** 於適當溫度待其分解

4 加入 DNS 試劑　　**5** 於高溫中作用　　**6** 測定吸光值

▲ 圖二、3,5-二硝基水楊酸溶液試劑測量還原糖流程圖

伍 研究過程與討論

一 制訂從福壽螺抽取萃取液之標準操作步驟結果

首先在學校周圍農田捕捉福壽螺,並量測及統計每批福壽螺之基本資料(如表一),為萃取其中纖維質分解酵素,參考臺灣大學莊榮輝教授生化實驗室網頁製備粗酵素液之作法,進行破殼、區分成福壽螺肉及消化腺體二部份,分別加入 9 倍(w/w)已先行調配好低溫 pH7 磷酸鹽緩衝溶液進行破碎萃取,並減壓過濾後以急速冷凍機降溫至 $-40°C$ 後備用,萃取福壽螺纖維質分解酵素標準製程如圖三所示。

1 採集福壽螺 　2 秤重 　3 測量長度 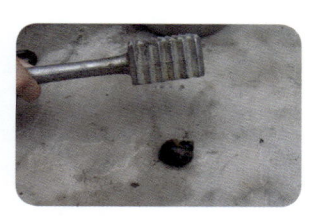　4 破殼

5 加 9 倍緩衝溶液打碎 　6 減壓過濾 　7 分裝 　8 急速冷凍 $-40°C$

▲ 圖三、從福壽螺萃取消化酵素之操作步驟示意圖

▼ 表一、捕捉福壽螺之基本統計數據(每批平均值)

福壽螺總重	去殼後總重	總顆數	平均長度
122.50g	51.35g	30 顆	2.81 公分

二 以甘蔗纖維質原料利用不同水解方法進行水解、酒精發酵及蒸餾實驗結果

纖維素與澱粉同為多醣類,均由葡萄糖所構成但鍵接方式不同,是否添加酸或酵素可以水解而產生小分子如纖維二糖及葡萄糖等單體,因此以甘蔗原料利用不同水解方法進行水解、酒精發酵及蒸餾,驗證是否可以水解纖維質生成單醣,提供給酵母進行發酵而生成酒精。結果如圖四~七所示,在糖度部分僅酸水解實驗組之糖度有明顯上升,而酒精發酵期間僅酸水解實驗組之糖度有明顯下降,由此得知甘蔗之纖維質有受酸水解生成糖分並被發酵利用而消耗。酒精蒸餾結果如圖八所示,以酸水解實驗組產生之酒精濃度最高、商業酵素水解組及福壽螺消化腺萃取液及螺肉萃取液組之酒精濃度均較對照組高,對照組因發酵後已發臭已無法測量酒精濃度。

由上述之結果得知添加鹽酸組、纖維質分解酵素組及福壽螺萃取液組均能產生酒精,証明添加酵素分解甘蔗纖維質廢棄物再進行酒精發酵是可行的。但是否適用於每種水果呢?因此進一步以柳丁作為實驗對象,探討是否會有一樣的結果。

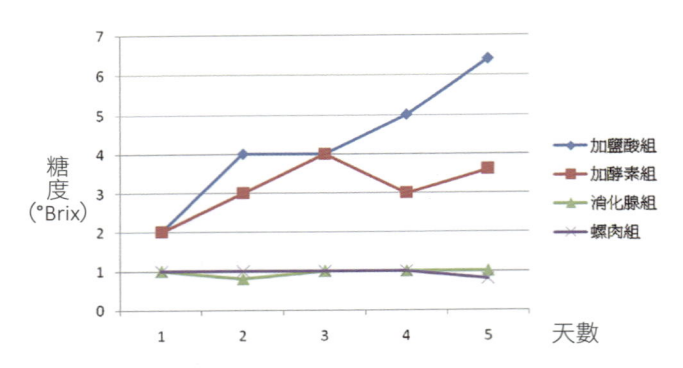

▲ 圖四、甘蔗纖維質原料以不同水解方法進行水解糖度變化圖

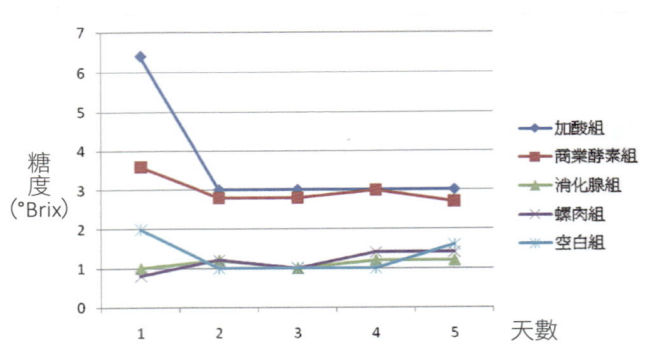

▲ 圖五、甘蔗纖維質原料以不同水解方法進行水解後進行發酵糖度變化圖

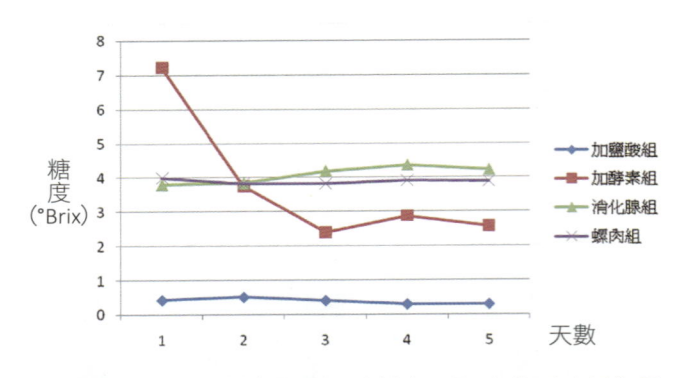

▲ 圖六、甘蔗纖維質原料以不同水解方法進行水解 pH 變化圖

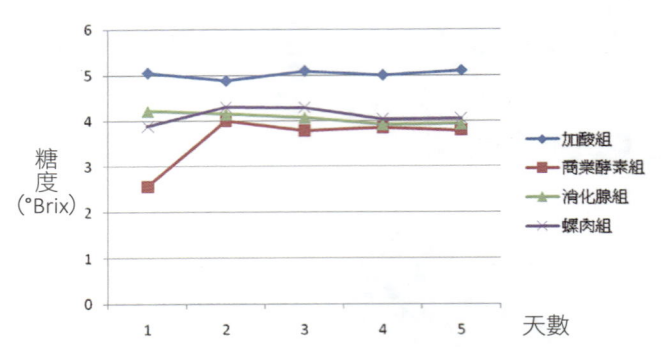

▲ 圖七、甘蔗纖維質原料以不同水解方法進行水解後進行發酵 pH 變化圖

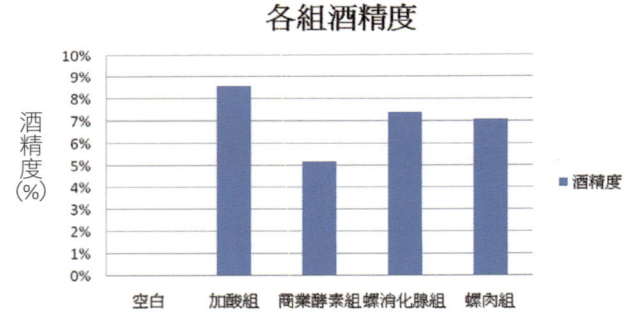

▲ 圖八、甘蔗纖維質原料以不同水解方法進行水解發酵後蒸餾所得酒精濃度比較圖

▲ 圖九、以甘蔗為原料進行酒精蒸餾示意圖

三 以柳丁果皮及肉為原料添加酵素、福壽螺萃取液進行水解、酒精發酵及蒸餾實驗結果

分別以不同酵素、福壽螺萃取液加入柳丁皮及肉中，並另外設定三種水解溫度分別為：模擬福壽螺體溫環境 18°C、恆溫動物體溫環境 35°C 及商業纖維質分解酵素最適水解溫度 45°C 進行實驗，結果如圖十～十五所示，在水解反應及隨後酒精發酵，商業纖維質分解酵素組其糖度及酸鹼值改變情形最為明顯，水解時糖度有明顯上升，酒精發酵時糖度有明顯下降，福壽螺消化腺實驗組在 18°C 及 45°C 亦有此趨勢。酒精蒸餾結果如圖十六所示，結果發現柳丁果皮及肉加商業纖維質分解酵素在 18°C、35°C、45°C 實驗組所測得酒精濃度都較對照組高，並以 45°C 實驗組最高（46.4%）有明顯增加；柳丁果皮及肉加福壽螺消化腺實驗組在 18°C 實驗組所測得酒精濃度較對照組高（6.4%）。

由上述結果發現福壽螺消化腺實驗組能有效生成酒精但濃度未能如商業纖維質分解酵素實驗組來的高，推測可能原因為我們萃取福壽螺消化腺酵素之純度不及商業纖維質分解酵素高所致。因此接下來我們想探討添加不同濃度之福壽螺消化腺萃取液是否能夠提升酒精濃度，也進一步探討不同酵母種類及發酵溫度是否也會影響酒精濃度之生成。

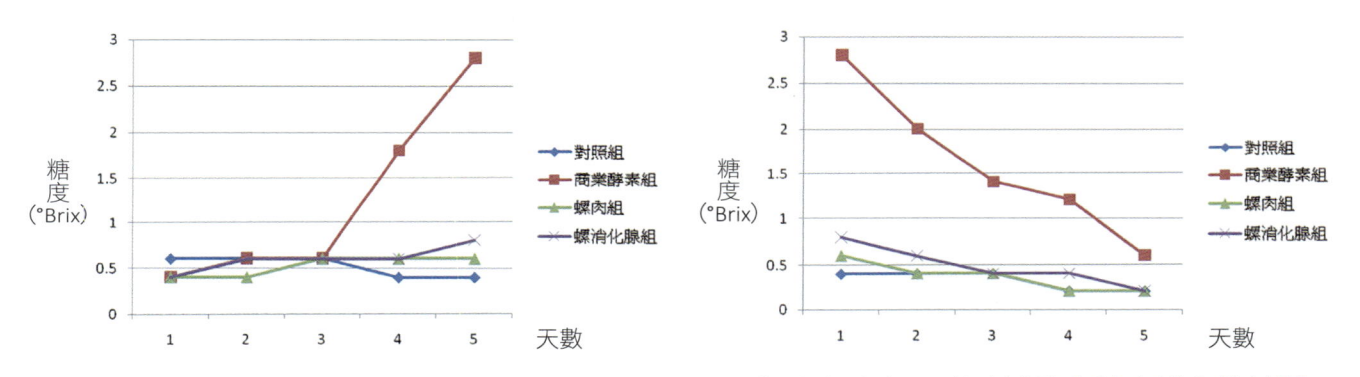

▲ 圖十、以柳丁果皮及肉為原料添加不同酵素以 18°C 進行水解及發酵試驗之糖度變化統計圖

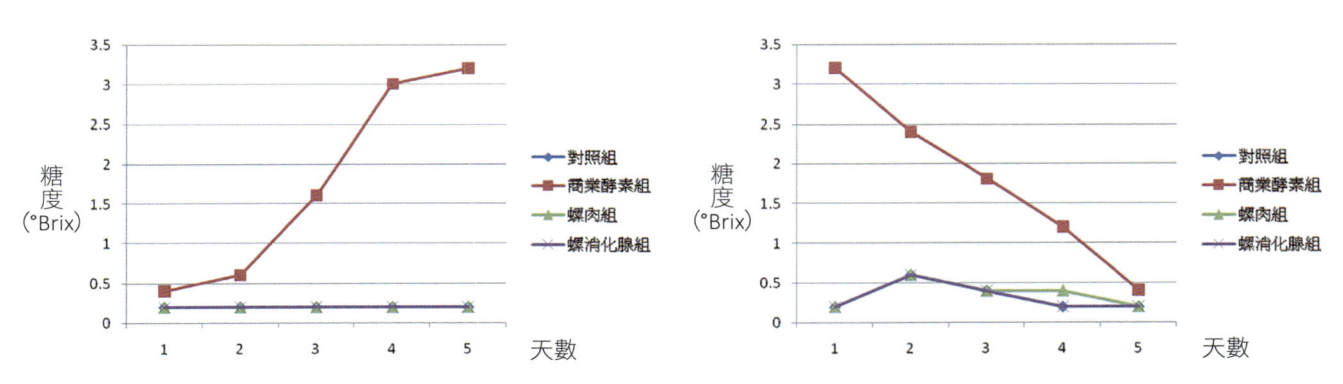

▲ 圖十一、以柳丁果皮及肉為原料添加不同酵素以 35°C 進行水解及發酵試驗之糖度變化統計圖

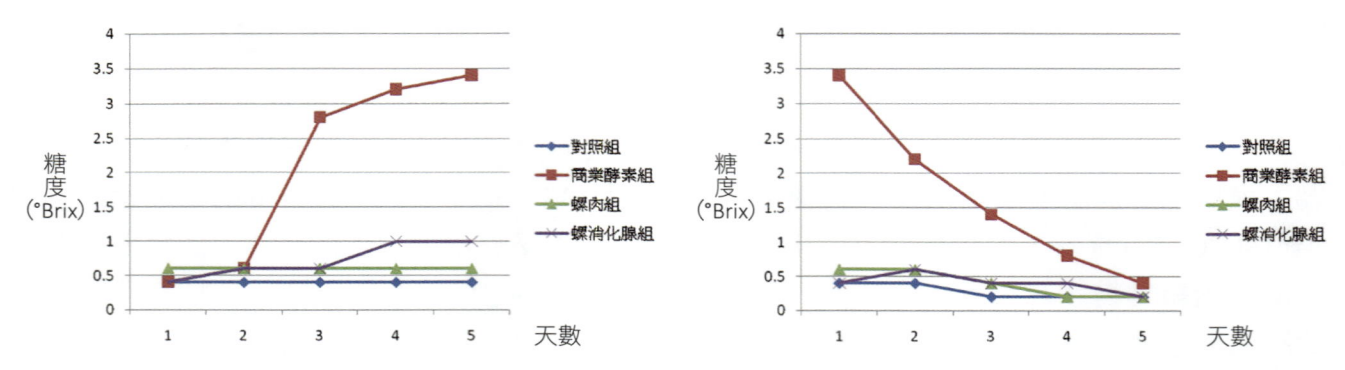

▲ 圖十二、以柳丁果皮及肉為原料添加不同酵素以 45℃進行水解及發酵試驗之糖度變化統計圖

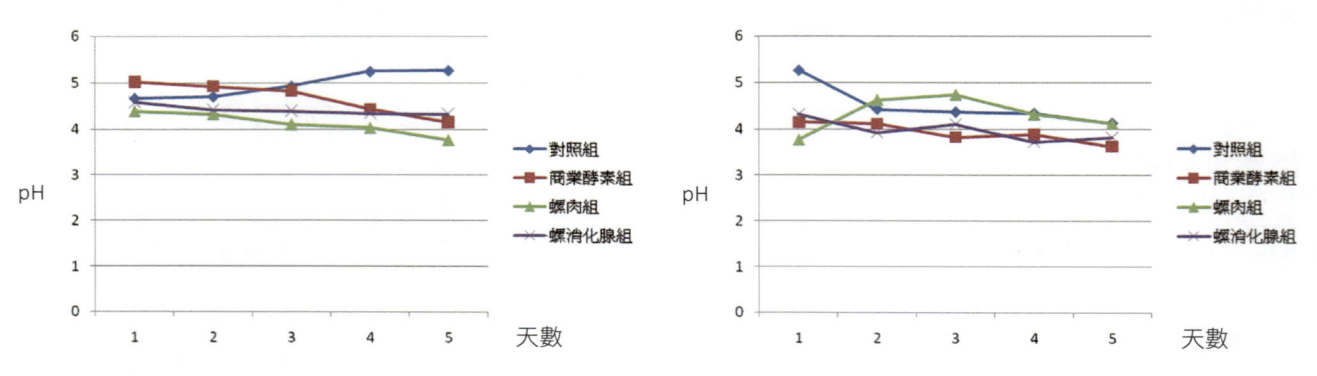

▲ 圖十三　以柳丁果皮及肉為原料添加不同酵素以 18℃進行水解及酒精發酵之 pH 值變化統計圖

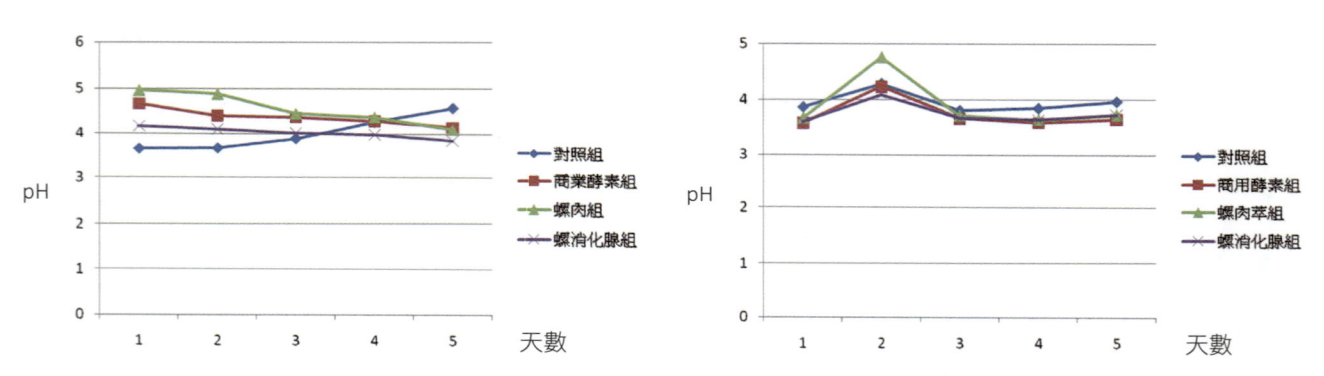

▲ 圖十四、以柳丁果皮及肉為原料添加不同酵素以 35℃進行水解及酒精發酵之 pH 值變化統計圖

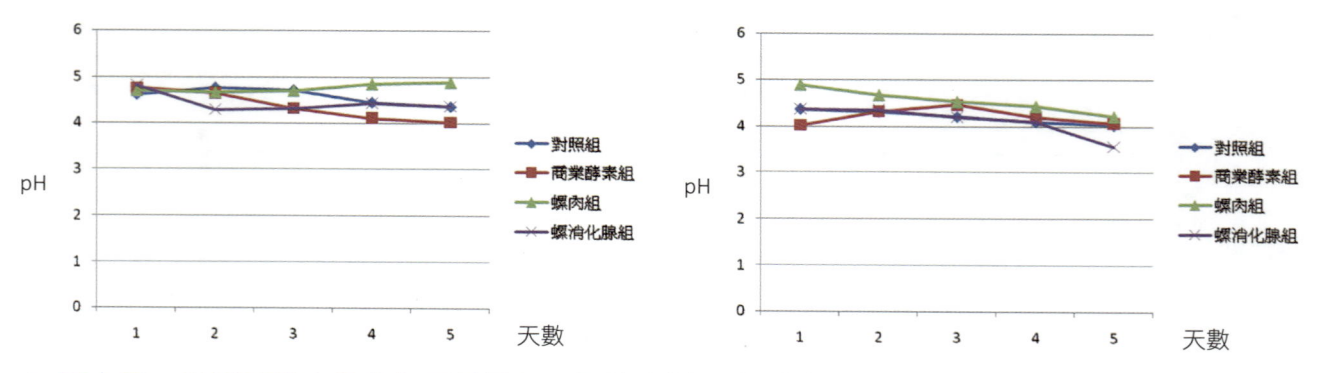

▲ 圖十五、以柳丁果皮及肉為原料添加不同酵素以 45℃進行水解及酒精發酵之 pH 值變化統計圖

18℃水解組

35℃水解組

45℃水解組

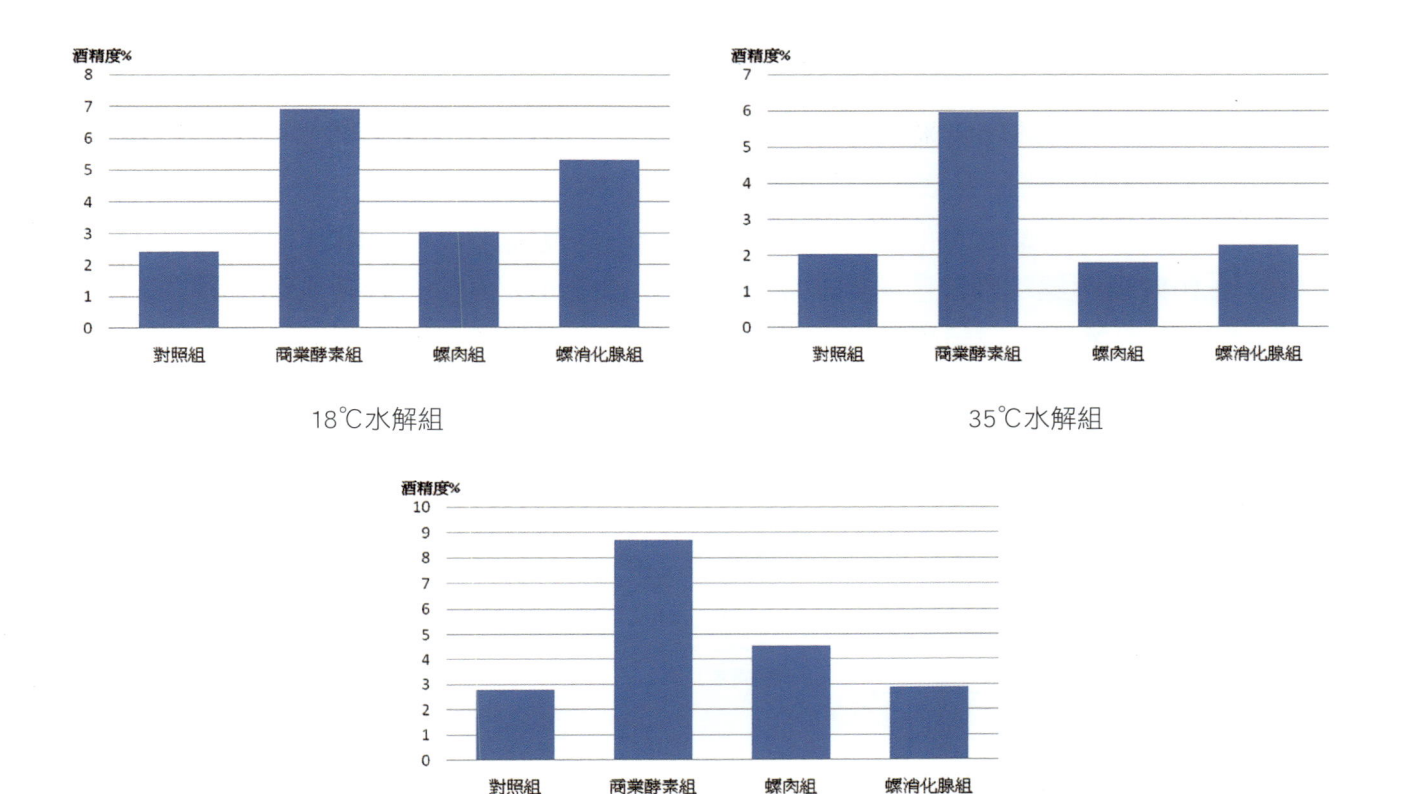

▲ 圖十六、以甘蔗為原料添加不同酵素水解發酵後進行酒精蒸餾試驗結果示意圖

四 以柳丁果皮及肉為原料加不同濃度福壽螺消化腺萃取液進行水解及不同的酵母菌以及不同發酵溫度、進行酒精發酵及蒸餾實驗結果

　　由上述實驗中得知，福壽螺體內消化酵素於 18℃時分解纖維質的能力最好，接下來我們以 18℃分解溫度時，探討不同濃度福壽螺消化腺萃取液對於分解纖維質的能力是否有差異，並進一步探討不同酵母菌種對於福壽螺酒精發酵醪的產酒能力是否有別。水解糖度及 pH 值結果如圖十七～十八所示，當添加福壽螺消化腺萃取液濃度逐步增加，水解糖度也隨之遞增，並以添加 10％福壽螺消化腺萃取液時結果最佳，水解糖度呈正比遞增，但當添加福壽螺消化腺萃取液超過 10％以後，則水解糖度遞增值逐漸趨於飽和無顯著增加。

　　當水解完成後添加不同酵母菌種在不同發酵溫度時觀察糖度及 pH 值變化結果如圖十九～三十四所示，在 35℃及 45℃發酵條件時，除了米酒酵母組（圖二十三、圖三十一）需到達 5 天方能將糖度分解完成外，其他組別均能在發酵第 3～4 天即可完成糖度分解。並發現在不同發酵溫度時糖度變化情形並無明顯不同。

　　進一步觀察不同實驗組生成酒精濃度結果如圖三十五所示，在 35℃發酵條件時，以柳丁果皮及肉加 5～20% 福壽螺消化腺酵素實驗組配合紅葡萄酒酵母發酵、柳丁果皮及肉加 5% 福壽螺消化腺酵素實驗組配合米麴酵母發酵，所測得酒精濃度均比對照組高。其中更以 5% 福壽螺消化腺酵素實驗組配合米麴酵母最高（5.6%）。

以 45°C 發酵時，柳丁果皮及肉加 5～10% 福壽螺消化腺酵素實驗組配合紅葡萄酒酵母、5～30% 福壽螺消化腺酵素實驗組配合白葡萄酒酵母及 5～10% 福壽螺消化腺酵素實驗組配合紅葡萄酒酵母或米麴酵母發酵，所測得酒精濃度均比對照組高。並以 10% 福壽螺消化腺酵素實驗組配合紅葡萄酒酵母最高（4.2%）。

　　為何添加愈高福壽螺消化腺酵素所生成酒精濃度反而未以等比級數增加呢？可能原因為添加 10% 福壽螺萃取液已達到纖維質水解飽和程度，再加入更多萃取液至等量柳丁果皮及肉，反而稀釋了發酵醪濃度，當我們在酒精蒸餾時均取定量蒸餾，因此發酵醪越多，取定量蒸餾時發酵醪所含的酒精量就會越少，相對所得酒精濃度也隨之降低。

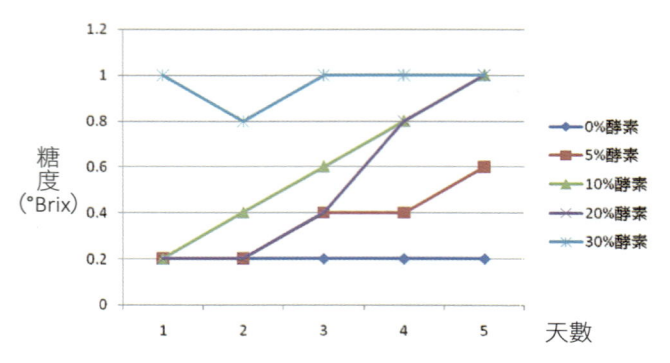

▲ 圖十七、柳丁果皮及肉添加不同濃度福壽螺消化腺萃取液 18°C 水解糖度變化圖

▲ 圖十八、柳丁果皮及肉添加不同濃度福壽螺消化腺萃取液 18°C 水解 pH 變化圖

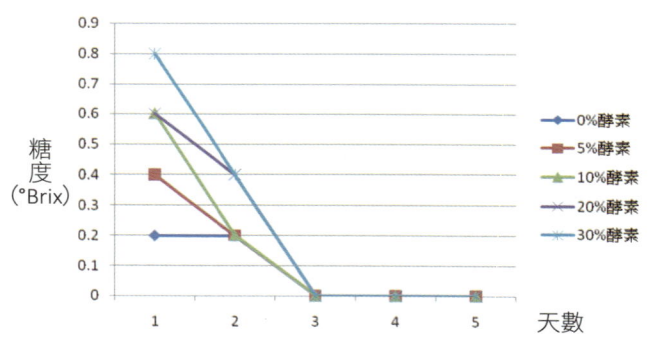

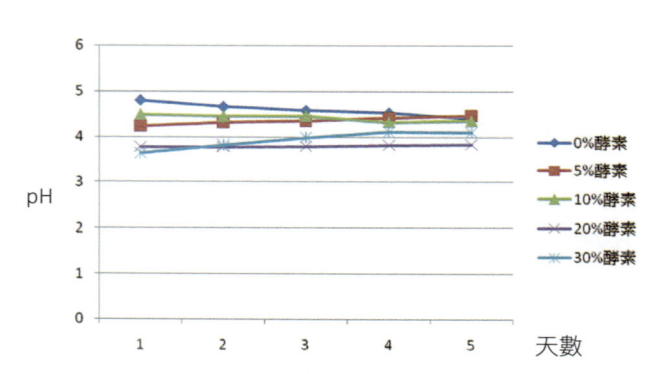

▲ 圖十九、35°C 紅葡萄酒酵母發酵糖度變化圖

▲ 圖二十、35°C 紅葡萄酒酵母發酵 pH 變化圖

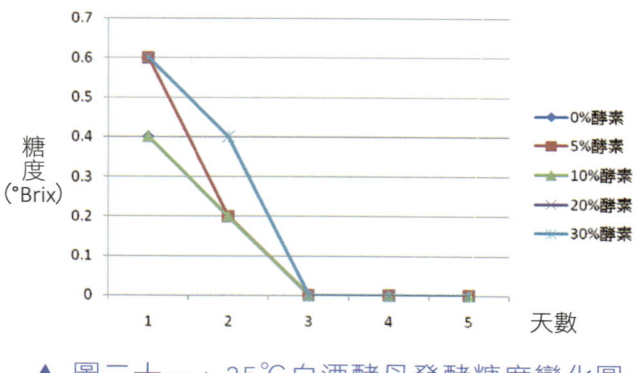

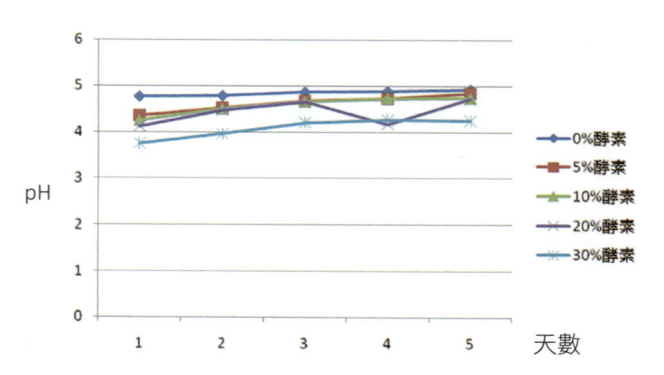

▲ 圖二十一、35°C 白酒酵母發酵糖度變化圖

▲ 圖二十二、35°C 白酒酵母發酵 pH 變化圖

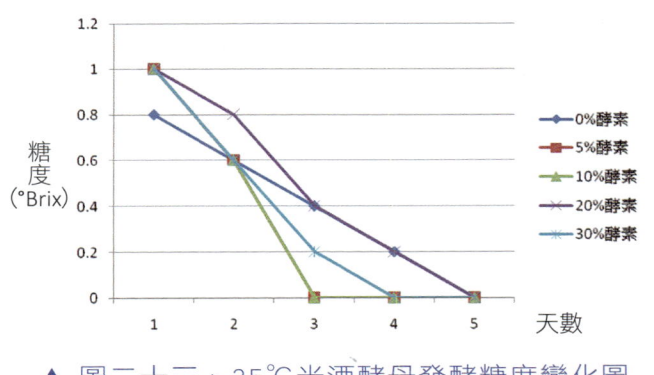

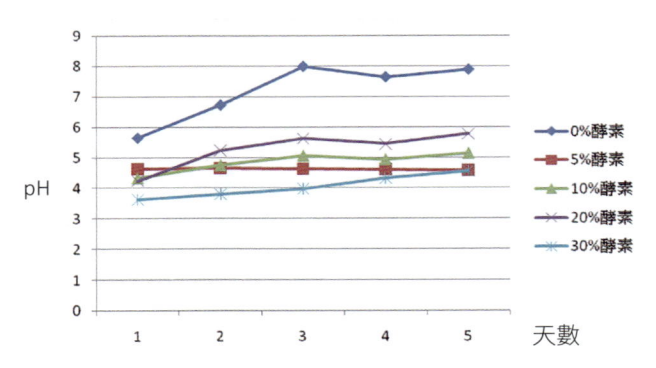

▲ 圖二十三、35℃米酒酵母發酵糖度變化圖

▲ 圖二十四、35℃米酒酵母發酵 pH 變化圖

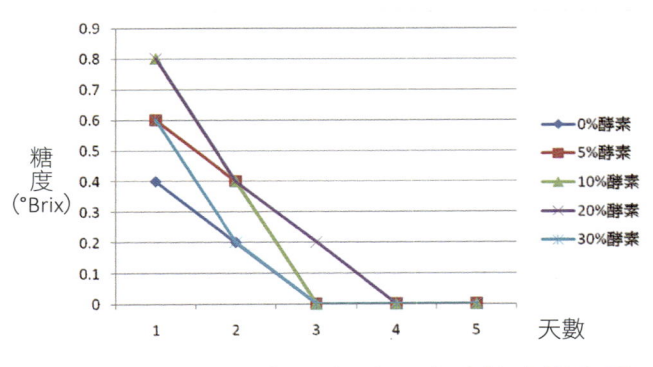

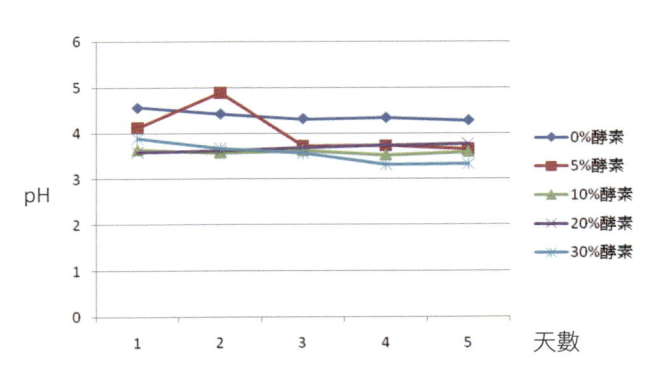

▲ 圖二十五、35℃米麴酵母發酵糖度變化圖

▲ 圖二十六、35℃米麴酵母發酵 pH 變化圖

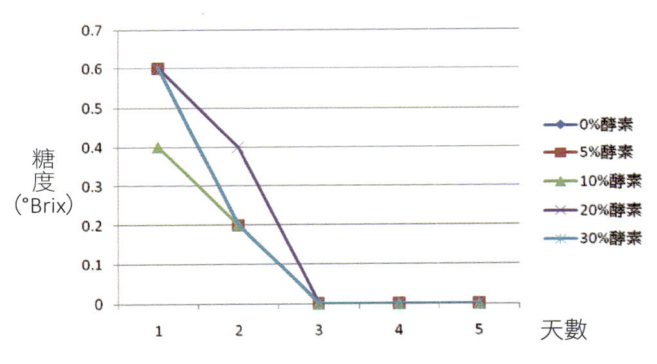

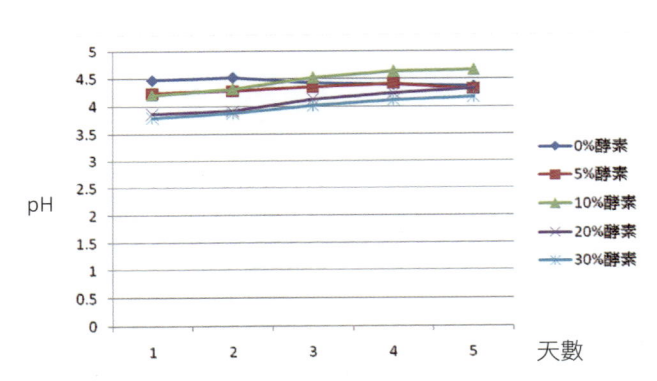

▲ 圖二十七、45℃紅葡萄酒酵母發酵糖度變化圖

▲ 圖二十八、45℃紅葡萄酒酵母發酵 pH 變化圖

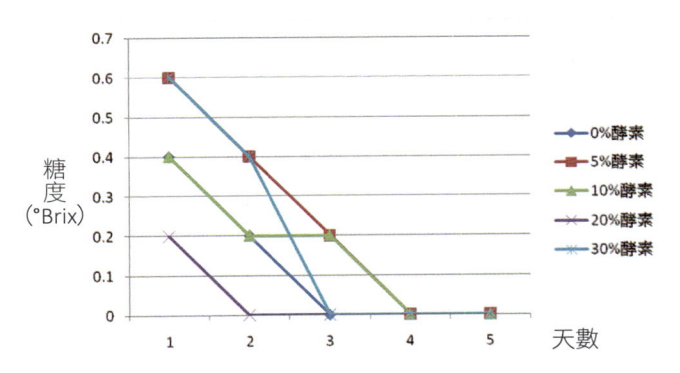

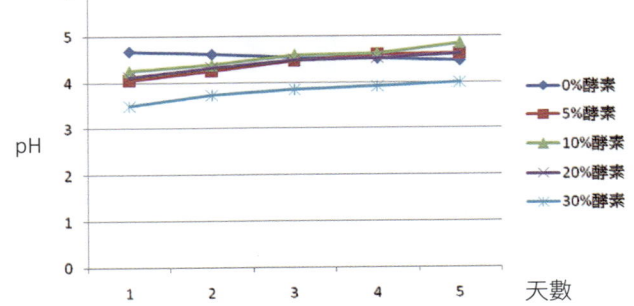

▲ 圖二十九、45℃白酒酵母發酵糖度變化圖

▲ 圖三十、45℃白酒酵母發酵 pH 變化圖

2-1.17

▲ 圖三十一、45℃米酒酵母發酵糖度變化圖

▲ 圖三十二、45℃米酒酵母發酵 pH 變化圖

▲ 圖三十三、45℃米麴酵母發酵糖度變化圖

▲ 圖三十四、45℃米麴酵母發酵 pH 變化圖

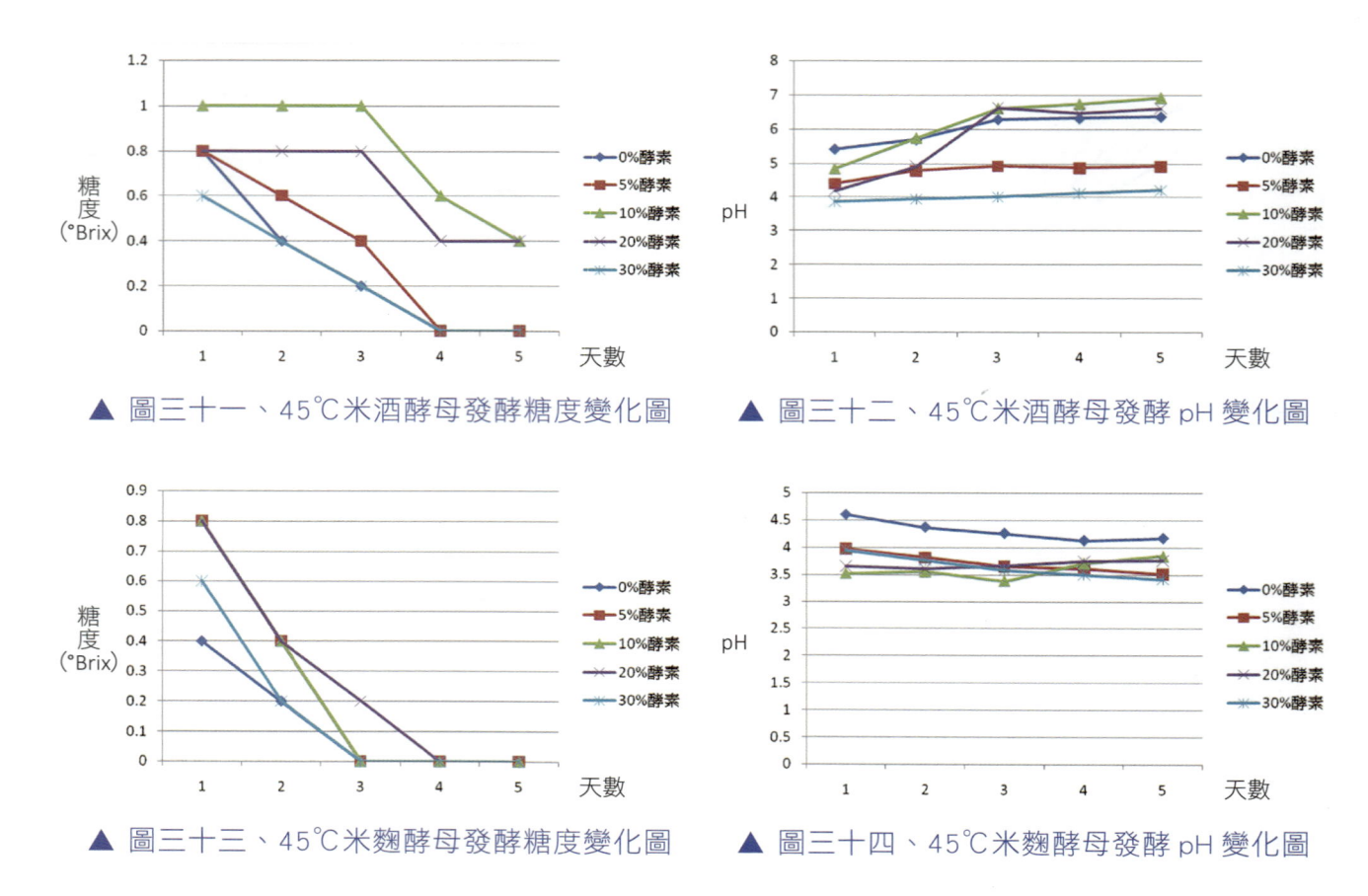

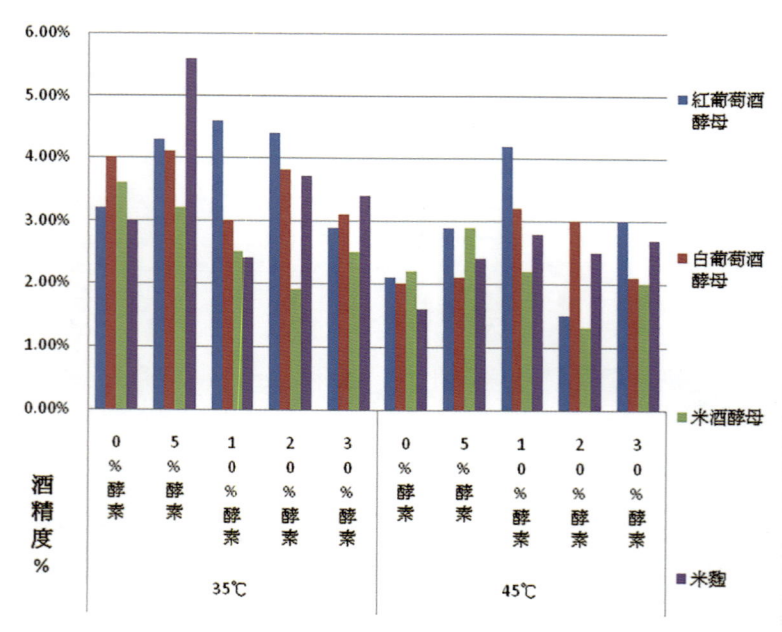

▲ 圖三十五、以柳丁果皮及肉添加不同濃度福壽螺消化腺萃取液進行水解及不同的酵母菌以及不同發酵溫度發酵後蒸餾結果統計圖

五 柳丁果皮及肉為原料以不同水量比例加入福壽螺消化腺萃取液進行水解、酒精發酵及蒸餾實驗結果

實驗設計九

為了想進一步了解不同濃度比例柳丁果皮及肉（柳丁果皮及肉：水＝1：3〜1：9），製造柳丁發酵醪並進行酒精蒸餾，是否會引響酒精濃度及產量，結果如圖三十六所示，以柳丁果皮及肉：水＝1：7時蒸餾出來酒精量最高。

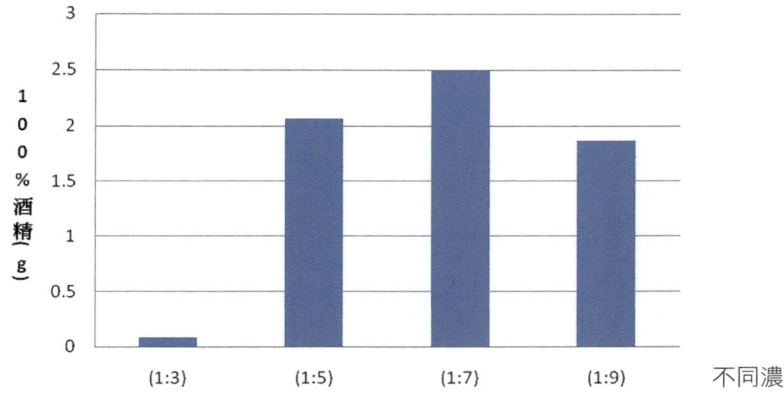

▲ 圖三十六、不同比例柳丁果皮及肉製造柳丁發酵醪並進行酒精蒸餾示意圖

六 柳丁果皮及肉為原料以福壽螺萃取液進行水解製成之生質酒精量產實驗結果

在上述實驗中我們找出最適化之生質酒精生產條件為柳丁果皮及肉：水＝1：7 ➡ 添加10%福壽螺消化腺萃取液 ➡ 18°C水解5天 ➡ 添加1%米麴酵母酒精發酵5天 ➡ 酒精蒸餾 ➡ 福壽螺生質酒精成品。

我們想進一步了解製成率，因此進行量產實驗，以柳丁果皮及肉：水＝1：7發酵醪總重40公斤，其中含柳丁果皮及肉重5公斤。以最適化之生質酒精生產條件進行量產實驗，並採用本校加工廠大型酒精蒸餾去進行蒸餾（圖三十七），所得結果如表二及圖三十八所示。

水解及發酵　　　蒸餾　　　收集酒精成品

▲ 圖三十七、生質酒精量產示意圖

▼ 表二、生質酒精量產實驗二次蒸餾示意圖

	第一次蒸餾	第二次蒸餾
原料重（公克）	5000	2892
成品重（公克）	2892	667.78
製成率（%）	57.8	23.1
總製成率（%）	13.36	

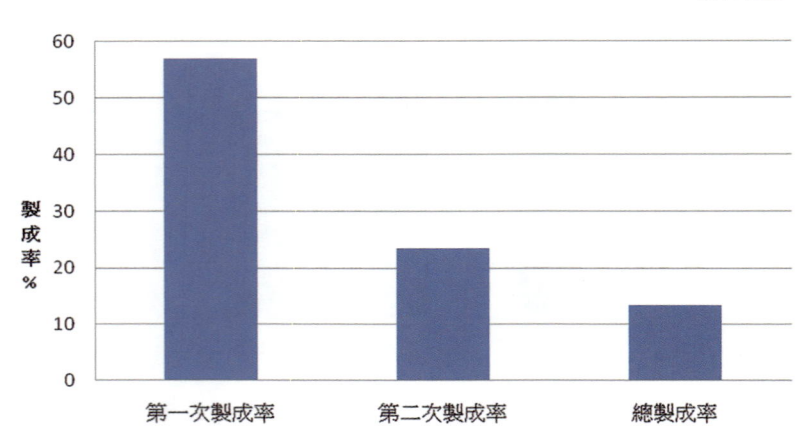

註 製成率公式：$\left(\dfrac{成品重}{原料重}\right) \times 100\%$

▲ 圖三十八、第一次與第二次蒸餾酒精製成率比較圖

　　由表二及圖三十八得知，以 5 公斤的柳丁果皮及肉進行分解、發酵、二次蒸餾後的酒精製成率可以達 13.36％；由圖三十九～四十得知，製成的酒精在第一次蒸餾時平均濃度只達 4％左右，但第二次蒸餾時總酒精度已可高達 60％以上，代表以福壽螺消化酵素製成之酒精確實可以經由二次蒸餾提升酒精濃度。

▼ 表三、柳丁果皮及肉以福壽螺消化腺酵素水解製成酒精進行第二次蒸餾所得酒精濃度表

	第一次蒸餾	第二次蒸餾
酒精濃度（%）	4.0%	60%

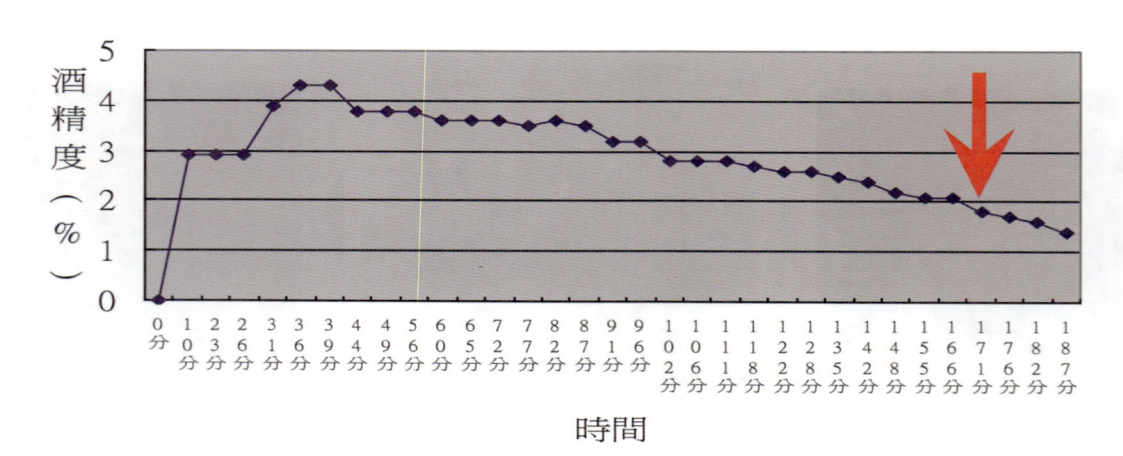

▲ 圖三十九、第一次蒸餾濃度變化（酒精度／每 100ml）

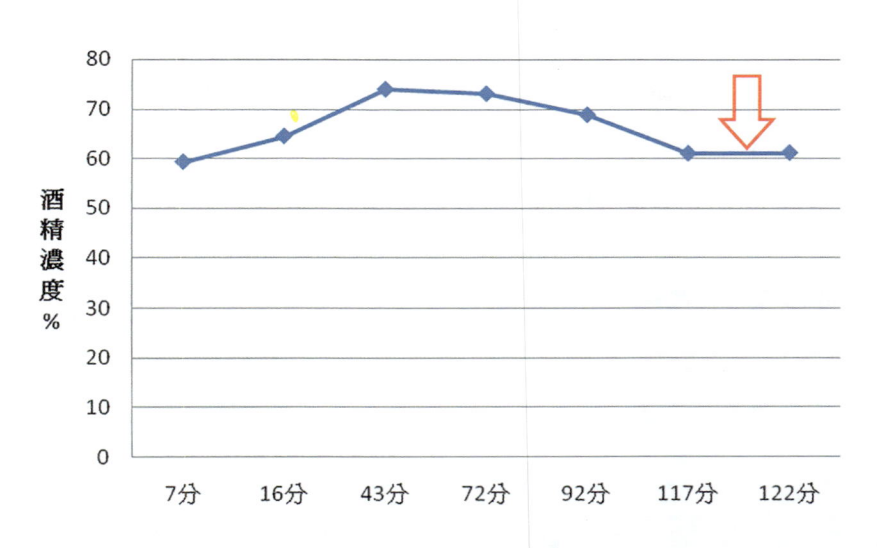

▲ 圖四十、第二次蒸餾濃度變化（酒精度／每 100ml）

七、柳丁果皮及肉為原料以福壽螺消化腺萃取液進行水解製成之生質酒精進行電力實驗結果

在高一基礎化學實習課程曾學習到化學電池，因此我們想探討是否可嘗試以此酒精成品利用酒精燃料電池進行電力實驗，原理如下所示。

陽極

(1) $C_2H_5OH \rightarrow CH_3CHO + 2H^+ + 2e^-$

(2) $C_2H_5OH + H_2O \rightarrow CH_3COOH + 4H^+ + 4e^-$

(3) $C_2H_5OH + 3H_2O \rightarrow 2CO_2 + 12H^+ + 12e^-$

陰極

$4H^+ + 4e^- + O_2 \rightarrow 2H_2O$

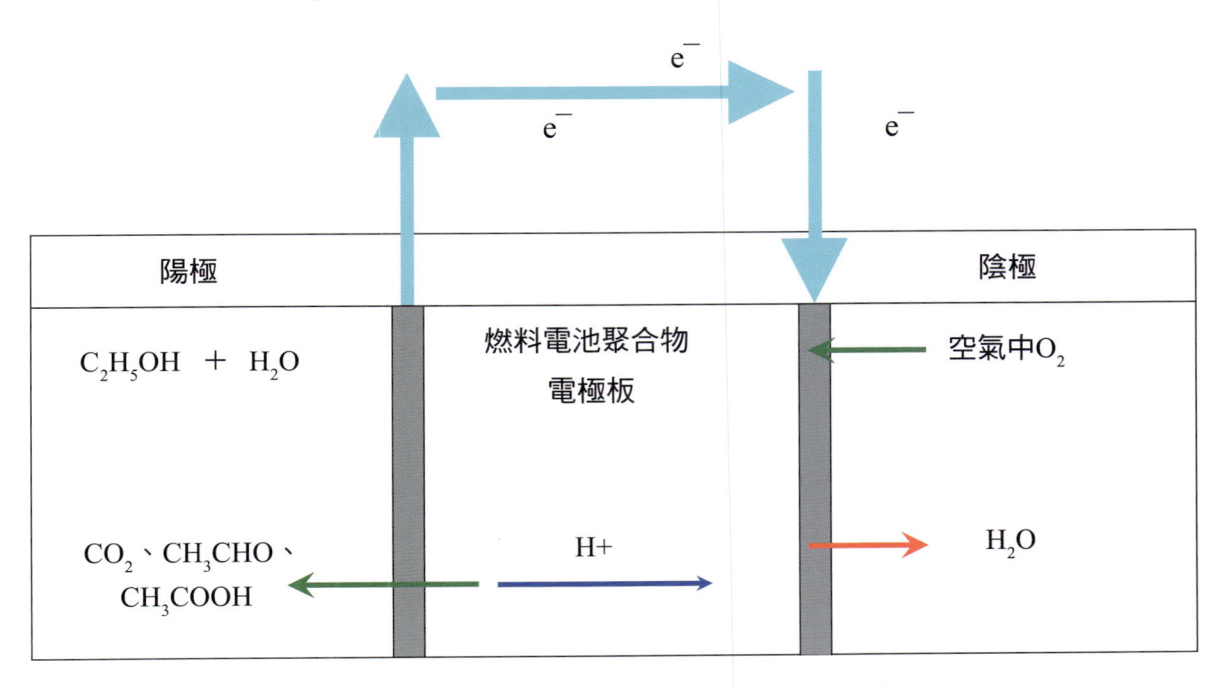

我們以此原理組裝酒精燃料電池（圖四十一），並以固定濃度（15％）酒精為原料進行電壓測量結果如圖四十二所示，以監控軟體測試所產生平均電壓約在 0.8V 以上，並持續維持穩定電壓達 3 小時以上，若再經過電池串聯，則電壓更可等比提升以增加可用性。

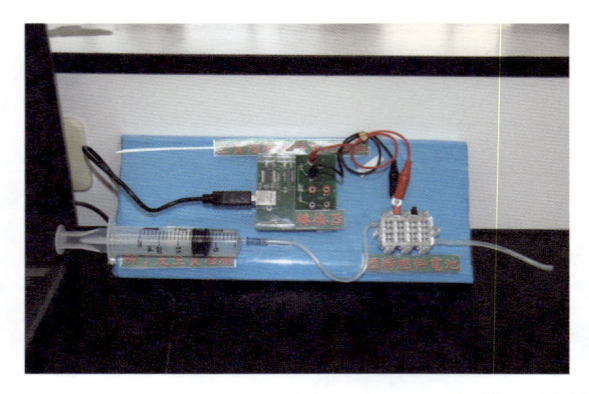

▲ 圖四十一、生質酒精燃料電池進行電力試驗示意圖

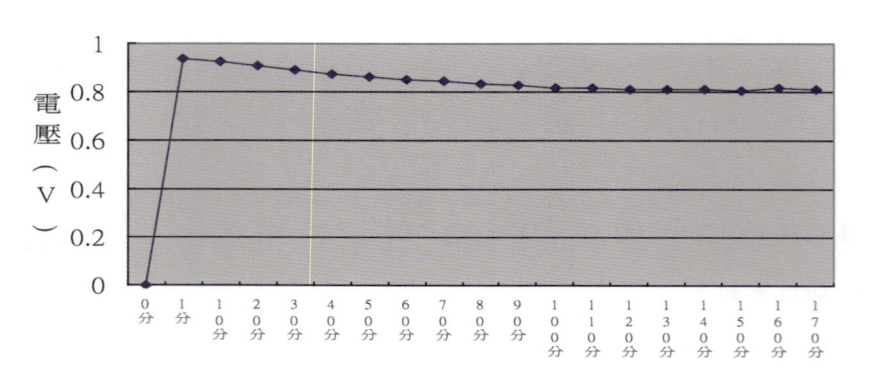

▲ 圖四十二、生質酒精燃料電池進行電力試驗示意圖

八 進一步以福壽螺消化腺萃取液及商業用纖維質分解酵素分別進行纖維質分解實驗測試酵素活性

為了確認福壽螺消化腺萃取液內是否存在纖維質分解酵素，參考相關文獻對於纖維素分解酵素活性之測量方法均以 3,5-dinitrosalicylic acid（DNS）試劑實驗（林彥行，1995），利用 DNS 具還原力之特性，因此若檢體含有纖維質分解酵素活性，可將纖維素分解而生成還原醣，此游離或游離趨勢之醛或酮基，即能在鹼性溶液下有還原的能力而進行以下反應。於一定範圍內，顏色的深淺強度和還原醣濃度成正比，故以標準葡萄糖檢量線來定量樣品中還原醣的比例（圖四十三）。

$$\text{3,5-dinitrosalicylic acid} \xrightarrow{\text{reduction}} \text{3-amino-5-nitrosalicylic acid}$$
（yellow） （orange-red）

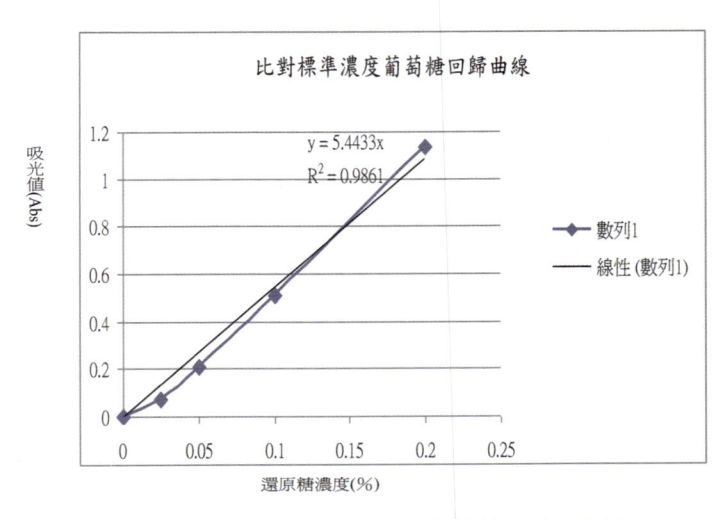

▲ 圖四十三、標準濃度葡萄糖回歸曲線

實驗結果如圖四十四～四十五所示，將福壽螺酵素與商業纖維質酵素於 18℃、45℃ 分解 CMC 後測得吸光值扣除空白實驗吸光值後，帶入標準濃度葡萄糖回歸曲線 y=5.4433x 可求出還原醣之含量，結果發現無論福壽螺酵素與商業纖維質酵素分解纖維素所生成之還原糖含量均不分上下，證實福壽螺消化腺萃取液中的確存在可分解纖維質之酵素。

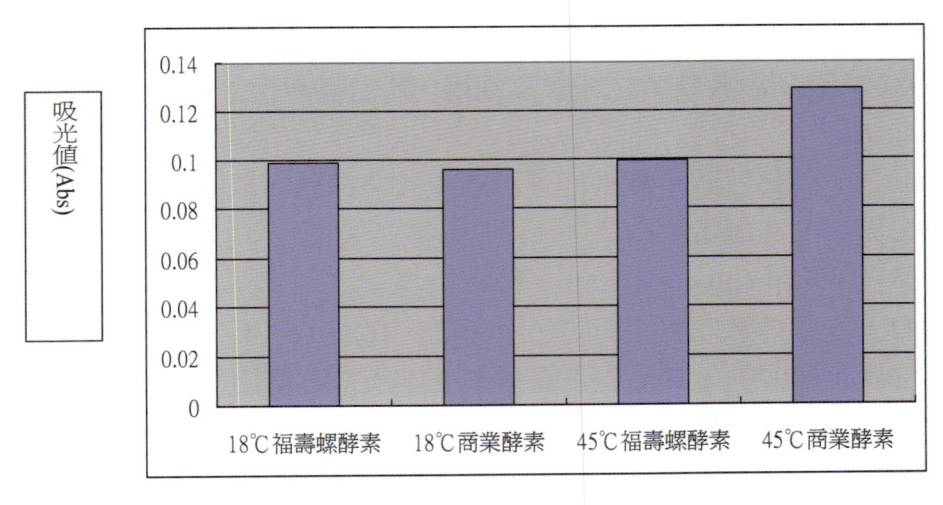

▲ 圖四十四、福壽螺酵素與商業纖維質酵素於 18℃、45℃ 分解 CMC 後測得吸光值比較圖

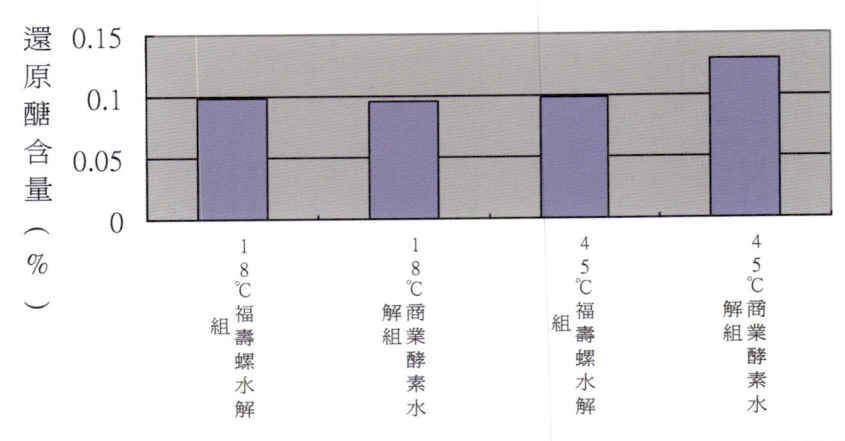

▲ 圖四十五、福壽螺酵素與商業纖維質酵素於 18℃、45℃ 分解 CMC 換算還原醣比較圖

陸 結論

一、甘蔗渣、柳丁果皮及肉添加福壽螺消化腺萃取液均能有效分解纖維素,並經發酵產生酒精濃度均比對照組高。

二、柳丁果皮及肉以添加 5～10% 福壽螺消化腺萃取液並模擬福壽螺體溫環境 18°C 所進行水解,並配合米麴酵母在 35°C 酒精發酵時或以紅葡萄酒酵母在 45°C 酒精發酵時,所測得酒精濃度最高。

三、以福壽螺消化腺萃取液分解纖維素所生成生質酒精驗濃度可利用二次蒸餾提高至 60％以上,總製成率達 13.36％;以此酒精利用酒精燃料電池進行電力實驗,可有效轉變化學能為電能產生 0.8V 穩定電壓,持續 3 小時以上。

四、以 DNS 纖維質分解實驗發現福壽螺消化腺萃取液與商業纖維質分解酵素均能有效分解纖維質生成還原糖,證實福壽螺消化腺萃取液中確存在纖維質分解酵素及活性。

參考資料

- 李秀、賴滋漢(1986)。食品分析與檢驗。臺中市:精華出版社。
- 李玫琳、林頎生(2008)。食品化學與分析。臺南市:臺灣復文興業。
- 林彥行(1995)。耐高溫放線菌之分離及應用。國立臺灣大學農業化學研究所碩士論文,未出版,臺北市。
- 孫偉禎(2009)。動物性誘引劑誘捕福壽螺成效之探討。國立中山大學海洋生物研究所碩士論文,未出版,高雄市。
- 莊榮輝網頁系統。http://juang.bst.ntu.edu.tw/。
- 張文重(1982)。福壽螺之生態與防治。興農,162:12-14。
- 張獻瑞、賴滋漢(2007)。食品加工實習。臺中市:林富出版社。
- 張寬敏(1986)。在臺灣猖獗的福壽螺。貝友,10:34-43。
- 黃忠村(2008)。食品微生物。臺南市:臺灣復文興業。
- 戴上凱(2004)。熱穩定性纖維素分解細菌分離株之特性探討與親緣關係之研究。國立中山大學生物科學研究所博士論文,未出版,高雄市。

專題組

「飛」常厲害－開發魚肉慕斯以提高鯖魚經濟價值可行性之研究

作者群：黃新琁、李芷萍
指導教師：林秋玲、黃俊強

關鍵詞：鯖魚、花飛、慕斯

目錄

目錄	2-2.ii
圖目錄	2-2.iv
表目錄	2-2.v
摘要	2-2.2
壹、研究動機	2-2.2
一、鯖魚（Mackerel）故鄉	2-2.2
二、鯖魚的營養	2-2.3
三、鯖魚的利用	2-2.3
四、慕斯的介紹	2-2.4
五、吉利丁的介紹	2-2.4
六、研究目的	2-2.4
貳、研究過程及方法	2-2.5
一、本實驗流程圖	2-2.5
二、材料	2-2.5
三、設備	2-2.6
四、器具	2-2.6
五、藥品	2-2.6
六、慕斯配方	2-2.6

Contents

七、實驗過程	2-2.6
（一）鯖魚處理	2-2.6
（二）慕斯製作	2-2.7
（三）揮發性鹽基態氮（VBN：Volatile Basic Nitrogen）測定	2-2.7
（四）微生物檢測	2-2.8
（五）水分測定	2-2.8
（六）灰分測定	2-2.9
（七）粗蛋白測定	2-2.10
（八）粗脂肪測定	2-2.10
（九）鈉含量測定	2-2.11
（十）物理性質測定	2-2.12
（十一）感官品評	2-2.12
參、研究結果	2-2.13
肆、討論	2-2.20
伍、結論	2-2.22
陸、參考資料及其他	2-2.22

圖目錄

圖 1	鯖魚作業	2-2.2
圖 2	花腹鯖魚	2-2.3
圖 3	鯖魚產品	2-2.4
圖 4	魚肉慕斯實驗流程圖	2-2.5
圖 5	魚肉處理過程	2-2.6
圖 6	慕斯製作過程	2-2.7
圖 7	揮發性鹽基態氮實驗過程	2-2.8
圖 8	微生物實驗過程	2-2.8
圖 9	水分測定實驗過程	2-2.9
圖 10	灰分測定實驗過程	2-2.9
圖 11	粗蛋白測定實驗過程	2-2.10
圖 12	粗脂肪測定實驗過程	2-2.11
圖 13	鈉含量測定實驗過程	2-2.11
圖 14	慕斯物性測定過程	2-2.12
圖 15	白肉慕斯揮發性鹽基態氮含量	2-2.13
圖 16	血合肉慕斯揮發性鹽基態氮含量	2-2.13
圖 17	不含魚皮慕斯揮發性鹽基態氮含量	2-2.13
圖 18	全魚肉慕斯揮發性鹽基態氮含量	2-2.13
圖 19	不含魚肉慕斯揮發性鹽基態氮含量	2-2.13
圖 20	魚肉慕斯揮發性鹽基態氮含量變化	2-2.13
圖 21	各種魚肉慕斯水分含量	2-2.15
圖 22	各種魚肉慕斯灰分含量	2-2.15
圖 23	各種魚肉慕斯粗蛋白含量	2-2.15
圖 24	各種魚肉慕斯粗脂肪含量	2-2.15
圖 25	各種魚肉慕斯鈉含量	2-2.15
圖 26	各種魚肉慕斯醣類含量	2-2.15
圖 27	各種魚肉慕斯熱量含量	2-2.16
圖 28	各種魚肉慕斯硬度比較圖	2-2.16
圖 29	各種魚肉慕斯黏著性比較圖	2-2.16
圖 30	各種魚肉慕斯彈性比較圖	2-2.16
圖 31	各種魚肉慕斯黏聚性比較圖	2-2.16
圖 32	各種魚肉慕斯膠著性比較圖	2-2.17
圖 33	各種魚肉慕斯咀嚼性比較圖	2-2.17
圖 34	各種魚肉慕斯恢復力比較圖	2-2.17
圖 35	各種魚肉慕斯色澤感喜好比較圖	2-2.18
圖 36	各種魚肉慕斯腥味感喜好比較圖	2-2.18
圖 37	各種魚肉慕斯鹹度喜好比較圖	2-2.18
圖 38	各種魚肉慕斯質地綿密度喜好比較圖	2-2.18
圖 39	各種魚肉慕斯口感潤滑度喜好比較圖	2-2.18
圖 40	各種魚肉慕斯整體喜好比較圖	2-2.18
圖 41	魚肉慕斯喜好性雷達圖	2-2.19
圖 42	各種魚肉慕斯內部喜好比較圖	2-2.19

表目錄

表 1	鯖魚營養成分	**2-2.3**
表 2	魚肉慕斯配方表	**2-2.6**
表 3	品評表	**2-2.12**
表 4	各種魚肉慕斯菌落數數量表	**2-2.14**
表 5	魚肉慕斯喜好性之線性迴歸平均表	**2-2.19**
表 6	各種魚肉慕斯營養成分表	**2-2.20**

摘要

本研究將鯖魚魚肉分別取白肉、血合肉、去皮魚肉及含皮魚肉蒸熟均質後加入慕斯中做成魚肉慕斯，並以未添加魚肉之慕斯為對照組，進行揮發性鹽基態氮和微生物生長的管控。結果發現魚肉慕斯經過 6 天，揮發性鹽基態氮仍在 10mg/100g 以下顯示極新鮮，故可比純慕斯多保存 1～2 天。以物性測定儀測定其相關物理性質，發現黏著性以白肉慕斯最高。經過成分分析後，發現在營養成分中，加入魚肉的慕斯其蛋白質及灰分含量均比純慕斯高，脂肪及熱量則比純慕斯低。經感官品評以 ANOVA 程式及內部喜好性地圖分析後，顯示加入魚肉做成的有皮及無皮魚肉慕斯是可以開發的。因此加入魚肉的慕斯，不僅營養高、熱量少且受消費者青睞，未來是值得推廣且具有提高鯖魚經濟價值之潛力。

壹、研究動機

一、鯖魚（Mackerel）故鄉

南方澳漁港是臺灣東部最大的漁港，除具有天然的優良條件外，並有黑洋流經由菲律賓往北流經臺灣東部水域，更由於黑潮帶來的湧昇流和大陸沿岸流的匯集，造成臺灣東部沿岸經年有表層性洄流魚類，例如近海的鯖、鰹、鰆魚等魚類與外洋性的鯊、旗、鮪魚等大型魚類，在東部海域依不同季節洄游，漁業資源豐富。南方澳漁港的漁獲仍以鯖、鯊、鬼頭刀等為大宗。尤其鯖魚的年產量約三萬公噸，約佔全漁港漁獲量 60%。一年中除七、八月或因颱風季節海況不穩定等因素，其單月產量較少外，全年皆有漁獲，每年仍以四、五、十月份是鯖魚盛產期。

● 圖 1　鯖魚作業（南方澳鯖魚的故鄉、蘇澳區漁會 - 魚特產品商城，2013）

早在 1923 年南方澳開闢第一漁港就有從事鯖魚一支釣漁業，1950 年由日本引進巾著網後，突破了傳統漁法，1997 年更引進日式大型圍網更取代了早期巾著網，近年來又有扒網〈三腳虎〉漁業的加入，使全年鯖魚的產量維持在四萬公噸左右，佔蘇澳區全年產量八萬多公噸的一半左右，而南方澳地區全年漁獲更佔全臺灣的 90% 以上，產量高居全國第一，全國唯一的鯖魚大型圍網，就是以南方澳漁港為根據地。而且鯖魚漁業有其歷史的淵源，雖然年代不同及漁獲方式有所變遷，但南方澳賴以維生的鯖魚，終年不斷，綿延不絕，因此南方澳有「鯖魚之鄉」的美譽。（南方澳鯖魚節簡介，2013）

二、鯖魚的營養

　　鯖魚和鮪魚都屬於營養單位價值很高的魚類，但鮪魚屬高成本，而鯖魚成本較鮪魚低。鯖魚俗稱「花飛」，是一種非常良好的蛋白質來源，又鯖魚含有豐富的鐵質、鈣質、蛋白質、磷、鈉、鉀、菸鹼酸及維他命 B、D 群，及不飽和脂肪酸 DHA（二十二碳六烯酸）與 EPA（二十碳五烯酸），根據研究指出，在其他水產中鯖魚的 DHA 含量僅次於脂身鮪魚，排名第二。鯖魚之魚肉具有降低血脂肪、膽固醇且預防新血管疾病、攝護腺癌等功能，多吃魚有益健康，還可補充人體內鐵質的不足，對小朋友和老年人而言，鯖魚是最適合他們食用且易於補充所需的營養。鯖魚價格平實，平常多吃能達到預防保健效果。

圖 2　花腹鯖魚（蘇澳區漁會 - 魚特產品商城，2013）

表 1　鯖魚營養成分（蘇澳區漁會 - 魚特產品商城，2013）

營養成分	含量
熱量	106 大卡
蛋白質	20.7g
脂肪	2.6g
飽和脂肪酸	0.9g
反式脂肪	0g
碳水化合物	0g
鈉	1138mg

營養標示（每 100g）
重量：300g（±5%g）
監製：蘇澳區漁會

三、鯖魚的利用

　　鯖魚的利用方式有很多種，早期有直接漁獲後蓄養為延繩釣的魚餌，或為直接運銷至消費地之魚市場販賣，成為民眾蒸、煎、煮、炸、烤等的原料，或為冰藏、凍藏為製造加工的主要原料或製成罐頭、鯖魚酥等加工製品。

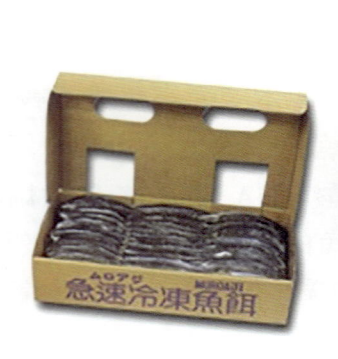

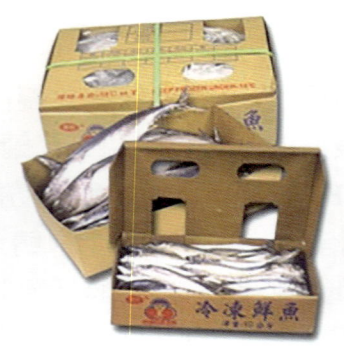

● 圖 3　鯖魚產品（鯖魚小百科 - 鯖魚的出路，2013）

四、慕斯的介紹

　　慕斯（法文：Mousse，又譯抹士、慕斯和慕絲）是由雞蛋與奶油（古典的作法不使用奶油，僅使用蛋黃、蛋白、砂糖、巧克力或其它香料）所製作的乳脂狀甜品，主要為巧克力和水果的組合。蛋白在與其它材料混合之前會先攪打至發泡，產生輕盈的口感與芳醇的風味。（維基百科 - 自由的百科全書，2013）

五、吉利丁的介紹

　　吉利丁又稱明膠或魚膠，從英文名 Gelatine 譯音而來。它是從動物的骨頭（多為牛骨或魚骨）提煉出來的膠質，主要成分為蛋白質。吉利丁的應用非常的廣，從食品加工、西藥膠囊、中藥藥材、化妝品、釀酒及黏合木材等等，都有它的蹤跡。（奇摩知識，2013）

六、研究目的

　　本研究起因於《養殖新知導讀》及《水產概論》中介紹了蘇澳在地的魚種：鯖魚，並因南方澳每年由蘇澳區漁會為打造鯖魚故鄉南方澳的觀光形象，特別推出鯖魚風味餐而辦理的鯖魚節，進而想以鯖魚為主，利用加工或是發展健康食品，讓鯖魚產業能更提高其經濟價值。

　　鯖魚的產品中，幾乎所有的食用方式都是以鯖魚的肉為主食。常見的鯖魚製品不外乎罐頭、鹽漬、煎、煮、炒、炸等產品，但是以鯖魚為材料做成點心產品的真的很少，因此想利用鯖魚的肉做成慕斯，希望能將鯖魚豐富的營養應用於點心，且更能嘗試鯖魚的另一番風貌。

　　本研究於慕斯的材料中增添魚肉製成鯖魚慕斯。除請同學品評慕斯成品，且利用飼料學中所學之成分分析法來分析其一般成分；利用餌料生物學及微生物學中所學的培養基的製作及塗抹培養的技巧，並參考 CNS 中魚肉鮮度測定監控魚肉慕斯的鮮度，期待不僅能藉此推展在地魚食文化，更能提升鯖魚的產業價值。

貳、研究過程及方法

一、本實驗流程圖

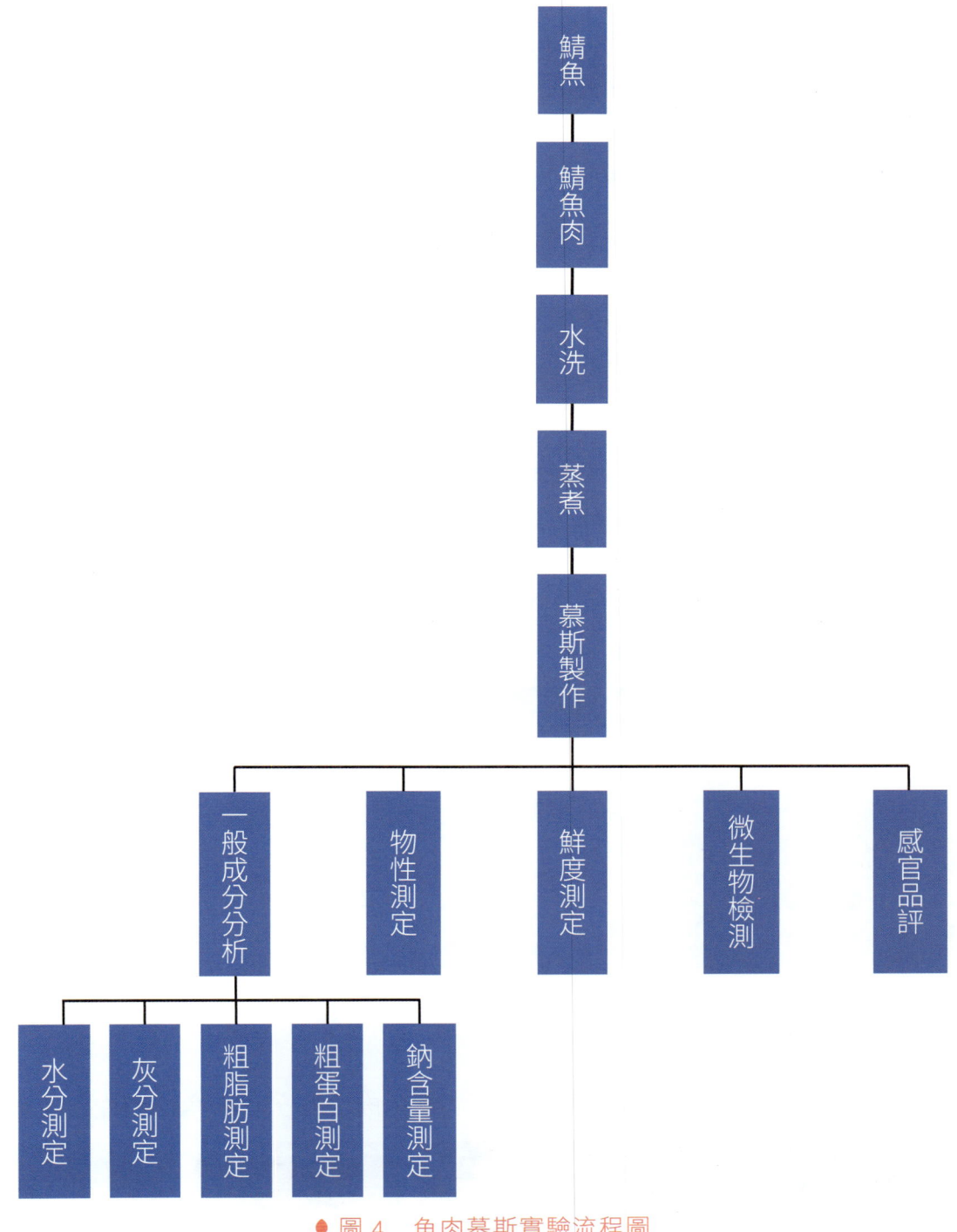

鯖魚 → 鯖魚肉 → 水洗 → 蒸煮 → 慕斯製作

慕斯製作分為：一般成分分析、物性測定、鮮度測定、微生物檢測、感官品評

一般成分分析分為：水分測定、灰分測定、粗脂肪測定、粗蛋白測定、鈉含量測定

圖4 魚肉慕斯實驗流程圖

二、材料

鮮奶（味全林鳳營）、鮮奶油（安佳）、蛋黃（文昌雜貨店）、吉利丁（三峰有限公司）、鯖魚（南方澳魚市場）。

三、設備

均質機（TOTAL NUTRITION CENTER）、烘箱（DCM-45）、乾燥皿（大、小）、電子天平（SCALTEC）、灰化爐、蛋白質分解器（BUCHI D-igestion Unit K-435）、凱氏氮分析儀（Distillation Unit B-324）、加熱器（EEL 3000ml）、可調式分注器（Bottle Top Dispenser，LABmax"S"10ml，Germany）、電子天平（PB1502-L，Switzerland）、微波爐（YM2322CB，TECO）、殺菌釜（TM-328，TOMIN）、無菌操作箱（High Ten）、熱風循環恆溫箱（Cheng Tang）、菌落計數器（Colony Counter 560 SUNTEX，Taiwan）、微量吸管、物性測定儀（TA.XT2, Stable Micro System, Surrey, UK）。

四、器具

打蛋器、大小鋼盆、鋁盤、坩堝夾、滴定管、玻璃漏斗、燒杯、量筒、定量瓶250mL、秤量紙、圓筒濾紙、脫脂棉花、圓底燒瓶、吸量管25mL、安全吸球、福魯吸管50mL、三角錐瓶、吸量管、白金耳、L型棒、培養皿、康威氏皿。

五、藥品

$NaHCO_3$（Merck）、K_2CrO_4（日本試藥）、$AgNO_3$ 硝酸銀（日本試藥）、乙醚（日本試藥）、催化劑（日本試藥）、H_2SO_4（日本試藥）、HBO_3（Merck）、NaOH（Merck）、三氯醋酸（日本試藥）、硼酸（日本試藥）、K_2CO_3（日本試藥）、凡士林、HCl（日本試藥）。

六、慕斯配方

表2　魚肉慕斯配方表

材　料	數　量
吉利丁	15 克
雞蛋黃	2 顆
鮮奶	400g
奶油	400g
魚肉	180g

七、實驗過程

（一）鯖魚處理

魚肉處理：去頭、去尾、去內臟 ➡ 魚肉切片 ➡ 魚肉、皮分開 ➡ 魚肉切片完成 ➡ 蒸煮。

1 去頭、去尾、去內臟　2 魚肉切片　3 魚肉、皮分開　4 魚肉切片完成　5 蒸煮

圖5　魚肉處理過程

（二）慕斯製作

魚肉和鮮奶均質 ➡ 隔水加熱 ➡ 加入吉利丁和蛋黃備用 ➡ 鮮奶油打發 ➡ 加在一起攪拌均勻 ➡ 倒入布丁模內 ➡ 完成。

1 魚肉和鮮奶均質　**2** 再隔水加熱　**3** 加入吉利丁和蛋黃　**4** 鮮奶油打發　**5** 加在一起攪拌均勻　**6** 倒入布丁模內

● 圖6　慕斯製作過程

（三）揮發性鹽基態氮（VBN：Volatile Basic Nitrogen）測定（王美苓等，2010）

先取2g的慕斯溶解於TCA中，靜置10分鐘
↓
再用濾布過濾，即為魚汁
↓
在康威氏皿蓋子的邊緣塗上凡士林
↓
先吸取1mL硼酸於康威氏皿的內室
↓
再吸取1mL魚汁和1mL飽和碳酸鉀於康威氏皿的外室
↓
放進烘箱烘37℃，90分鐘
↓
最後再用N/50鹽酸滴定

揮發性鹽基態氮（VBN）= $0.28 \times (a-b) \times$ (N/50 HCl 之因數)$\times 100/0.1$(mg%)

1 2g 的慕斯溶解於 TCA 中,靜置 10 分鐘
2 再用濾布過濾,即為魚汁 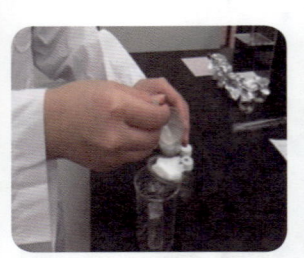
3 先吸取硼酸於康威氏皿的內室,再吸取魚汁和飽和碳酸鉀於康威氏皿的外室 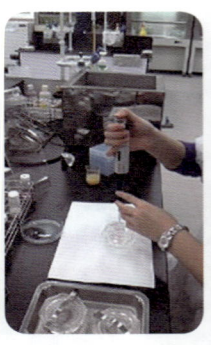
4 最後再用鹽酸慢慢滴定 
5 完成滴定,呈現淡粉紅色 

● 圖7 揮發性鹽基態氮實驗過程

(四)微生物檢測（陳彩雲、江春梅,2009）

將慕斯均質後稀釋成 10^{-2}、10^{-3}、10^{-4} 倍數,取 0.1mL 平面塗抹培養,在 30℃下,培養 24 小時,作三重複。

1 細菌塗抹一
2 細菌塗抹二 
3 菌落計數 

● 圖8 微生物實驗過程

(五)水分測定（王美苓等,2010、莊健隆等,1992）

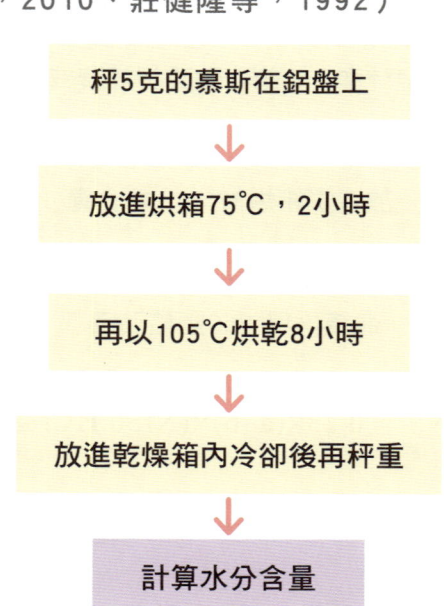

秤5克的慕斯在鋁盤上
↓
放進烘箱75℃,2小時
↓
再以105℃烘乾8小時
↓
放進乾燥箱內冷卻後再秤重
↓
計算水分含量

$$\frac{乾燥重 － 杯重}{樣品重} \times 100 = 固形物\% 、 100 － 固形物\% = 水分含量\%$$

| 1 秤料 | 2 慕斯烘乾 | 3 慕斯烘乾完成 | 4 慕斯烘乾後乾燥 |

● 圖 9　水分測定實驗過程

（六）灰分測定（王美苓等，2010）

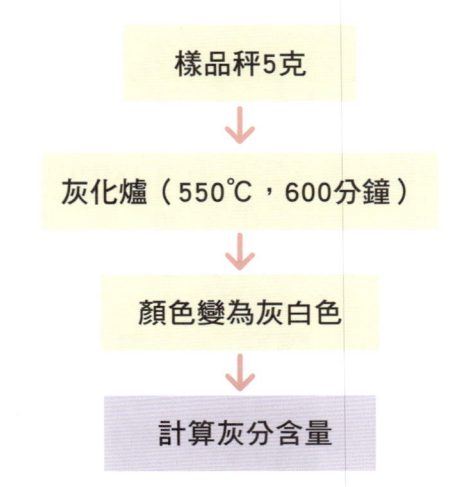

樣品秤5克
↓
灰化爐（550℃，600分鐘）
↓
顏色變為灰白色
↓
計算灰分含量

$$\frac{[乾燥重（坩鍋＋樣品）-坩鍋重]}{樣品重} \times 100 = 灰分含量\%$$

| 1 秤料 | 2 灰化爐灰化 | 3 灰化結果 |

● 圖 10　灰分測定實驗過程

（七）粗蛋白測定（王美苓等，2010）

秤5.5克催化劑+0.15克的樣品置於分解管中
↓
分解管中加入20ml硫酸以300℃，分解5小時
↓
三角錐瓶加入20ml硼酸
↓
以凱式氮分析儀進行蒸餾，收集檢液於三角錐瓶中
↓
檢液進行滴定，顏色由藍轉淡粉紅即達當量點

$$\frac{[(硫酸滴定耗損量-空白試驗滴定耗損量)\times 0.010915\times 6.25\times 0.001\times 100]}{\dfrac{樣品重\times 100}{該樣品水分含量}}$$

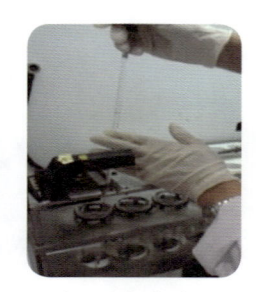

1 秤料　　**2** 加入濃硫酸　　**3** 進行分解　　**4** 蒸餾　　**5** 滴定

● 圖 11　粗蛋白測定實驗過程

（八）粗脂肪測定（王美苓等，2010）

取5克烘乾後的慕斯粉
↓
放入圓筒濾紙裡，塞入脫脂棉花
↓
放入索式萃取管中，圓底燒瓶裝入乙醚（8分滿）進行萃取
↓
油脂回流到圓底燒瓶中，再濃縮成油脂
↓
算出粗脂肪含量

$$油脂含量 = \frac{乾燥燒瓶重 - 燒瓶重}{樣品重} \times 100\%$$

1 秤料　　**2** 索式萃取管萃取一　　**3** 索式萃取管萃取二　　**4** 萃取完成

● 圖 12　粗脂肪測定實驗過程

（九）鈉含量測定（王美苓等，2010）

秤樣品5克，放入三角錐中

↓

倒入100ml的去離子水，搖均勻

↓

加入1ml蛋白質沉澱劑

↓

抽氣過濾沉澱蛋白質

↓

1小匙的Sodium Bicarbonate再加入1mL K_2CrO_4

↓

配製0.01N的硝酸銀

↓

滴定

$$\left(硝酸銀耗損量 \times 5.85 \times 0.0001 \times \frac{100}{樣品重}\right) \times \frac{\frac{23}{58}}{58} \times 1000 \times 100$$

1 加入試劑　　**2** 進行滴定　　**3** 滴定完成

● 圖 13　鈉含量測定實驗過程

（十）物理性質測定

將慕斯切成約 2.5cm³ 置於物性測定儀上，利用 3cm 圓盤以 1mm/sec 速度下壓 2 次，依照力-時間作用圖，分別測得硬度（Hardness，g）、彈性（Springiness，%）、膠著性（Gumminess，g）以及咀嚼性（Chewiness，g）、黏聚性（Cohesiveness，%）、回復性（Resilience，%）等。硬度為第一圖峰的最高點，彈性為各圖峰的起始點至高點的比值，黏著性為 2 圖峰之比值，膠著性為硬度與黏著性之乘積，而咀嚼性為膠著性與彈性之乘積。

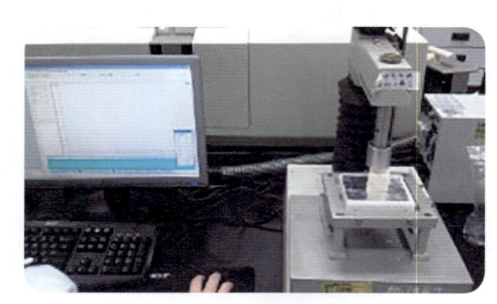

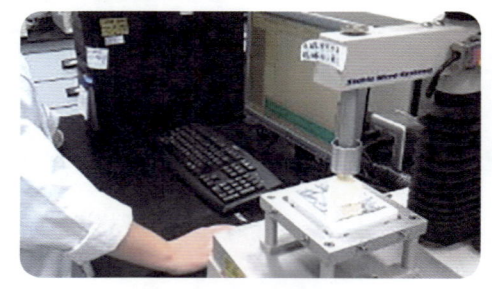

物性測定儀測定一　　　　　物性測定儀測定二

圖 14　慕斯物性測定過程

（十一）感官品評

將製作完成之慕斯請同學及相關人（年齡 16 至 50 歲之間），共 52 人品評，並依品評表填上，再做統計。

表 3　品評表

品評表

您好！請大家品嚐我們精心製作的新鮮慕斯，品嚐後，請仔細填寫口味調查表，謝謝大家的協助與配合，品評表如下：

編號＼狀態	色澤感	腥味感	鹹度	質地綿密性	口感滑潤度	整體喜好性
1						
2						
3						
4						
5						

註　請依據喜好度填入 1～5 數字：
　　5：很喜歡；4：喜歡；3：還 OK；2：普通；1：喜好度最低。

參、研究結果

將不同魚肉做成的慕斯，每天同一時間以微量滴定測定慕斯中揮發性鹽基態氮之含量，發現各種慕斯 VBN 含量都是逐漸升高（如圖 15～20）。但是血合肉所作成之慕斯 VBN 的含量較高（如圖 16）。對照組 VBN 含量最少（如圖 19）。

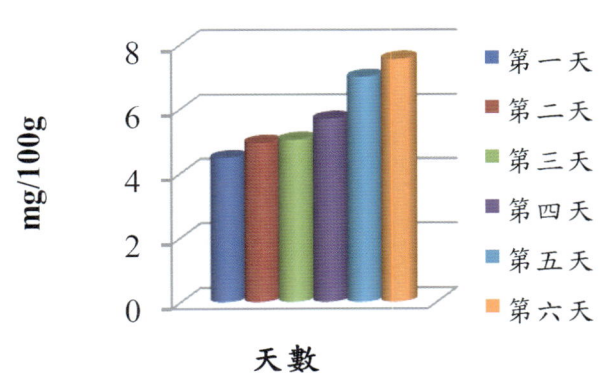

圖 15　白肉慕斯揮發性鹽基態氮含量

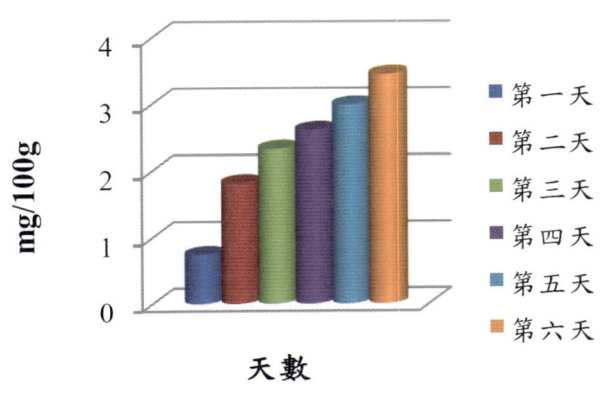

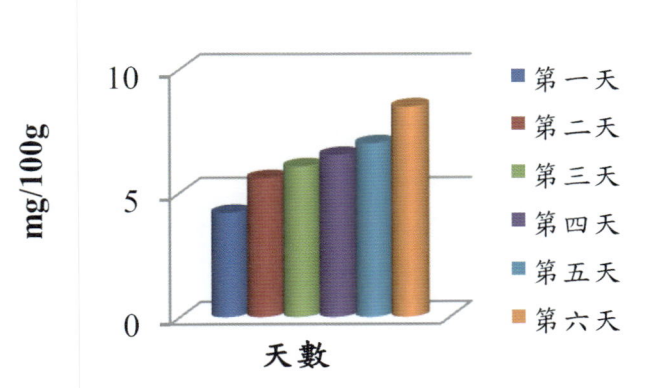

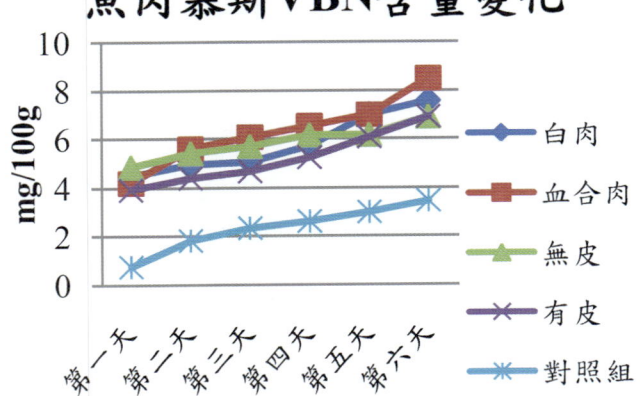

圖 16　血合肉慕斯揮發性鹽基態氮含量

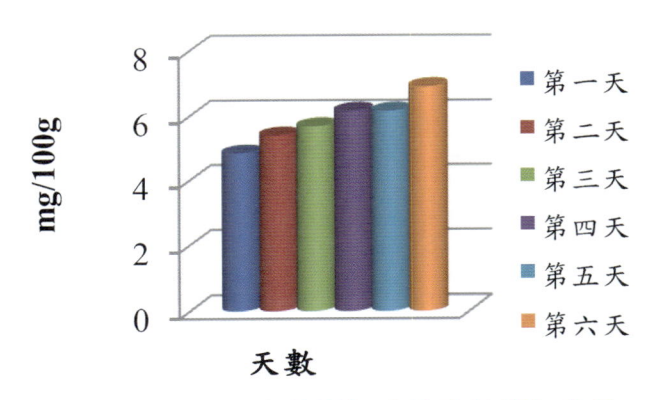

圖 17　不含魚皮慕斯揮發性鹽基態氮含量

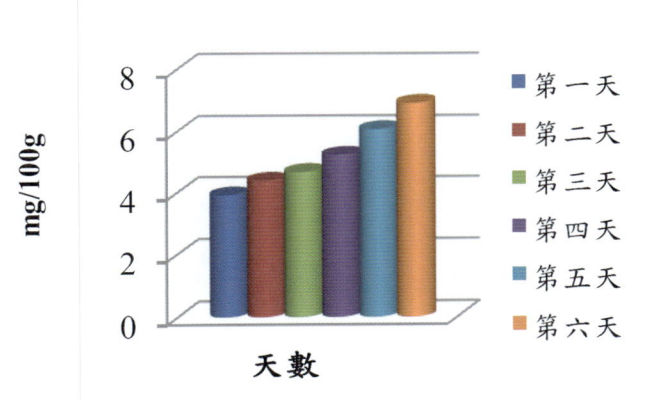

圖 18　全魚肉慕斯揮發性鹽基態氮含量

圖 19　不含魚肉慕斯揮發性鹽基態氮含量

圖 20　魚肉慕斯揮發性鹽基態氮含量變化

細菌菌落數計數結果（如表 3），以 10^{-4} 稀釋倍數的培養基來看，不同魚肉所做成的慕斯前四天幾乎都沒有長出細菌，含血合肉的慕斯到第六天才長出細菌，其他含魚肉慕斯第五天才開始長出細菌，而對照組第一天就長出細菌，到第五天就已經無法計數。

表 4　各種魚肉慕斯菌落數數量表

	稀釋倍數 Vu	第 1 天	第 2 天	第 3 天	第 4 天	第 5 天	第 6 天	第 7 天
白肉	10^{-2}	0	0	0	52	TNTC	TNTC	TNTC
	10^{-3}	0	0	0	60	93	144	225
	10^{-4}	0	0	0	0	30	36	52
血合肉	10^{-2}	0	0	0	0	67	TNTC	TNTC
	10^{-3}	0	0	0	0	0	TNTC	TNTC
	10^{-4}	0	0	0	0	0	27	45
全魚無皮	10^{-2}	0	0	0	TNTC	TNTC	TNTC	TNTC
	10^{-3}	0	0	81	124	140	TNTC	TNTC
	10^{-4}	0	0	0	0	63	75	222
全魚有皮	10^{-2}	0	0	0	170	TNTC	TNTC	TNTC
	10^{-3}	0	0	0	58	TNTC	TNTC	TNTC
	10^{-4}	0	0	0	0	73	TNTC	TNTC
對照組	10^{-2}	TNTC	TNTC	TNTC	TNTC	TNTC	TNTC	TNTC
	10^{-3}	69	220	TNTC	TNTC	TNTC	TNTC	TNTC
	10^{-4}	35	75	105	TNTC	TNTC	TNTC	TNTC

註 TNTC：too numberous to count，細菌菌落數（colony）>250。

（一）一般成分分析

魚肉慕斯經過水分測定結果，其中以含有血合肉的慕斯水分最多，全魚含皮的慕斯水分最少，但是彼此間差距不大（如圖 21）。

灰分測定上，魚肉慕斯中以添加血合肉所製成之慕斯灰分含量最高，而未添加魚肉的對照組慕斯灰分較少（如圖 22）。

魚肉慕斯經凱氏氮分析儀分析結果測定，其中以添加白肉所製成之慕斯蛋白質含量最高，又以不含魚肉所製的對照組慕斯蛋白質含量最少（如圖 23）。

粗脂肪測定結果，魚肉慕斯以對照組含量最高，以全魚含皮所製成之慕斯脂肪最少（如圖 24）。

鈉含量測定結果，魚肉慕斯以無魚皮的慕斯含量最多，而以對照組含量最少（如圖 25）。

經過計算後，醣類含量以對照組的含量最高，全魚不含皮魚肉慕斯含量最低，但魚肉慕斯間醣類差異不大（如圖 26）。魚肉慕斯熱量以對照組含量最高，以全魚含皮所製成之慕斯熱量最少（如圖 27）。

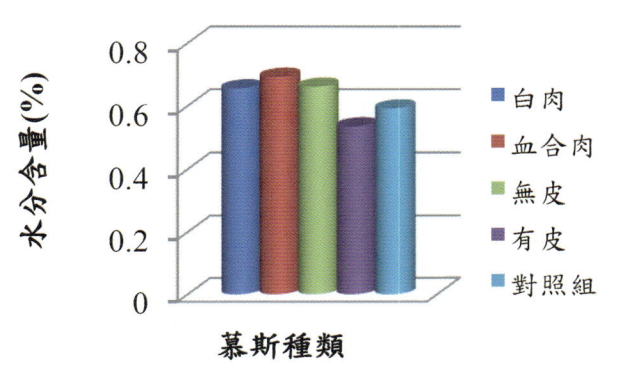

● 圖 21　各種魚肉慕斯水分含量

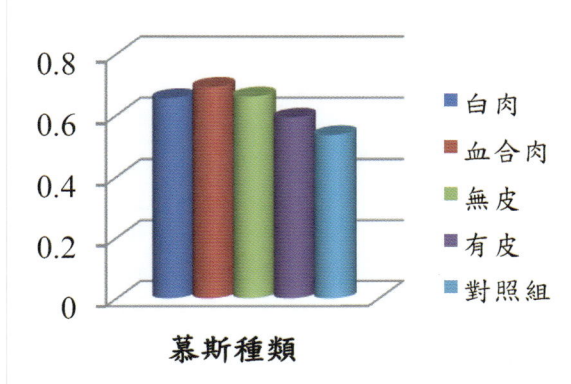

● 圖 22　各種魚肉慕斯灰分含量

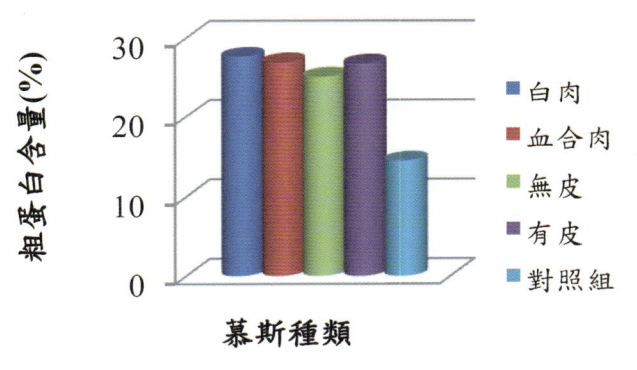

● 圖 23　各種魚肉慕斯粗蛋白含量

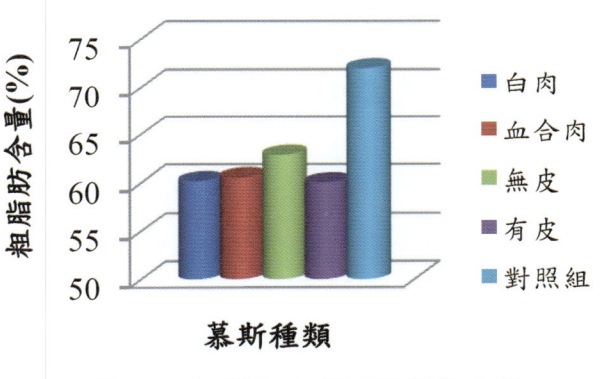

● 圖 24　各種魚肉慕斯粗脂肪含量

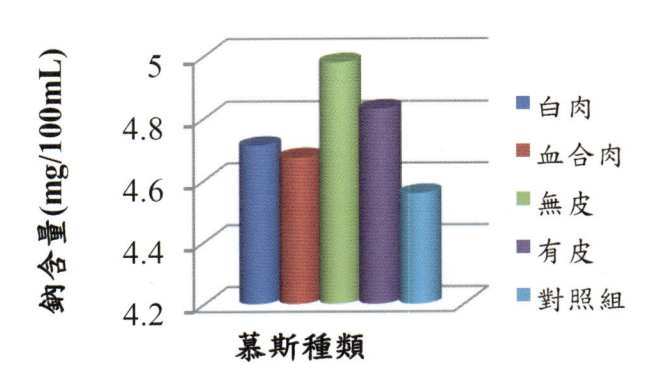

● 圖 25　各種魚肉慕斯鈉含量

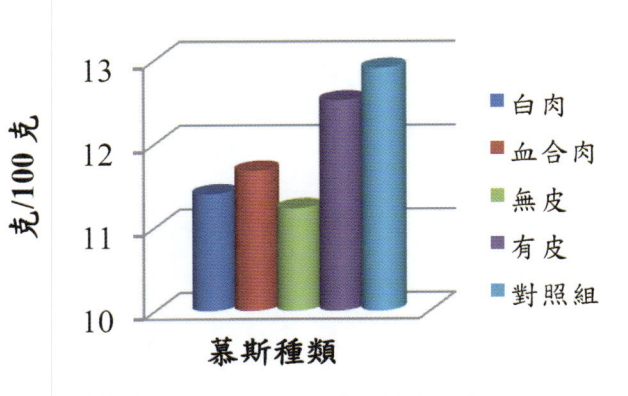

● 圖 26　各種魚肉慕斯醣類含量

魚肉慕斯熱量含量

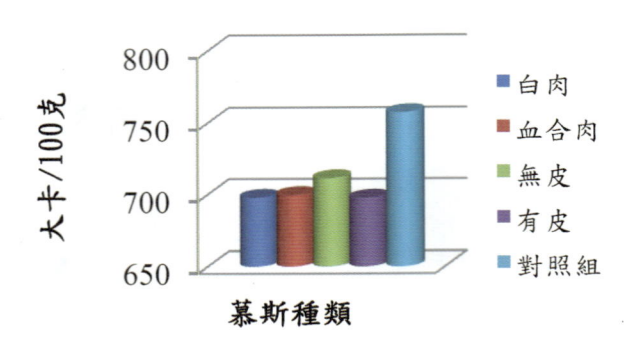

● 圖 27　各種魚肉慕斯熱量含量

　　將魚肉所做成之慕斯以物性測定儀測定其物理性質,看其性質與一般慕斯的物理性質有無太大差異,結果發現在硬度方面是以對照組硬度最高,以全魚含皮的慕斯硬度最小(如圖 28)。黏著性上則是以對照組慕斯所需的力最大,而以添加白肉所做之慕斯最小(如圖 29)。在彈性方面則是以對照組最高,而以添加白肉所做之慕斯最小(如圖 30)。黏聚性方面也是以對照組最高,而以添加白肉所做之慕斯最小(如圖 31)。在膠著性及咀嚼性上也都是對照組最高,而以全魚含皮所做之慕斯最小(如圖 32、33)。恢復力則是以對照組最高,而以添加白肉所做之慕斯最小(如圖 34)。

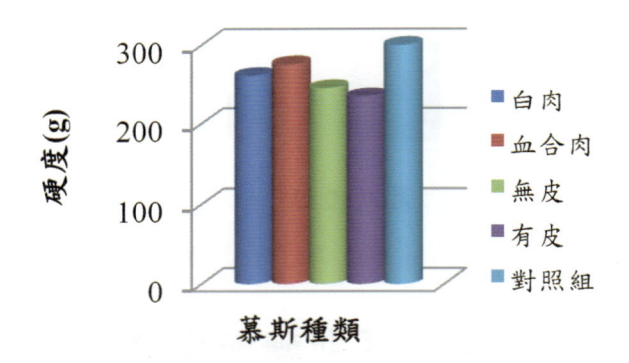

● 圖 28　各種魚肉慕斯硬度比較圖

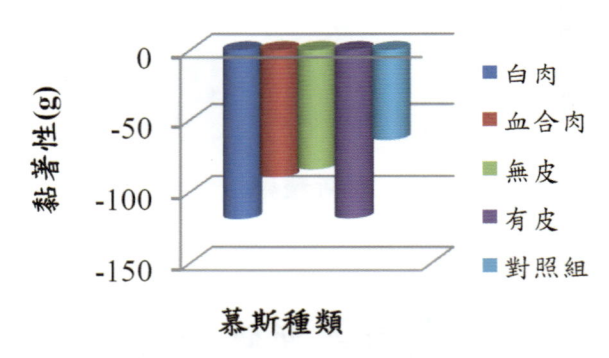

● 圖 29　各種魚肉慕斯黏著性比較圖

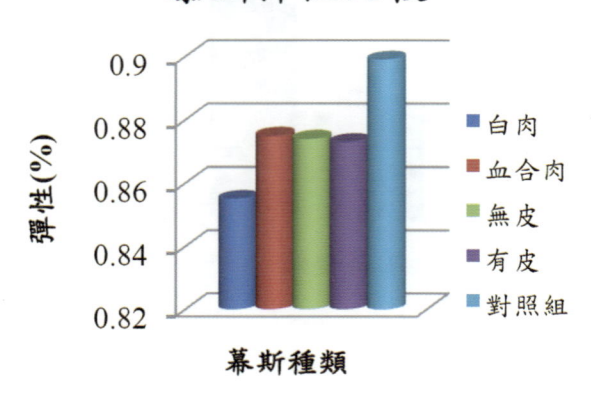

● 圖 30　各種魚肉慕斯彈性比較圖

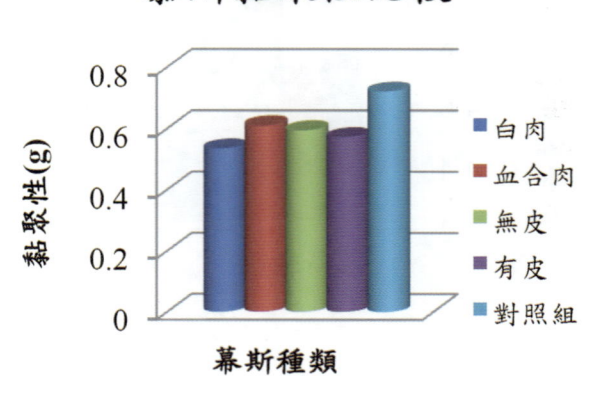

● 圖 31　各種魚肉慕斯黏聚性比較圖

慕斯膠著性比較

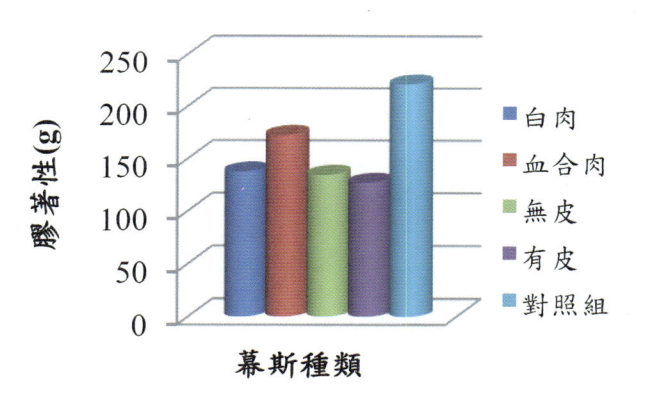

▲ 圖 32　各種魚肉慕斯膠著性比較圖

慕斯咀嚼性比較

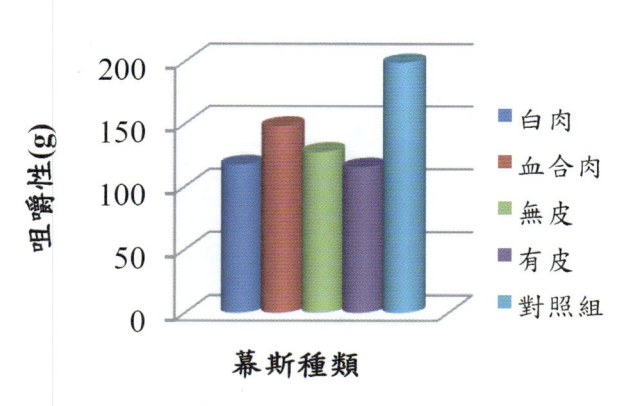

▲ 圖 33　各種魚肉慕斯咀嚼性比較圖

慕斯恢復力比較

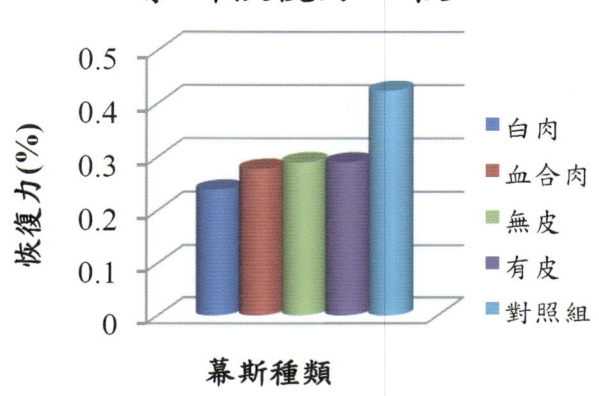

▲ 圖 34　各種魚肉慕斯恢復力比較圖

　　添加魚肉做成的慕斯請年齡層 16～50 歲左右的人試吃，再依問卷上的項目填上自己的喜好，其品評結果在色澤感、腥味感、鹹度、質地綿密性、口感潤滑度及整體喜好性上都是以對照組平均分數最高，而以血合肉的慕斯平均分數都是最低（如圖 35～40）。

　　以 ANOVA 程式分析結果，色澤感部分除對照組 P 值小於 0.05 有差異性外，添加各種魚肉的慕斯 P 值都大於 0.05，彼此間無太大差異。在腥味感方面，對照組慕斯與其他添加魚肉的慕斯 P 值小於 0.05 有差異性，添加白肉、無皮及有皮的慕斯彼此間無差異，而白肉與血合肉之間差異性也不大。在鹹度方面的分析結果，各種慕斯 P 值都大於 0.05，彼此間無太大差異。在質地綿密度上，除對照組 P 值小於 0.05 有差異性外，添加各種魚肉的慕斯 P 值都大於 0.05，彼此間無太大差異。在口感潤滑度方面除對照組慕斯與其他添加魚肉的慕斯 P 值小於 0.05 有差異性，添加白肉、無皮及有皮的慕斯彼此間無差異，無皮與血合肉的慕斯差異性不大。整體性喜好方面，ANOVA 分析結果對照組慕斯 P 值小於 0.05 有差異性，而添加白肉、無皮及有皮的慕斯彼此間無差異，但是血合肉慕斯與各種慕斯都有較大差異。經由 ANOVA 程式分析得到線性迴歸平均分數（如表 4）及喜好性雷達圖分析結果（如圖 41）得知多項感官品評的結果都是以對照組較受歡迎，但是透過內部喜好性地圖分析結果，80% 以上的受試者喜歡添加有皮及無皮魚肉和對照組慕斯（如圖 42）。

慕斯色澤感比較

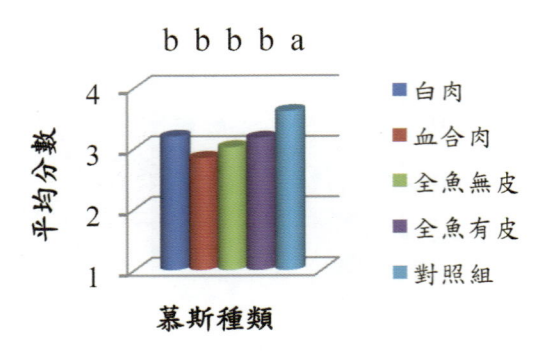

b b b b a

圖 35　各種魚肉慕斯色澤感喜好比較圖

註　1. a～b：同一列英文字母不同代表有顯著性差異，當 p>0.05 沒有顯著差異，當 p<0.05 有顯著差異。
　　2. 有效樣本數 52 份。

慕斯腥味感比較

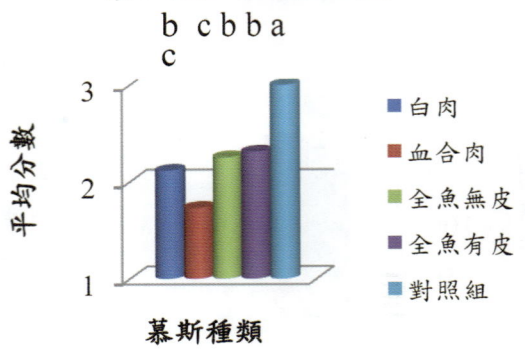

b c b b a
c

圖 36　各種魚肉慕斯腥味感喜好比較圖

註　1. a～c：同一列英文字母不同代表有顯著性差異，當 p>0.05 沒有顯著差異，當 p<0.05 有顯著差異。
　　2. 有效樣本數 52 份。

慕斯鹹度比較

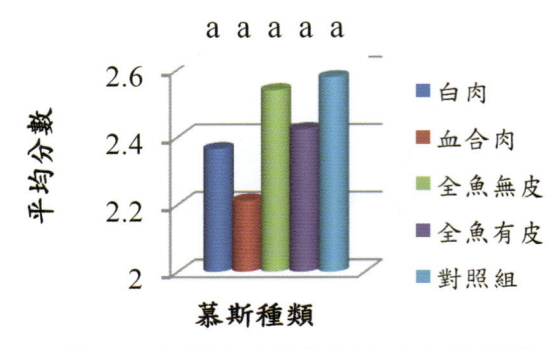

a a a a a

圖 37　各種魚肉慕斯鹹度喜好比較圖

註　1. a：同一列英文字母不同代表有顯著性差異，當 p>0.05 沒有顯著差異，當 p<0.05 有顯著差異。
　　2. 有效樣本數 52 份。

慕斯質地綿密性比較

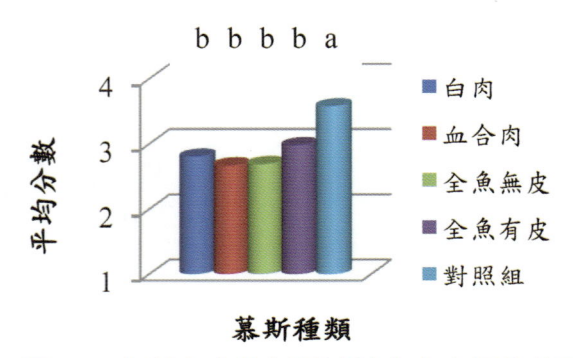

b b b b a

圖 38　各種魚肉慕斯質地綿密度喜好比較圖

註　1. a～b：同一列英文字母不同代表有顯著性差異，當 p>0.05 沒有顯著差異，當 p<0.05 有顯著差異。
　　2. 有效樣本數 52 份。

慕斯口感潤滑度比較

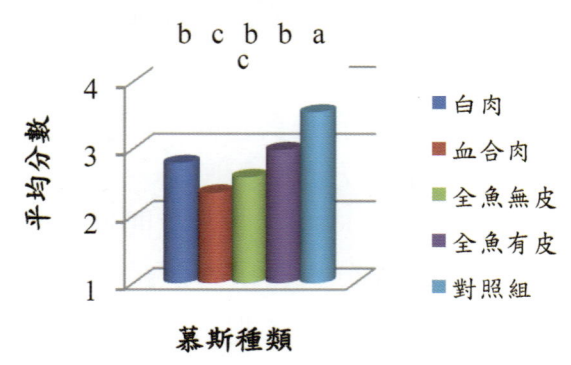

b c b b a
　c

圖 39　各種魚肉慕斯口感潤滑度喜好比較圖

註　1. a～c：同一列英文字母不同代表有顯著性差異，當 p>0.05 沒有顯著差異，當 p<0.05 有顯著差異。
　　2. 有效樣本數 52 份。

慕斯整體性喜好比較

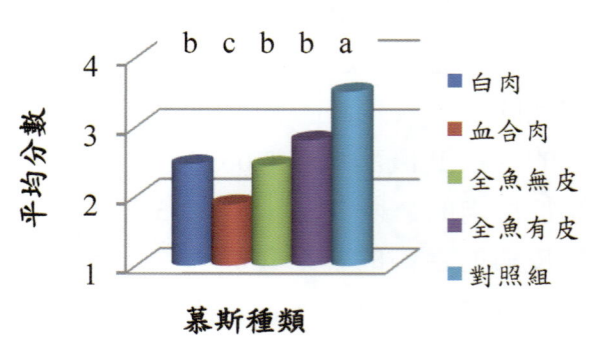

b c b b a

圖 40　各種魚肉慕斯整體喜好比較圖

註　1. a～c：同一列英文字母不同代表有顯著性差異，當 p>0.05 沒有顯著差異，當 p<0.05 有顯著差異。
　　2. 有效樣本數 52 份。

表 5　魚肉慕斯喜好性之線性迴歸平均表

	色澤感	腥味感	鹹度	質地綿密性	口感滑潤度	整體喜好性
白肉	3.192[b]	2.115[bc]	2.365[a]	2.808[b]	2.788[b]	2.462[b]
血合肉	2.846[b]	1.731[c]	2.212[a]	2.673[b]	2.346[c]	1.885[c]
無皮	3.019[b]	2.25	2.538[a]	2.692[b]	2.577[bc]	2.442[b]
有皮	3.173[b]	2.308[b]	2.423[a]	2.981[b]	2.981[b]	2.808[b]
對照組	3.615[a]	3.038[a]	2.577[a]	3.577[a]	3.538[a]	3.5[a]

註 1. a～c：同一列英文字母不同代表有顯著性差異，當 $p>0.05$ 沒有顯著差異，當 $p<0.05$ 有顯著差異。
　 2. 有效樣本數 52 份。

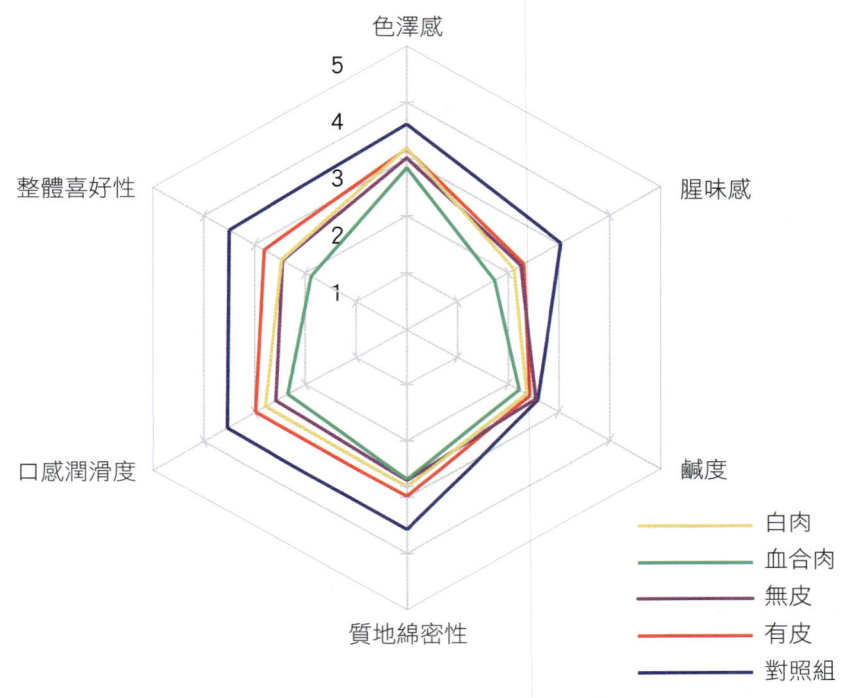

圖 41　魚肉慕斯喜好性雷達圖

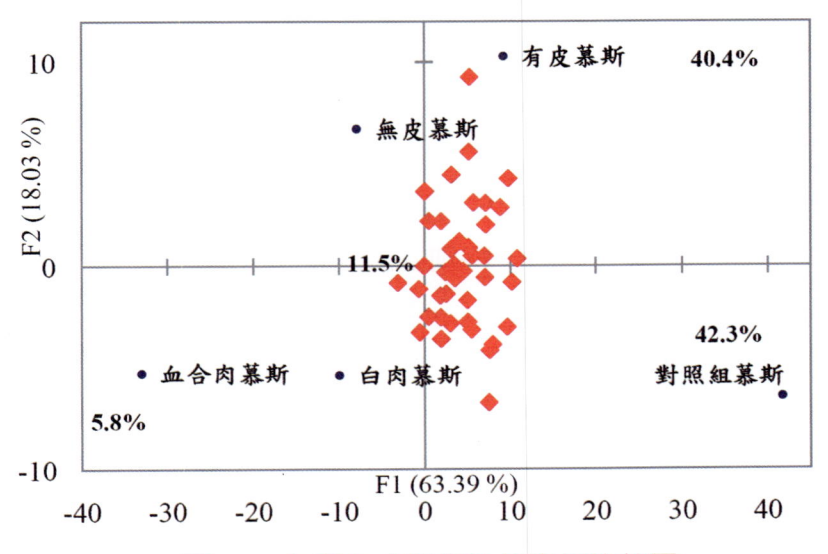

圖 42　各種魚肉慕斯內部喜好比較圖

經過計算後得知魚肉慕斯成分中（如表5），對照組的蛋白質含量最少，其他添加魚肉的慕斯蛋白質較高，但是對照組的脂肪含量最高，而添加魚肉的慕斯脂肪含量則較少，總熱量則是以對照組的熱量最高。本研究都是動物性物質所以無反式脂肪酸。

表6　各種魚肉慕斯營養成分表

成分＼慕斯種類	白肉	血合肉	無皮	有皮	對照組	單位（每100公克）
水分	0.05	0.05	0.05	0.05	0.05	公克
蛋白質	27.7	27.0	25.2	26.9	14.4	公克
脂肪	60.2	60.6	62.9	60.0	72.0	公克
鈉	4.71	4.67	4.98	4.83	4.56	毫克
粗灰分	0.66	0.69	0.66	0.59	0.54	公克
醣類	11.5	11.7	11.2	12.5	12.9	公克
熱量	698.0	699.8	711.4	697.8	757.5	大卡

肆、討論

揮發性鹽基態氮（VBN）可以測量蛋白質食品鮮度的品質情形，以微量滴定測定慕斯中揮發性鹽基態氮之含量，測量結果發現各種慕斯 VBN 的數值逐漸上升（如圖15～20），但是測至第六天數值仍在 10mg/100g 以下，與衛生署所公布的食品衛生標準 5～10mg/100g 比對，仍屬極新鮮階段；而血合肉富含肌紅素雖然較容易腐敗難保存，但也是符合這個標準，而一般市售慕斯也都會因加入含有蛋白質之動物性鮮奶油及鮮乳而產生 VBN，故與一般慕斯大約放三、四天即不新鮮相比，鯖魚慕斯在鮮度保存上是沒問題的。

由微生物塗抹培養測試來看（如表3），以 10^{-4} 稀釋倍數的培養基來看，不同魚肉所做成的慕斯前四天幾乎都沒有長出細菌，含血合肉的慕斯到第六天才長出細菌，其他含魚肉慕斯第五天開始才有長出細菌，而對照組第一天就長出細菌，到第五天就已經無法計數。從這個結果看來以鯖魚肉做成的慕斯較不受細菌的影響，與 VBN 相對照結果，即使到第六天慕斯的鮮度應仍可以食用。

一般成分分析的結果，魚肉慕斯中灰分是以添加血合肉含量最高（如圖22），此因血合肉中的營養成分比一般魚肉還高，特別是富含肌紅素等成分，所以灰分含量會較高。

粗蛋白測定上，魚肉慕斯中以白色肉慕斯含量最高（如圖23），推論是因為其蛋白質的含量純度要比血合肉及含魚皮的魚肉慕斯來得高，所以測得的含量為最高。

魚肉慕斯中粗脂肪的測定以對照組最高（如圖24）。此因鯖魚肉中之脂肪的含量是較少的（如表1），因此添加魚肉製成之慕斯，所含脂肪的百分比含量都比對照組低是合理的。

在鈉含量測定上，因為鯖魚魚肉本身含有鈉約 52.36 mg/100g（食品營養成份資料庫，2013），故添加魚肉的慕斯都比對照組高是正常的（如圖25）。且添加魚肉慕斯的鈉含量也都在 5 mg/100g 以下，比鯖魚魚肉本身的鈉含量還低了許多，所以魚肉慕斯中的鈉含量是可以被接受的。

　　經過成分分析後，計算出魚肉慕斯的醣類約 11 克／100 公克左右，對照組約 12.9 克／100 公克左右，雖然鯖魚肉中的碳水化合物含量約 0.7209 克／100 公克（食品營養成份資料庫，2013）並不多，但是本研究的慕斯中因含有鮮奶油及鮮奶，所以會有醣類存在（如圖26）。魚肉慕斯的總熱量，發現以對照組的熱量最高，而添加魚肉的慕斯熱量都比較低（如圖27）。推論此與鯖魚魚肉只有 392 大卡／100 公克低熱量有關（食品營養成份資料庫，2013），故雖添加魚肉，但仍然比對照組低。

　　添加魚肉做成的慕斯在物理性質分析上，除了黏著性明顯顯示含魚肉的慕斯所需的力較高外（如圖29），其餘則都是有含魚肉的慕斯較低。此有可能是因為添加魚肉後將原有的慕斯濃度改變，所以造成其他物理性質都降低了（如圖28、30～34）。

　　加入魚肉所製成之慕斯，會因加入魚肉部位不同所呈現的喜好性就不一樣，

　　對照組沒有加魚肉所以在色澤上看起來最白，而血合肉蒸煮後形成深褐色，均質後加入慕斯中讓整個慕斯顏色變得較深，所以較不受喜愛（如圖35）。又血合肉中含較多的肌紅蛋白，聞起來較腥所以最不受喜愛（如圖36）。鹹度上，因為鯖魚是海水魚，吃起來會比較鹹一點乃是正常的（如圖37）。魚肉均質後加入慕斯中吃起來會有魚肉的感覺，但在質地綿密性及口感潤滑度上影響並不大，故整體喜好性上都還能為受試者接受（如圖38～40）。

　　約 42% 的消費者優先選擇對照組，40% 的消費者優先選擇添加無皮魚肉與有皮魚肉慕斯，不到 10% 的消費者選擇添加白肉與血合肉慕斯，而對 5 個樣品喜歡程度無差異的則佔 10% 左右。經過 ANOVA 分析，發現喜歡有皮魚肉慕斯的也會喜歡無皮魚肉慕斯，喜歡白肉慕斯的也會喜歡血合肉慕斯。ANOVA 結果顯示對照組慕斯接受性最高，代表大多數人仍趨於保守，習慣於傳統慕斯口味。但由內部喜好性地圖中發現無皮魚肉慕斯與有皮魚肉慕斯亦為數不少人所青睞，代表仍是可以開發那些喜歡創新、勇於嘗鮮和喜歡對照組不同之消費族群（如圖42）。

　　計算其成分的結果，加入魚肉所做成之慕斯其營養成分表（如表5），加入鯖魚肉之慕斯蛋白質含量均比對照組慕斯高許多；脂肪都比對照組慕斯低 12 公克／每 100 公克左右；而鈉含量則幾乎差不多；灰分而言，加入鯖魚肉之慕斯也比較高，礦物質的含量也較多；熱量計算的結果，則發現加入魚肉的慕斯又比對照組慕斯熱量少了將近 60 大卡。因此綜觀而看，加入魚肉的慕斯，以營養角度來看，營養高、熱量少，是較為符合現代人追求養生與美味並存之觀念。

　　如何將鯖魚等傳統產業，利用加工或是發展健康食品，讓鯖魚產業能更提高其經濟價值，讓水產品發揮潛力，開創新的產業契機，並提高水產品的附加價值是我們未來繼續努力的方向。

伍、結論

一、以鯖魚魚肉添加於慕斯中是可行的。
二、依食品衛生標準揮發性鹽基態氮 5-10mg/100g，鯖魚魚肉添加於慕斯中經過六天，其值仍低於 10mg/100g，屬極新鮮階段。
三、鯖魚魚肉添加於慕斯中經過六天，生菌數仍在可計數範圍內，表示仍可食用。
四、以鯖魚魚肉添加做成的慕斯於 4℃狀態保存，可以比一般慕斯多保存一至二天。
五、以鯖魚魚肉加入慕斯中可以提高其營養成分。
六、將鯖魚肉做成鯖魚慕斯是值得推廣且具有提高鯖魚經濟價值之潛力。

陸、參考資料及其他

1. 王美苓、周政輝、晏文潔（2010）。食品分析實驗。臺中市。華格那企業有限公司。
2. 陳彩雲、江春梅（2007），食品微生物實習。臺南市。臺灣復文興業股份有限公司。
3. 莊健隆、林崇興、洪平、許福來（1992），魚類營養及飼料學概要實習（全）。臺北市。華香園出版社。
4. 南方澳鯖魚節簡介。民國 102 年 2 月 13 日。
   取自：http://www.ilan-travel.com.tw/ilan-travel/subject/mackerel/intro.html
5. 南方澳鯖魚故鄉。民國 102 年 2 月 13 日。
   取自：http://www.ctnet.com.tw/nan/page10-1.htm
6. 蘇澳區漁會 - 魚特產品商城。民國 102 年 2 月 13 日。
   取自：http://www.suaofish.org.tw/fishshop/fishshop/index.asp
7. 鯖魚小百科 - 鯖魚的出路。民國 102 年 2 月 13 日。
   取自：http://www.ctnet.com.tw/nan/page10-5.htm
8. 維基百科，自由的百科全書。民國 102 年 1 月 27 日。
   取自：http://zh.wikipedia.org/wiki/%E5%B9%95%E6%96%AF
9. 奇摩知識。民國 102 年 2 月 13 日。
   取自：http://tw.knowledge.yahoo.com/question/question?qid=1405120605519
10. 行政院衛生署食品藥物管理局食品藥物消費者知識服務網 - 食品營養成份資料庫 - 鯖魚（蒸）。民國 102 年 2 月 26 日。
    取自：http://consumer.fda.gov.tw/Food/detail/TFNDD.aspx?f=0&pid=1114

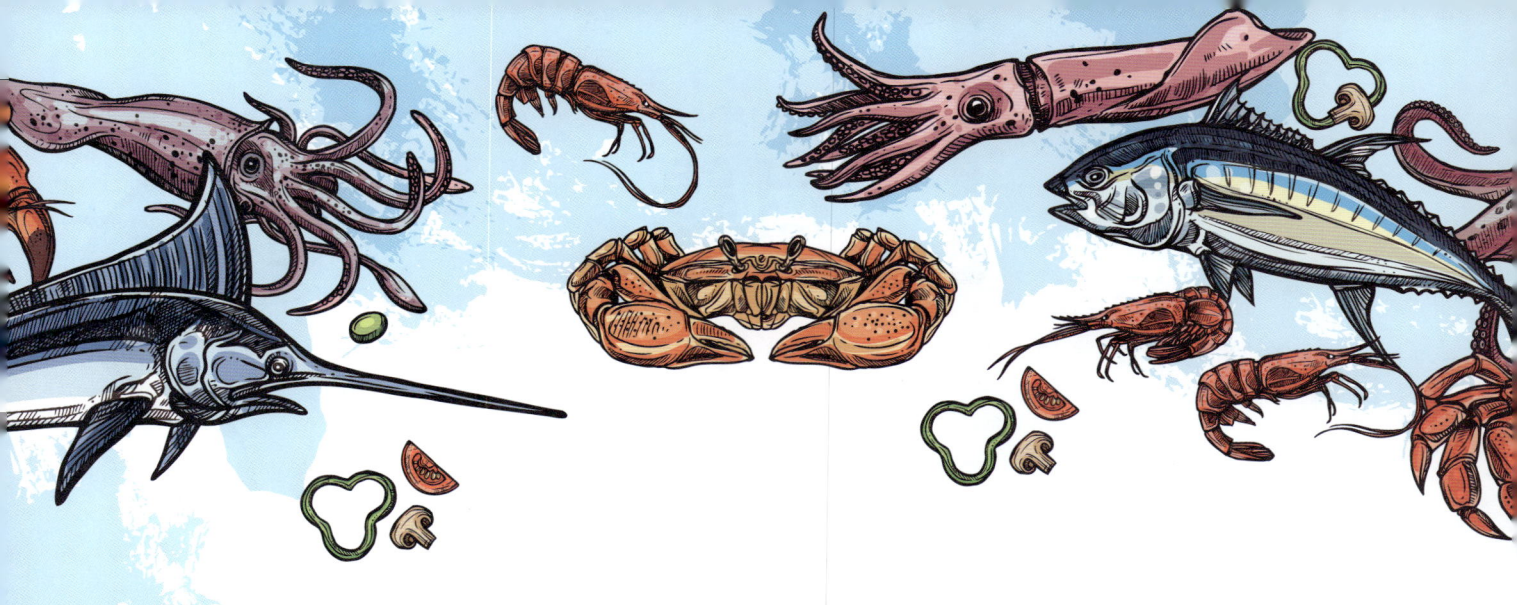

專題組

「飛」「腸」「香」「田」－
開發水草魚肉香腸以提高鱪魚（鬼頭刀）
經濟價值可行性之研究

關鍵詞：
鱪魚、魚肉香腸、水草

作者群
李芷萍、黃新琁、林軒霆、林奕銜

指導教師
林秋玲、黃俊強

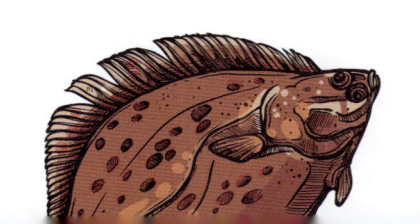

目錄

目錄	2-3.ii
圖目錄	2-3.iv
表目錄	2-3.v
摘要	2-3.2
壹、研究動機	2-3.2
一、研究目的	2-3.2
二、鱰魚（鬼頭刀、飛虎；Coryphaena hippurus）故鄉	2-3.2
三、鱰魚（鬼頭刀、飛虎）的利用	2-3.3
四、香腸的介紹	2-3.3
五、大葉田香的介紹	2-3.3
六、香辣蓼的介紹	2-3.4
貳、研究過程及方法	2-3.4
一、本實驗流程圖	2-3.4
二、材料	2-3.5
三、設備	2-3.5
四、器具	2-3.5
五、藥品	2-3.5
六、水草魚肉香腸配方	2-3.5

Contents

　　七、實驗過程　　　　　　　　　　　　　　　　　　　　　　2-3.6
　　　　（一）香腸製作流程　　　　　　　　　　　　　　　　　2-3.6
　　　　（二）揮發性鹽基態氮（VBN：Volatile Basic Nitrogen）測定　2-3.6
　　　　（三）微生物檢測　　　　　　　　　　　　　　　　　　2-3.7
　　　　（四）製成率　　　　　　　　　　　　　　　　　　　　2-3.7
　　　　（五）烹煮流失率　　　　　　　　　　　　　　　　　　2-3.7
　　　　（六）感官品評　　　　　　　　　　　　　　　　　　　2-3.8
　　　　（七）水分測定　　　　　　　　　　　　　　　　　　　2-3.9
　　　　（八）灰分測定　　　　　　　　　　　　　　　　　　　2-3.9
　　　　（九）粗蛋白測定　　　　　　　　　　　　　　　　　　2-3.10
　　　　（十）粗脂肪測定　　　　　　　　　　　　　　　　　　2-3.11
　　　　（十一）鈉含量測定　　　　　　　　　　　　　　　　　2-3.11
　　　　（十二）物理性質測定　　　　　　　　　　　　　　　　2-3.12
　　　　（十三）截切值　　　　　　　　　　　　　　　　　　　2-3.12
參、研究結果　　　　　　　　　　　　　　　　　　　　　　　　2-3.12
肆、討論　　　　　　　　　　　　　　　　　　　　　　　　　　2-3.19
伍、結論　　　　　　　　　　　　　　　　　　　　　　　　　　2-3.21
陸、參考資料及其他　　　　　　　　　　　　　　　　　　　　　2-3.22

圖目錄

圖1	鬼頭刀	2-3.3
圖2	魚肉香腸實驗流程圖	2-3.4
圖3	魚肉處理過程	2-3.6
圖4	揮發性鹽基態氮實驗過程	2-3.6
圖5	微生物實驗過程	2-3.7
圖6	完成之魚肉香腸	2-3.7
圖7	魚肉香腸秤重	2-3.7
圖8	水分測定實驗過程	2-3.9
圖9	灰分測定實驗過程	2-3.10
圖10	粗蛋白測定實驗過程	2-3.10
圖11	粗脂肪測定實驗過程	2-3.11
圖12	鈉含量測定實驗過程	2-3.12
圖13	魚肉香腸物性測定過程	2-3.12
圖14	香腸截切過程	2-3.12
圖15	魚肉香腸揮發性鹽基態氮含量	2-3.13
圖16	魚肉香腸製成率	2-3.13
圖17	魚肉香腸烹煮流失率	2-3.13
圖18	魚肉香腸保存期間第一天品評結果	2-3.13
圖19	魚肉香腸保存期間第九天品評結果	2-3.14
圖20	魚肉香腸外觀品評結果	2-3.14
圖21	魚肉香腸色澤品評結果	2-3.14
圖22	魚肉香腸氣味品評結果	2-3.14
圖23	魚肉香腸風味品評結果	2-3.14
圖24	魚肉香腸柔嫩度品評結果	2-3.14
圖25	魚肉香腸質感品評結果	2-3.14
圖26	魚肉香腸多汁性品評結果	2-3.14
圖27	魚肉香腸整體接受性結果	2-3.15
圖28	各種香腸喜好性雷達圖	2-3.15
圖29	喜好性內部地圖分析圖	2-3.15
圖30	各種魚肉香腸水分含量	2-3.16
圖31	各種魚肉香腸灰分含量	2-3.16
圖32	各種魚肉香腸粗蛋白含量	2-3.17
圖33	各種魚肉香腸粗脂肪含量	2-3.17
圖34	各種魚肉香腸鈉含量	2-3.17
圖35	各種魚肉香腸醣類含量	2-3.17
圖36	各種魚肉香腸熱量含量	2-3.17
圖37	第一天各種魚肉香腸截切值變化	2-3.17
圖38	第九天各種魚肉香腸截切值變化	2-3.18
圖39	各種魚肉香腸硬度比較圖	2-3.18
圖40	各種魚肉香腸黏著性比較圖	2-3.18
圖41	各種魚肉香腸彈性比較圖	2-3.18
圖42	各種魚肉香腸黏聚性比較圖	2-3.18
圖43	各種魚肉香腸膠著性比較圖	2-3.18
圖44	各種魚肉香腸咀嚼性比較圖	2-3.18
圖45	各種魚肉香腸恢復力比較圖	2-3.18

表目錄

表 1　水草魚肉香腸配方表　　　　　　　　　　　　　　　　　2-3.5
表 2　品評表　　　　　　　　　　　　　　　　　　　　　　　2-3.8
表 3　各種魚肉香腸菌落數數量表　　　　　　　　　　　　　　2-3.13
表 4　各種魚肉香腸保存喜好性之線性迴歸平均表　　　　　　　2-3.15
表 5　各種魚肉香腸營養成分表　　　　　　　　　　　　　　　2-3.19

摘要

本研究以鱰魚為主原料、可食性水草調味及水產品油脂當作乳化劑製成純魚肉香腸。以未添加水草之魚肉香腸為對照組,進行相關實驗。發現未添加防腐劑的魚肉香腸經過 12 天,無細菌生長且揮發性鹽基態氮仍在 20mg/100g 以下,顯示為新鮮狀態。兩組人員品評後,保存試驗的結果經 SAS 程式分析,九天後才有顯著差異;喜好性品評方面經 ANOVA 程式分析,四種魚肉香腸皆獲好評,添加水草的香腸更勝一籌,其中綜合魚肉香腸最受青睞,表示此四種香腸是可開發的。經成分分析後,脂肪、鈉、灰分及熱量比市售豬肉添加魚肉香腸低。綜言之,此四種魚肉香腸,營養高、熱量少及不添加防腐劑,較符合現代人追求美味養生與食品安全之觀念,是值得推廣且具提高鱰魚及水草經濟價值之潛力。

壹、研究動機

一、研究目的

本研究起因於我們本身喜歡德國香腸,但見有些人因為宗教信仰的緣故而無法食用豬肉,且畜產品所含飽和脂肪酸及熱量均較高,而魚肉中富含不飽和脂肪酸 DHA 及 EPA,相較於畜產動物,對人體較有益。因此希望能找出既可以解決口腹之慾又兼顧養生的好辦法。

因在《水產生物概要》第九章第三節及《水產概論》中曾介紹了東部海域常見之漁獲-鬼頭刀,又於水生植物栽培課中介紹了各式各樣水草之特性、栽種方式與應用,進而想以鬼頭刀和水草為主,利用加工或是發展成健康食品,使鬼頭刀和水草能開發出更多的產品。故希望能將營養豐富的鬼頭刀為主材料製作香腸,再利用水草的特殊香味來調味,製作出既營養又美味之全水產品-水草魚肉香腸,嘗試鬼頭刀及水草的另一番風貌。

本研究於香腸的材料中以魚肉取代豬肉,並添加水草製成鬼頭刀水草魚肉香腸。除請同學品評香腸成品,也利用飼料學中所學之成分分析法來分析其一般成分;利用餌料生物學及微生物學中所學的培養基的製作及塗抹培養的技巧,並參考 CNS 中魚肉鮮度測定監控魚肉香腸的鮮度,期待不僅能藉此推展魚食文化,更能提升水草的產業價值。

二、鱰魚(鬼頭刀、飛虎;Coryphaena hippurus)故鄉

南方澳漁港是臺灣東部最大的漁港,其沿岸經年有表層性洄游魚類,例如近海的鯖、鰹、鱰魚等小型魚與外洋性的鯊、旗、鮪魚等大型魚類,在東部海域依不同季節洄游,漁業資源豐富。南方澳漁港的漁獲仍以鯖、鯊、鬼頭刀等為大宗。鬼頭刀一年中在高雄至東部海域之漁訊期為 3〜8 月,盛漁期為 5 月左右;北部則為 10 月下旬至翌年 2 月中旬。

● 圖 1　鬼頭刀（湧升海洋部落格，2009。典藏臺灣，2014）

三、鱰魚（鬼頭刀、飛虎）的利用

　　鬼頭刀為經濟性食用魚，產量大。魚種的利用方式有幾種，早期直接漁獲後運銷至消費地之魚市場販賣，成為民眾蒸、煎、煮、炸、烤等的原料，現常製成鹽漬魚、魚丸、魚排等製品販售。（臺灣魚類資料庫，2014）

四、香腸的介紹

　　香腸是一個非常古老的食物生產和肉食儲存技術，指將動物的肉絞碎成泥狀，再灌入腸衣製成的長圓柱體管狀食品。香腸有很多種類，單是德國便有超過 1,500 多種。香腸一般按製法分為四類：

（一）煙燻腸：肉泥灌入腸衣後，先用木材燻製，之後再焓或蒸熟。吃前再烹熱。

（二）風乾腸：肉泥灌成腸後，在乾燥地方風乾，某些會在香腸內加入乳酸菌，細菌分解肉質，令其變得軟脆。風乾腸材料沒有經烹煮，吃前要先煮，如中國臘腸；但也有可直接食用，如義大利沙樂美腸。

（三）熟腸：肉泥灌入腸衣後，會先煮熟再保存，煮的方法很多，可以是蒸、焓、炸或焗等。外表與煙燻腸相似，但沒經燻製過程。

（四）鮮腸：即未經風乾或煮熟的香腸，不能直接食用，買回家後要自行烹調。

五、大葉田香的介紹

學名	Limnophila rugosa (Roth) Merr.
科名	玄參科（Scrophulariaceae）石龍尾屬
別名	田香草、水茴香、大葉石龍尾、水香菜、水八角、水胡椒
介紹	大葉田香草為多年生挺水草本，高 20～50 公分，性好潮濕，是水邊池畔或溼地沼澤生長的挺水性植物。葉具有芳香，因葉片大，又多生長在潮濕的水田環境，故被稱是「大葉田香草」，另因香味似八角也似胡椒，也被稱是「水八角」、「水胡椒」，是常見的野菜之一。因為葉片具香氣，也被應用在料理中作調味使用，現在也被當成香草植物來種植。

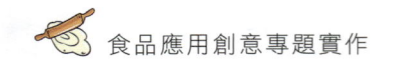

六、香辣蓼的介紹

學名	Persicaria odorata、Polygnum odoratum
介紹	蓼科春蓼屬草本多年生香料植物，俗稱越南香菜，又稱越南芫荽、馬來香蓼、玉竹、叻沙葉、辣薄荷、香辣蓼。葉暗綠色長橢圓形，葉端尖，基部處常有栗色斑點，花五瓣，花瓣淡粉紅。葉搓揉後有濃厚味道，是越南人烹調食物時喜用之香草，亦可提煉 kesomoil 精油。
應用	東南亞地區常會用它的葉子來烹調食物，越南料理裡常會將它拿來做生菜沙拉或是加在春捲裡。食用煮牛肉河粉時也會添加它來配色及增添風味。香蓼（花果）為烹製魚類及海產的調味品。煮螺螄時，本品為必用的調味料之一。

貳、研究過程及方法

一、本實驗流程圖

```
鬼頭刀
  │
鬼頭刀魚肉 ── 水草
  │
製成香腸
  │
川燙
  │
  ├─ 一般成分分析
  │     ├─ 水分測定
  │     ├─ 灰分測定
  │     ├─ 粗脂肪測定
  │     ├─ 粗蛋白測定
  │     └─ 鈉含量測定
  ├─ 物性測定
  ├─ 鮮度測定
  ├─ 微生物檢測
  └─ 感官品評
```

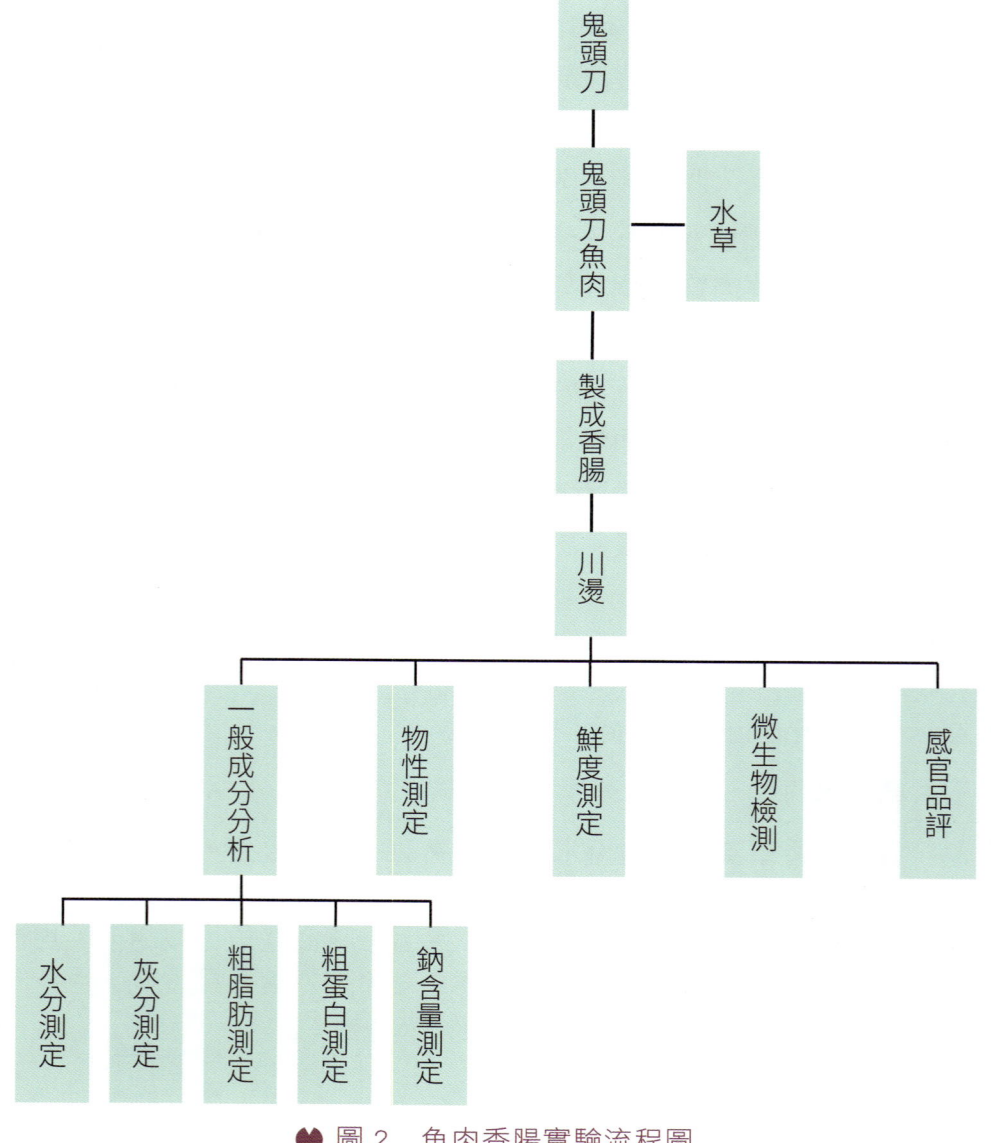

● 圖 2　魚肉香腸實驗流程圖

二、材料

水草（員山鄉勝洋水草）、米酒（公賣局）、食鹽（文昌雜貨店）、油魚（南方澳魚市場）、鱰魚／鬼頭刀（南方澳魚市場）。

三、設備

均質機（TOTAL NUTRITION CENTER）、烘箱（DCM-45）、乾燥皿（大、小）、電子天平（SCALTEC）、灰化爐、蛋白質分解器（BUCHI D-igestion Unit K-435）、凱氏氮分析儀（Distillation Unit B-324）、加熱器（EEL 3000mL）、電子天平（PB1502-L，Switzerland）、烤箱（上豪，TS1300c）、殺菌釜（TM-328，TOMIN）、無菌操作箱（High Ten）、熱風循環恆溫箱（Cheng -Tang）、微量吸管、物性測定儀（TA.XT2, Stable Micro System, Surrey, UK）、均質機（Oster 12-Speed Blender, USA）、離心機（KUBOTA 6930, Kubota Corporation, Japan）、分光光度計（SP-890 Plus, Metertech Inc, Taiwan）、色差儀（NR-1, NIPPON DENSHOKU Industries Co. Ltd, Japan）、截切機（SAL-TER, G-Elec. Mfg Co, USA）。

四、器具

大小鋼盆、鋁盤、坩堝夾、滴定管、玻璃漏斗、燒杯、量筒、定量瓶250mL、秤量紙、圓筒濾紙、脫脂棉花、圓底燒瓶、吸量管25mL、安全吸球、福魯吸管50mL、三角錐瓶、吸量管、I型棒、培養皿、康威氏皿、布氏漏斗、抽氣過濾瓶。

五、藥品

$NaHCO_3$、HBO_3、NaOH 等（Merck）、K_2CrO_4、$AgNO_3$ 硝酸銀、乙醚、催化劑、H_2SO_4、三氯醋酸、硼酸、K_2CO_3、凡士林、HCl 等（日本試藥）。

六、水草魚肉香腸配方

● 表1　水草魚肉香腸配方表

材料	數量	材料	數量	備　註
魚漿	400g	油魚	100g	一、上述材料混合後，再分別加入靜置30分鐘的10%水草米酒液30g完全均質。 二、分成原味組（對照組）、大葉田香組、香辣蓼組、綜合組（大葉田香＋香辣蓼各半）共四種。 三、其中原味香腸全部以米酒代替，綜合香腸部份兩種水草液各15g。
魚塊	300g	鹽	8g	
烤魚塊	300g	冰塊	77g	
胡椒粉	6g	10%水草米酒液	30g	

註　配方由前永豐餐廳大廚皮東海師傅提供。

七、實驗過程

(一) 香腸製作流程

去頭、去尾、去內臟 ➡ 魚肉切塊 ➡ 魚塊烤熟 ➡ 魚肉擂潰 ➡ 水草均質材料混合 ➡ 填充、整形、分節 ➡ 水煮完成。

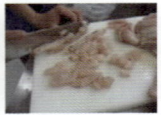

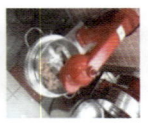

1. 全魚處理
2. 魚肉切塊
3. 魚塊烤熟
4. 魚肉擂潰
5. 水草均質
6. 材料混合
7. 填充、整形、分節
8. 水煮、成品

● 圖3　魚肉處理過程

(二) 揮發性鹽基態氮（VBN：Volatile Basic Nitrogen）測定（王美苓等，2010）

先取2g的香腸溶解於TCA中，靜置10分鐘
↓
以濾紙過濾，即為魚汁
↓
在康威氏皿蓋子的邊緣塗上凡士林
↓
先吸取1mL硼酸於康威氏皿的內室
↓
再吸取1mL魚汁和1mL飽和碳酸鉀於康威氏皿的外室
↓
放進烘箱烘37℃，90分鐘
↓
最後再用N/50鹽酸滴定

揮發性鹽基態氮（VBN）= $0.28 \times (a-b) \times (N/50\ HCl\ 之因數) \times 100/0.1\ (mg\%)$

1. 2g的香腸溶解於TCA中，靜置10分鐘
2. 濾紙過濾
3. 康威氏皿蓋子的邊緣塗上凡士林
4. 硼酸於康威氏皿內室，魚汁和飽和碳酸鉀於康威氏皿外室
5. 放進烘箱烘37℃，90分鐘
6. 最後再用鹽酸慢慢滴定
7. 完成滴定，呈現淡粉紅色

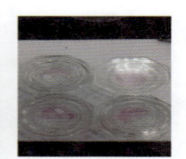

● 圖4　揮發性鹽基態氮實驗過程

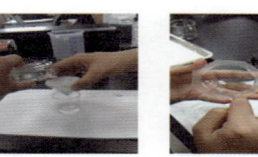

（三）微生物檢測（陳彩雲、江春梅，2009）

將魚肉香腸均質後稀釋成 10^{-4}、10^{-5} 倍數，取 0.1mL 平面塗抹培養，在 30℃下，培養 24 小時，做三重複。

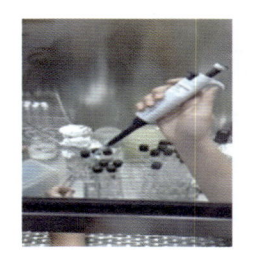

1 菌液稀釋　　　　**2** 細菌塗抹　　　　**3** 細菌培養

● 圖 5　微生物實驗過程

（四）製成率（王彥翔，2011）

香腸整形分節秤重(g) ↓ 水煮 12 分鐘後秤重(g)

$$製成率(\%) = \frac{蒸煮後重量(g)}{蒸煮前重量(g)} \times 100\%$$

完成的魚肉香腸　　　　水煮完成之魚肉香腸

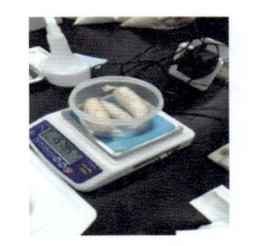

● 圖 6　完成之魚肉香腸　　● 圖 7　魚肉香腸秤重

（五）烹煮流失率（王彥翔，2011）

水煮前，先秤重並紀錄，經水煮約 12 分鐘，降溫至室溫後再次秤重紀錄，計算水煮前後之重量差，其重量差表示流失量，結果以重量百分比（％）表示。

$$烹煮流失率(\%) = \frac{烹煮前重量(g) - 烹煮後重量(g)}{烹煮前重量(g)} \times 100\%$$

(六)感官品評

將製作完成之魚肉香腸請同學及相關人年齡（16 至 50 歲之間），共 96 人品評，並依品評表填上，再做統計。取保存於 4℃ 冰箱中 1～2 天的香腸，以水煮 12 分鐘，降溫至室溫後切片（約 1 公分厚）再由品評人員自行取用評分。另外請有品評經驗的學生們協助品評。品評項目有外觀（appearance）、色澤（color）、氣味（aroma）、風味（flavor）、柔嫩度（tenderness）、質感（texture）、多汁性（juiciness）和整體接受度（overall acceptabilily），分數為九分制（1 = 極度不喜歡、9 = 極度喜歡，分數愈高表示愈喜歡）。

最後結果由各位品評員所評分數平均。

● 表 2　品評表

感官品評試驗

Date ＿＿＿＿＿＿

說明：請依以下評分項目，分別寫下自己偏好分數。
分數為 1～9 分（1 ＝極度不喜歡；9 ＝極度喜歡）
在試吃不同組別時，請先以水漱口，以免干擾下組品評結果

品評項目	樣品代碼			
	225	879	083	976
外觀 Appearance				
色澤 Color				
氣味 Aroma				
風味 Flavor				
柔嫩度 Tenderness				
質感 Texture				
多汁性 Juiciness				
整體接受度 Overall acceptability				

～感謝您的合作～

（七）水分測定（莊健隆等，1992／王美苓等，2010）

```
秤5克的香腸在鋁盤上
    ↓
放進烘箱75℃，2小時
    ↓
再以105℃烘乾8小時
    ↓
放進乾燥箱內冷卻後再秤重
    ↓
計算水分含量
```

$$\frac{乾燥重 - 杯重}{樣品重} \times 100 = 固形物\% 、 100 - 固形物\% = 水分含量\%$$

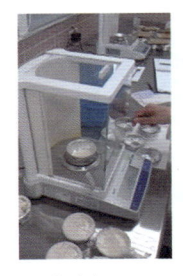

1 秤料 　　**2** 香腸烘乾 　　**3** 香腸烘乾完成 　　**4** 烘乾秤重

● 圖 8　水分測定實驗過程

（八）灰分測定（王美苓等，2010）

```
樣品秤5克
    ↓
灰化爐（550℃，600分鐘）
    ↓
顏色變為灰白色
    ↓
計算水分含量
```

$$\frac{[乾燥重（坩鍋 + 樣品）- 坩鍋重]}{樣品重} \times 100 = 灰分含量\%$$

1 秤料 　　　2 灰化爐灰化 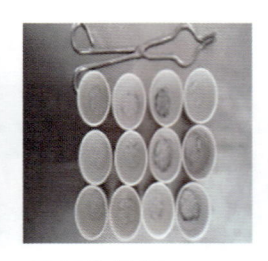　　　3 灰化結果

● 圖 9　灰分測定實驗過程

（九）粗蛋白測定（王美苓等，2010）

```
秤5.5克催化劑+0.15克的樣品置於分解管中
            ↓
分解管中加入20mL硫酸以300℃，分解5小時
            ↓
三角錐瓶加入20mL硼酸
            ↓
以凱式氮分析儀進行蒸餾，收集檢液於三角錐瓶中
            ↓
檢液進行滴定，顏色由藍轉淡粉紅即達當量點
```

$$\frac{[(\text{硫酸滴定耗損量}-\text{空白試驗滴定耗損量})\times 0.010915\times 6.25\times 0.001\times 100]}{\dfrac{\text{樣品重}\times 100}{\text{該樣品水分含量}}}$$

1 秤料 　　2 加入濃硫酸 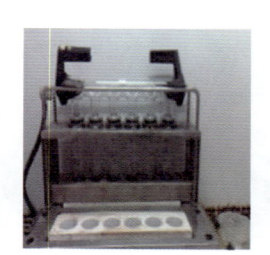　　3 進行分解 　　4 蒸餾 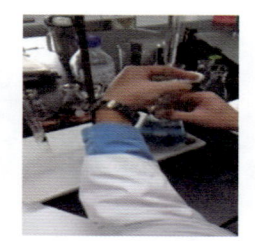　　5 滴定

● 圖 10　粗蛋白測定實驗過程

（十）粗脂肪測定（王美苓等，2010）

取5克烘乾後的魚肉香腸粉
↓
放入圓筒濾紙裡，塞入脫脂棉花
↓
放入索式萃取管中，圓底燒瓶裝入乙醚（8分滿）進行萃取
↓
油脂回流到圓底燒瓶中，再濃縮成油脂
↓
算出粗脂肪含量

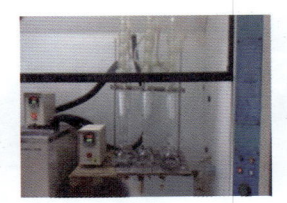

$$\text{油脂含量} = \frac{\text{乾燥燒瓶重} - \text{燒瓶重}}{\text{樣品重}} \times 100\%$$

1 索式萃取溫度　　**2** 索式萃取管萃取　　**3** 萃取完成乾燥

● 圖 11　粗脂肪測定實驗過程

（十一）鈉含量測定（王美苓等，2010）

樣品均質後，秤取5g放入小燒杯
↓
加入50mL去離子水，拿去震盪、萃取
↓
抽氣過濾後，用蒸餾水定容至100mL
↓
取20mL加入4～5滴K_2CrO_4
↓
以0.01N的硝酸銀滴定

$$\left(\text{硝酸銀耗損量} \times 5.85 \times 0.0001 \times \frac{100}{\text{樣品重}}\right) \times \frac{\frac{23}{58}}{58} \times 1000 \times 100$$

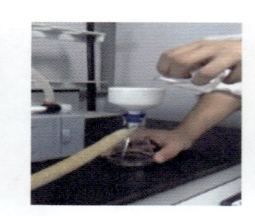

| 1 材料打碎 | 2 秤料 | 3 超音波震盪 | 4 過濾 | 5 加入試劑進行滴定 |

● 圖 12　鈉含量測定實驗過程

（十二）物理性質測定

將魚肉香腸切成約 2.5cm³ 置於物性測定儀上，利用 3cm 圓盤以 1mm/sec 速度下壓 2 次，依照力 - 時間作用圖，分別測得硬度（Hardness，N）、彈性（Springiness，％）、黏著性（Adhesiveness，N）、膠著性（Gumminess，N）以及咀嚼性（Chewiness，N）、黏聚性（Cohesiveness，N）、回復性（Resilience，N）等。硬度為第一圖峰的最高點，彈性為各圖峰的起始點至高點的比值，黏著性為 2 圖峰之比值，膠著性為硬度與黏著性之乘積，而咀嚼性為膠著性與彈性之乘積。

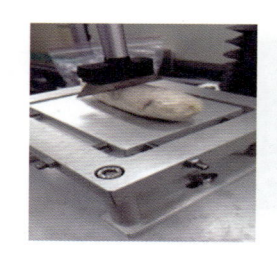

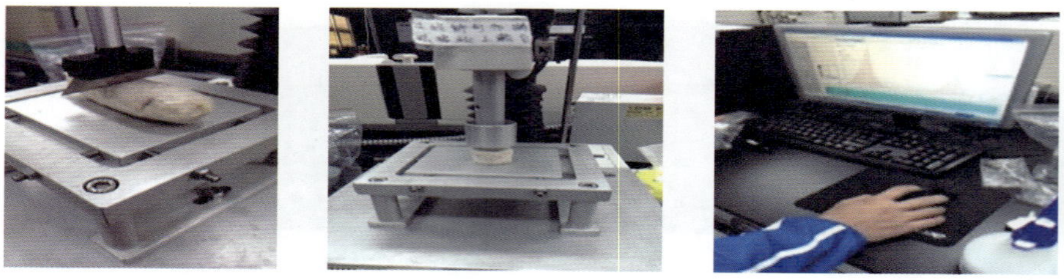

| 1 物性測定儀測定一 | 2 物性測定儀測定二 | 3 電腦數據分析 | 香腸截切情形 |

● 圖 13　魚肉香腸物性測定過程　　　　● 圖 14　香腸截切過程

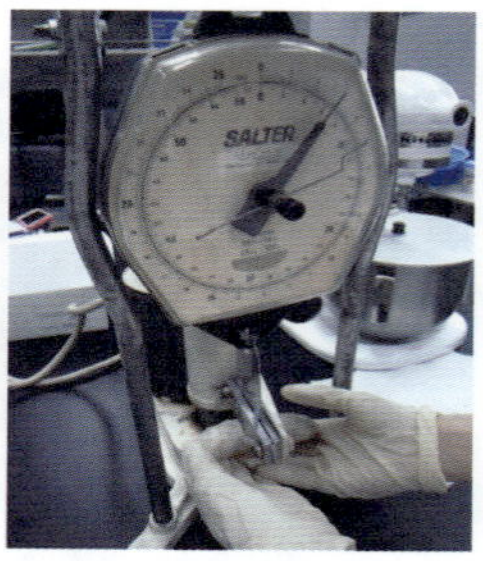

（十三）截切值（王彥翔，2011）

首先先將香腸以水煮，降溫至室溫後，以截切機（SALTER，G-Relec. Mfg. Co.1317 Collins Lane Manhattan，KS 66520，USA）測定其截切值，其數值表示將香腸樣品切斷的最大力量（kg），測定位置為香腸正中間及前後四分之一處，最後結果為儀器所測得之數據平均之值。

參、研究結果

將魚肉及水草做成的香腸，每三天同一時間以微量滴定測定香腸中揮發性鹽基態氮之含量，發現各種魚肉香腸 VBN 含量都是逐漸升高，但是上升幅度不是很大（如圖15）。

細菌菌落數計數結果（如表 3），以 10^{-4}、10^{-5} 稀釋倍數的培養基來看，添加不同水草所做成的魚肉香腸經過九天幾乎都沒有長出細菌。

添加不同水草的魚肉香腸，經過秤重後製成率都高達 90% 以上。其中香辣蓼的製成率最高（如圖 16）。

完成之魚肉香腸，經過水煮前後秤重後，發現到第九天時流失較多，其中以添加香辣蓼的魚肉香腸流失率最高（如圖 17）。

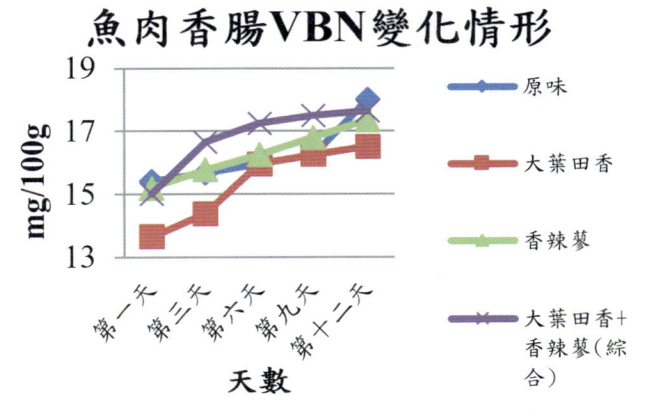

圖 15　魚肉香腸揮發性鹽基態氮含量

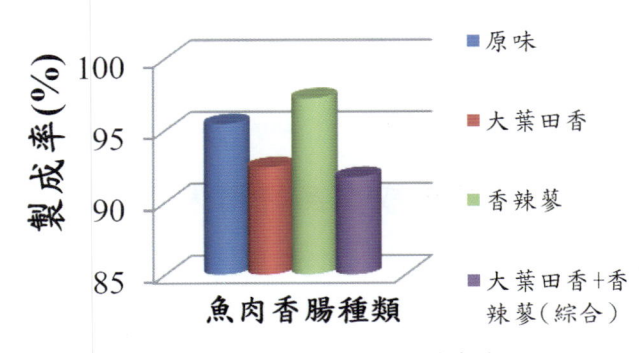

圖 16　魚肉香腸製成率

表 3　各種魚肉香腸菌落數數量表

	稀釋倍數	第1天	第3天	第6天	第9天
原味	10^{-4}	0	0	0	0
	10^{-5}	0	0	0	0
大葉田香	10^{-4}	0	0	0	0
	10^{-5}	0	0	0	0
香辣蓼	10^{-4}	0	0	0	0
	10^{-5}	0	0	0	0
綜合（大葉田香+香辣蓼）	10^{-4}	0	0	0	0
	10^{-5}	0	0	0	0

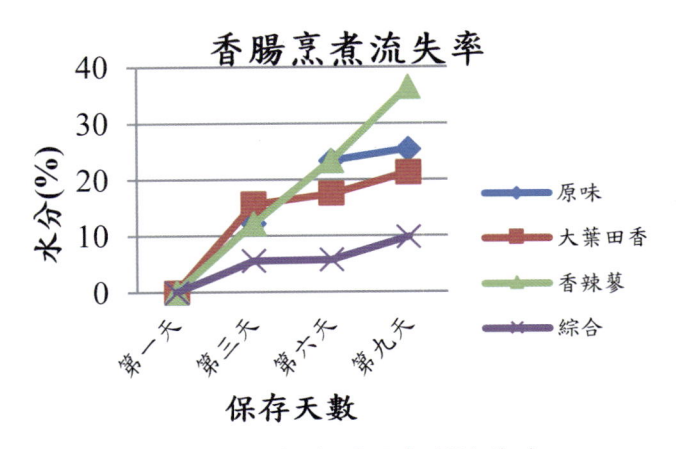

圖 17　魚肉香腸烹煮流失率

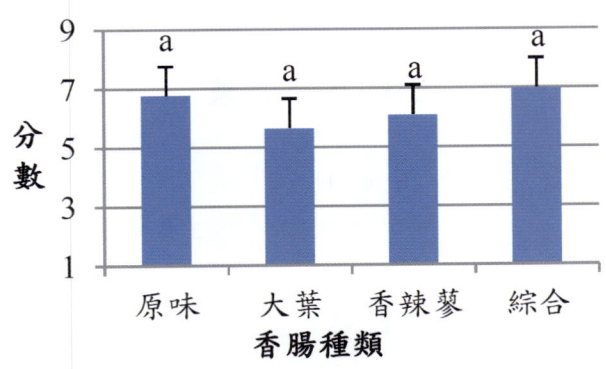

圖 18　魚肉香腸保存期間第一天品評結果

魚肉香腸保存期間第九天品評結果

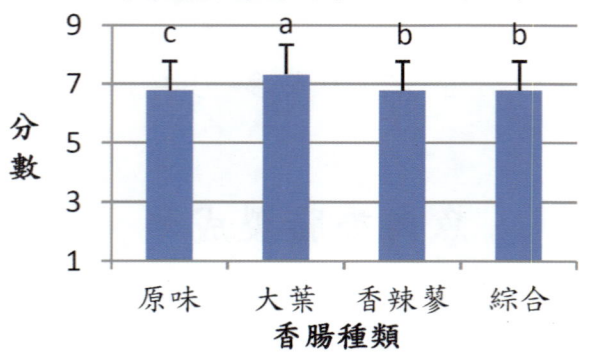

● 圖19　魚肉香腸保存期間第九天品評結果

外觀品評結果

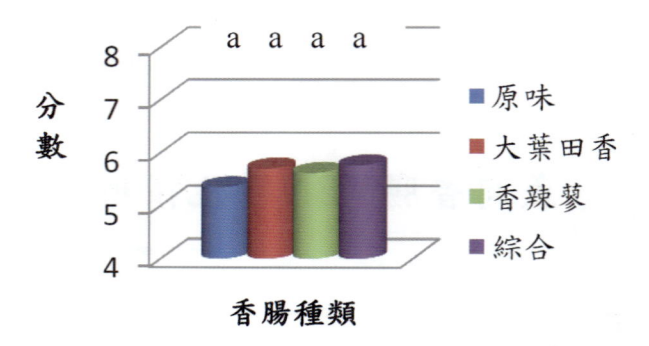

● 圖20　魚肉香腸外觀品評結果

色澤感官品評結果

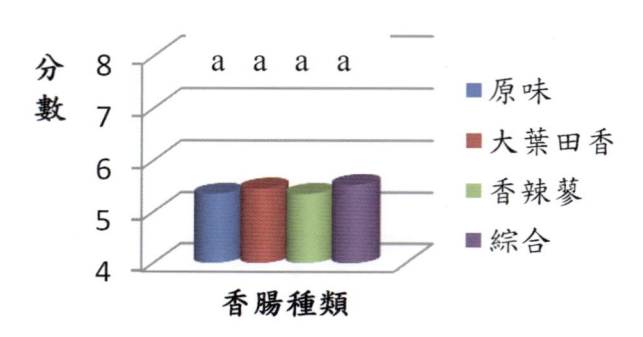

● 圖21　魚肉香腸色澤品評結果

氣味品評結果

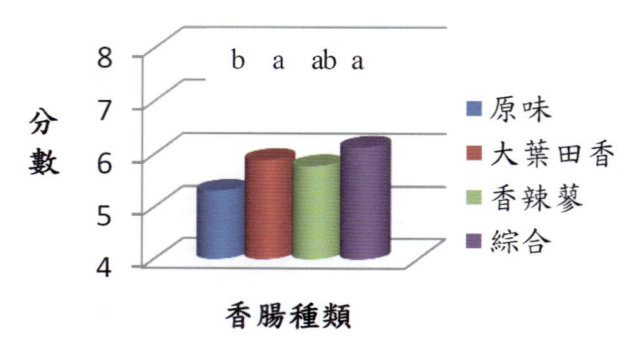

● 圖22　魚肉香腸氣味品評結果

風味品評結果

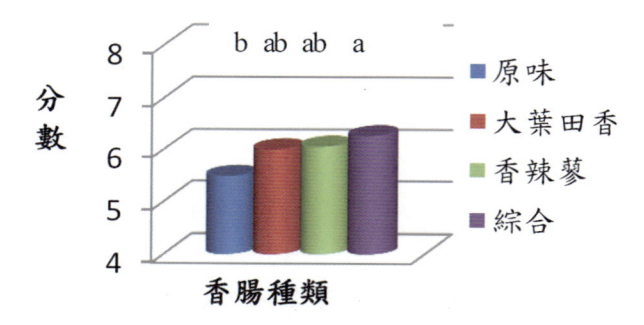

● 圖23　魚肉香腸風味品評結果

柔嫩度品評結果

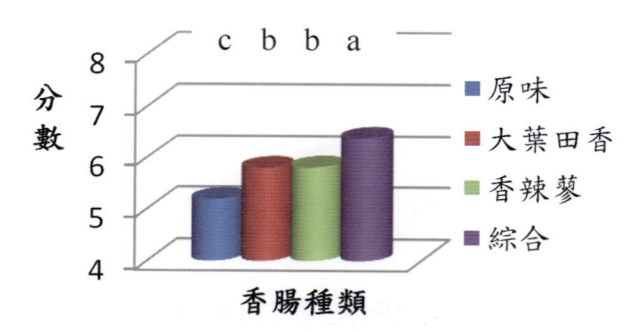

● 圖24　魚肉香腸柔嫩度品評結果

質感品評結果

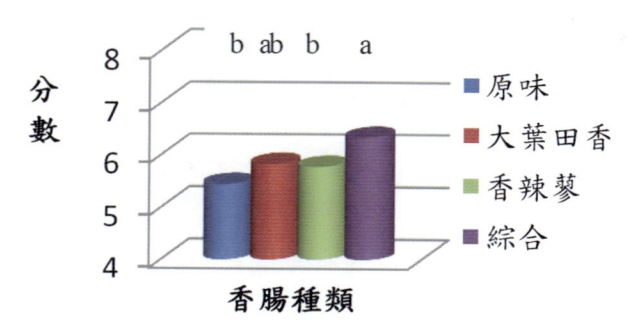

● 圖25　魚肉香腸質感品評結果

多汁性品評結果

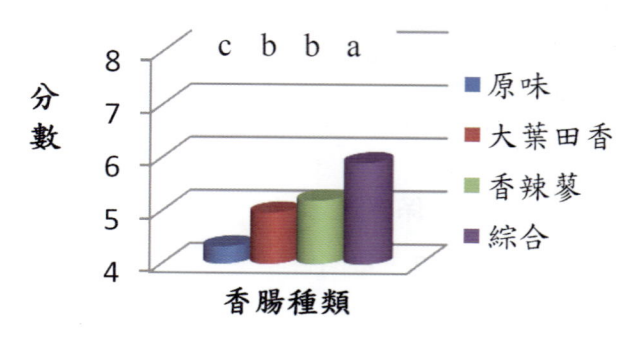

● 圖26　魚肉香腸多汁性品評結果

整體接受性結果

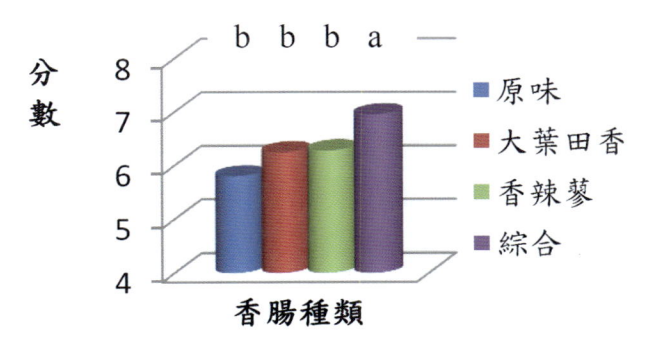

圖 27　魚肉香腸整體接受性結果

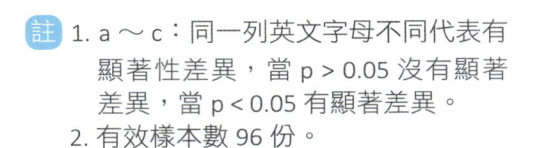

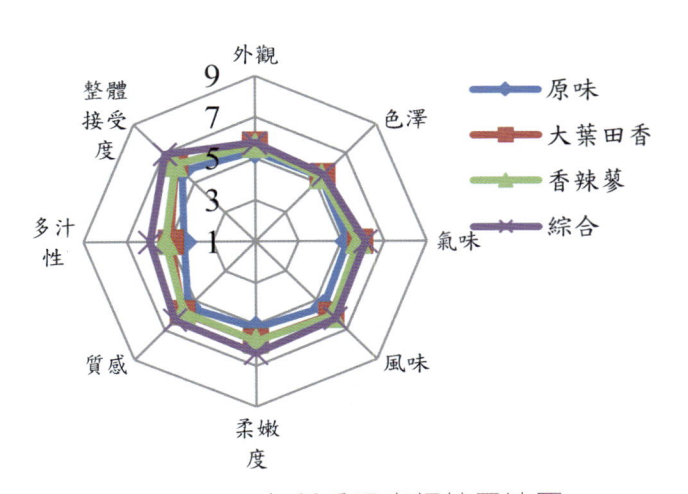

註
1. a～c：同一列英文字母不同代表有顯著性差異，當 p > 0.05 沒有顯著差異，當 p < 0.05 有顯著差異。
2. 有效樣本數 96 份。

圖 28　各種香腸喜好性雷達圖

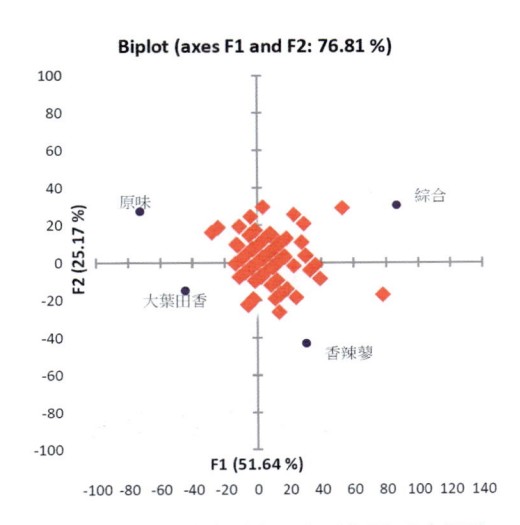

圖 29　喜好性內部地圖分析圖

表 4　各種魚肉香腸保存喜好性之線性迴歸平均表

	第一天	第三天	第六天	第九天
原味	6.7778[a]	7.5556[a]	6.3333[a]	6.7778[a]
大葉田香	6.6667[a]	7.4444[a]	6.8889[a]	7.3333[b]
香辣蓼	6.1111[a]	6.8889[a]	6.4444[a]	6.7778[a]
綜合	7[a]	7[a]	6.3333[a]	6.7778[a]

　　保存期間品評請有品評經驗的學生協助品評。經 SAS 程式統計分析後，保存第一、三、六天，原味組、香辣蓼組、大葉田香組、綜合組，四組之感官品評分數皆無顯著差異（P>0.05）（如圖 18）。保存第九天，感官品評分數，香辣蓼組與綜合組彼此之間無顯著差異。大葉田香組之感官品評分數相較於其他組別顯著較高（P<0.05）（如圖 19）。

另外請年齡層 16～50 歲左右的人試吃，再依問卷上的項目填上自己的喜好，其品評結果經 ANOVA 程式分析後，在外觀及色澤四種香腸都沒有顯著的差異，都是以綜合組香腸分數最高（如圖 20、21）。在氣味上原味與香辣蓼香腸無顯著差異（p>0.05）但與大葉田香和綜合香腸有顯著差異（p<0.05）（如圖 22）。在風味上原味、大葉田香、香辣蓼彼此間無顯著差異，但是綜合香腸與原味香腸有較顯著之差異（p<0.05）（如圖 23）。在柔嫩度上原味及大葉田香、香辣蓼與綜合香腸有較顯著差異（p<0.05）（如圖 24）。在質感上綜合香腸與大葉田香無顯著差異外，與其他兩種香腸都有顯著差異（如圖 25）。在多汁性上原味與大葉田香與香辣蓼及綜合香腸都有明顯差異性（如圖 26）。在整體接受性方面綜合香腸與其他三種香腸有顯著差異（如圖 27）。透過喜好性雷達分析圖可以知道綜合香腸在各種品評項目都是受大家喜愛，而原味香腸則是未受到大家所青睞，但是彼此差異性都在可接受範圍內（如圖 28）。又從喜好性地圖分析得知此四種產品應以「綜合」最受喜愛，也可能最具特色，而「原味」則可能因為多汁性較不受喜愛，且無特殊風味，因此其整體接受性較低。但整體而言，其整體接受性平均值仍在消費者喜歡的區域。且喜好性指標中，以「色澤」、「外觀」之喜好性之差異最不顯著，顯示此四種產品之配方差異上不足以影響品評員對其外觀、色澤之喜好（如圖 29）。從保存喜好性線性迴歸平均表（如表 4）看來四種香腸都受到品評員所喜愛，但其中以添加大葉田香的香腸在第九天時最受品評員所喜愛。

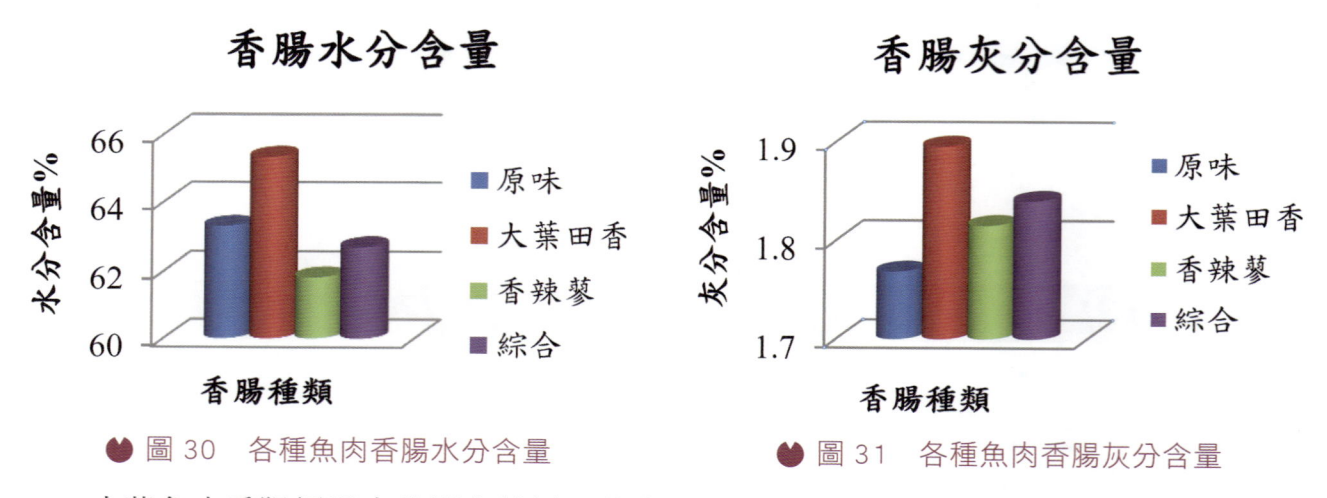

● 圖 30　各種魚肉香腸水分含量　　　　● 圖 31　各種魚肉香腸灰分含量

水草魚肉香腸經過水分測定結果，其中以大葉田香魚肉香腸水分最多，香辣蓼魚肉香腸水分最少，但是彼此間差距不大（如圖 30）。

灰分測定上，水草魚肉香腸中以含有大葉田香魚肉香腸灰分含量最高，而未添加水草之原味魚肉香腸的灰分較少（如圖 31）。

水草魚肉香腸經凱氏蛋白質儀器分析測定結果，其中以添加大葉田香水草所製成之魚肉香腸蛋白質含量最高，又以原味魚肉香腸蛋白質含量較少，但是差距不大（如圖 32）。

粗脂肪測定結果，以添加大葉田香的魚肉香腸含量最高，以原味魚肉香腸脂肪最少（如圖 33）。

鈉含量測定結果，以單獨添加水草的兩種魚肉香腸含量最多，而以未添加水草的原味對照組魚肉香腸鈉含量最少（如圖 34）。

經過計算後，醣類含量以添加香辣蓼的魚肉香腸含量最高，但魚肉香腸間醣類差異不大（如圖 35）。魚肉香腸熱量以添加香辣蓼水草的魚肉香腸含量最高，以添加大葉田香水草所製成之魚肉香腸熱量最少（如圖 36）。

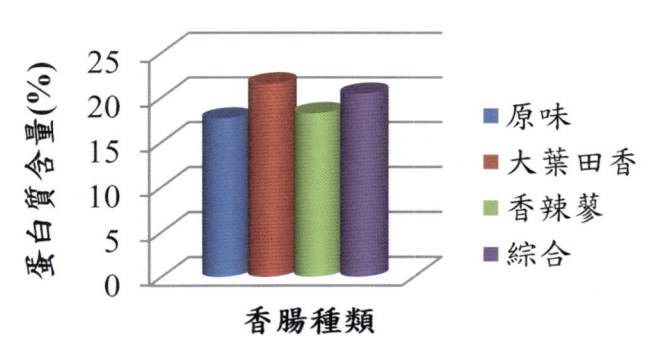

圖 32　各種魚肉香腸粗蛋白含量

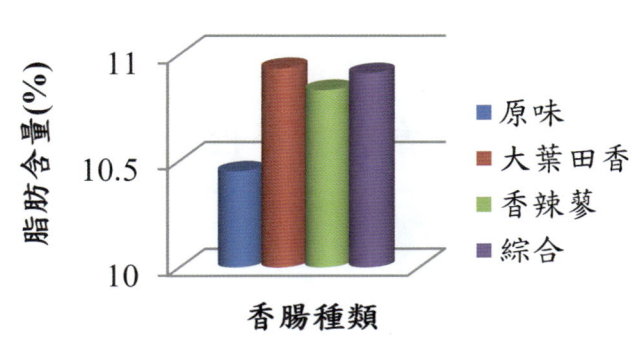

圖 33　各種魚肉香腸粗脂肪含量

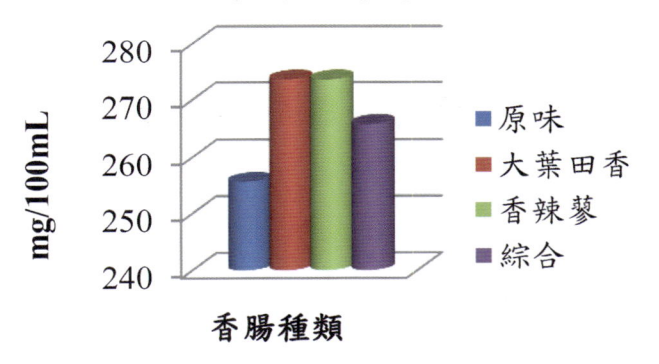

圖 34　各種魚肉香腸鈉含量

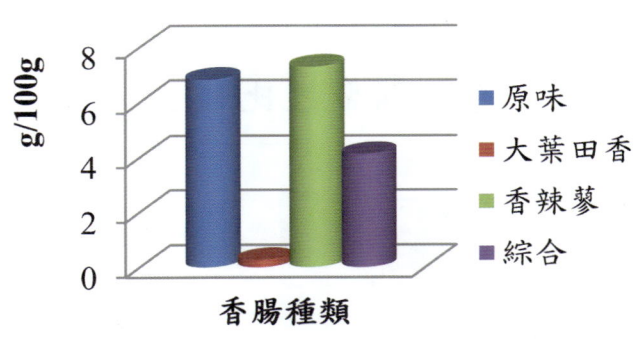

圖 35　各種魚肉香腸醣類含量

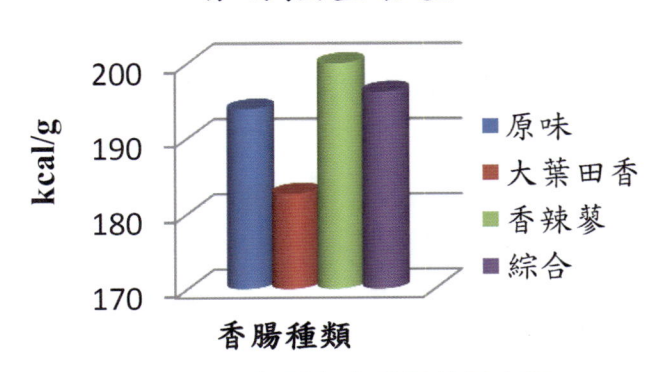

圖 36　各種魚肉香腸熱量含量

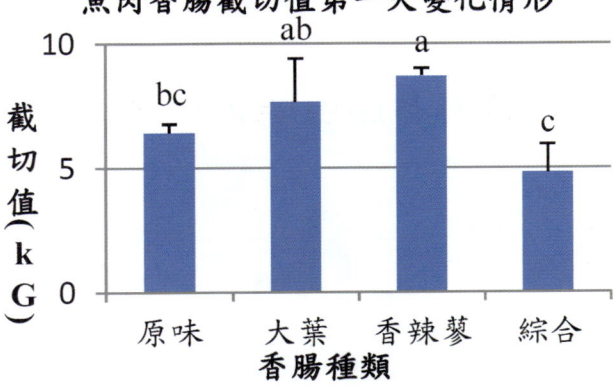

圖 37　第一天各種魚肉香腸截切值變化

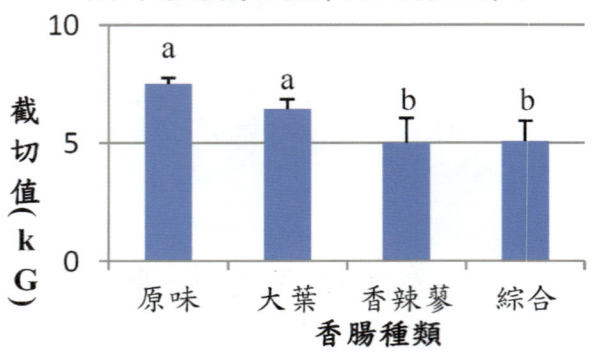

● 圖 38　第九天各種魚肉香腸截切值變化

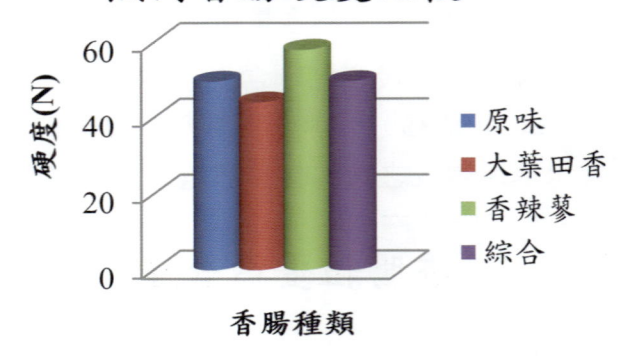

● 圖 39　各種魚肉香腸硬度比較圖

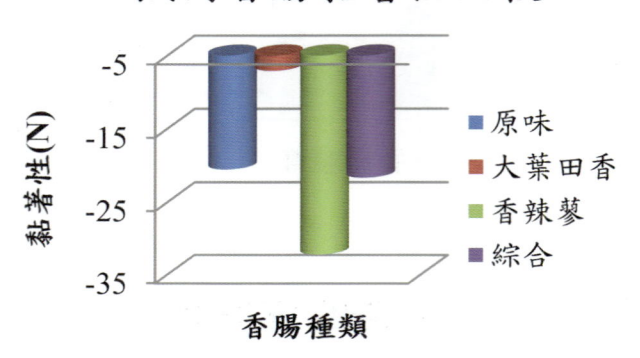

● 圖 40　各種魚肉香腸黏著性比較圖

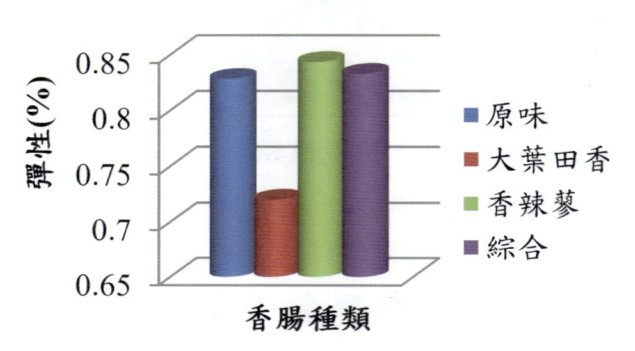

● 圖 41　各種魚肉香腸彈性比較圖

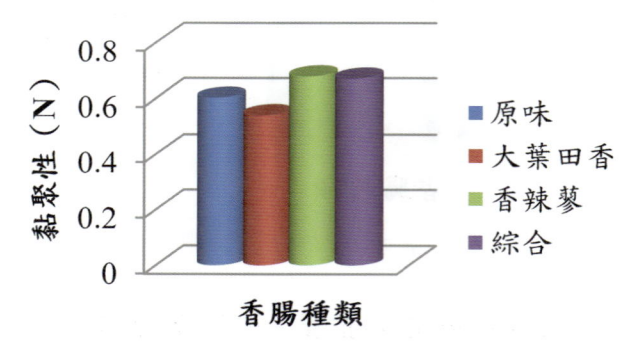

● 圖 42　各種魚肉香腸黏聚性比較圖

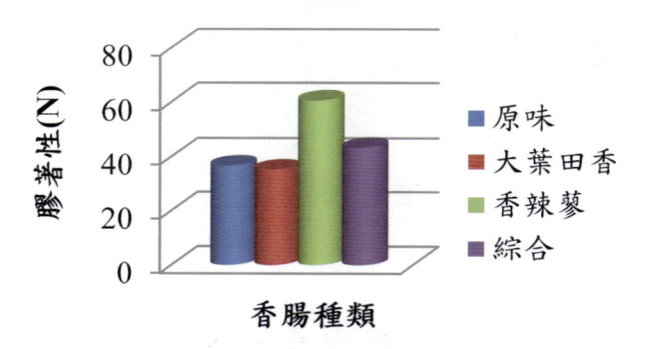

● 圖 43　各種魚肉香腸膠著性比較圖

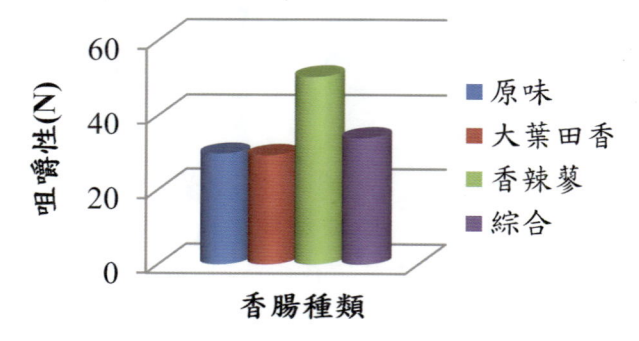

● 圖 44　各種魚肉香腸咀嚼性比較圖

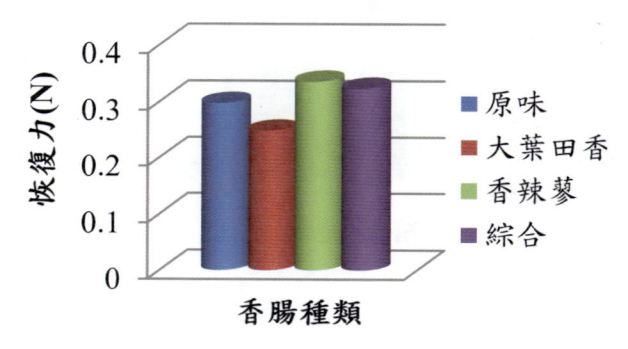

● 圖 45　各種魚肉香腸恢復力比較圖

在截切值試驗方面，保存第一天大葉田香組、香辣蓼組與綜合組之間有顯著差異，其中又以綜合組之截切值為較低（P<0.01）（如圖 37）。香腸保存第三、六天，原味組與香辣蓼組之截切值無顯著差異（P>0.05）。保存第九天，截切值原味組與大葉田香組彼此之間無顯著差異。香辣蓼組與綜合組彼此之間無顯著差異（P<0.05）（如圖 38）。

將魚肉所做成之魚肉香腸以物性測定儀測定其物理性質，結果發現在硬度方面是以香辣蓼香腸最高，以大葉田香魚肉香腸硬度最小（如圖 39）。黏著性上則是以添加香辣蓼水草所做之魚肉香腸所需的力最大，而以添加大葉田香水草之香腸最小（如圖 40）。在彈性、黏聚性、膠著性及咀嚼性、恢復力方面則是以香辣蓼香腸最高，而以添加大葉田香所做之魚肉香腸最小（如圖 41～45）。

經過計算後得知魚肉香腸成分中（如表 5），添加大葉田香水草之魚肉香腸蛋白質含量最高，脂肪則是仍以添加大葉田香水草的魚肉香腸稍高，總熱量則是以添加香辣蓼之香腸的熱量最高。

● 表 5　各種魚肉香腸營養成分表

成分＼魚肉香腸種類	原味（對照組）	大葉田香	香辣蓼	綜合	單位（每 100 公克）
水分	63.29	65.34	61.82	62.69	公克
粗灰分	1.77	1.89	1.81	1.84	公克
蛋白質	17.66	21.56	18.23	20.43	公克
脂肪	10.45	10.94	10.83	10.91	公克
鈉	255.64	273.59	273.61	265.80	毫克
醣類	6.83	0.27	7.3	4.13	公克
熱量	192.02	185.75	199.62	196.46	大卡

肆、討論

一般市售魚肉香腸幾乎都是於豬肉香腸中添加部分魚肉做成的，而本產品未添加豬肉，以全魚肉來製作魚肉香腸，所以揮發性鹽基態氮（VBN）的監控是很重要的。揮發性鹽基態氮（VBN）可以測量蛋白質食品鮮度的品質情形，以微量滴定測定魚肉香腸中揮發性鹽基態氮之含量，測量結果發現各種魚肉香腸 VBN 的數值逐漸上升（如圖 15），但是測至第十二天數值仍在 20mg/100g 以下，與衛生署所公布的修訂食品衛生標準 25mg/100g 比對，仍屬新鮮階段；而本實驗以鱰魚（鬼頭刀）魚肉製作香腸，成形後即以熱水加熱至香腸中心溫度 70°C，因此鮮度保存上是沒問題的。

一般市售含豬肉的魚肉香腸，都會加入防腐劑來抑制微生物生長，本產品則未添加任何防腐劑，但在香腸成形後，即以熱水加熱至香腸中心溫度達70℃，故過程中已將細菌殺死，且添加之水草米酒溶液的米酒，亦含有酒精成分具有殺菌效果，所以從微生物塗抹培養測試來看（如表3），以 10^{-4} 及 10^{-5} 稀釋倍數的培養基來看，幾乎都沒有長出細菌，與 VBN 相對照結果是合理的。

　　本研究研發之香腸的製成率都在90%以上，因為魚肉部分，是事先攪拌完成後再加入水草的米酒溶液混合均勻，水草添加的量不多，因此影響不是很明顯（圖16）。流失率部分，因為魚類水分和蛋白質含量高，其肌原纖維蛋白質較畜禽肉更不穩定且易腐敗變質（吳清熊等，1991），因此，水分及其他物質更易因再加熱後而流出，所以流失率隨著貯藏時間增加而提高（圖17）。

　　香腸經過感官品評結果，由兩組人員所作之品評，保存式的品評結果在前六天四組香腸都沒有差異性，到第九天後才有顯著差異，推論添加水草的香腸具有水草的香味仍受到品評者喜歡，而原味香腸則有可能因為脂肪酸敗味道較不受喜歡（如圖18、19）。喜好性的品評經過96位品評員品評後，各項的品評項目上，除了外觀及色澤外，有添加水草的香腸大都與原味的香腸有顯著的差異（如圖20～27），雷達圖上看出有添加水草的香腸都在外圈，可見比未添加水草的香腸更受到品評員的歡迎（如圖28），喜好性品評方面經 ANOVA 程式分析並透過內部喜好性地圖分析圖（圖29）看出四種魚肉香腸皆獲好評，添加水草的香腸更勝一籌，其中綜合魚肉香腸最受青睞。而且四種產品品評員所呈現的點都距離原點不遠，分數也都很高，表示所有的品評員對本研究研發之魚肉香腸都很喜歡且接受度也很高。從保存喜好性之線性迴歸平均表（如表4）得知，四種魚肉香腸經過九天總體接受性平均分數也都接近7分，表示所有的品評員對本研究研發之魚肉香腸都很喜歡且接受度也很高。

　　鰭魚（鬼頭刀）本身所含水分約76%（食品營養成份資料庫，2013），所以四種香腸所含水分都較多，但是因為有部分魚塊經過烤焙含水量較低，又添加油魚含油量高的魚肉當作乳化用，再加上水煮後又有部分水分流失，因此製成的香腸水分有降低的情形。各組香腸間差異也不顯著（如圖30）。

　　鰭魚（鬼頭刀）本身所含灰分約1.3%（食品營養成份資料庫，2013），而經過添加其他材料，灰分含量大約增加到1.8%左右，但各組也沒有太大的差異（如圖31）

　　原料蛋白質含量約21%左右（食品營養成份資料庫，2013），添加的材料中蛋白質的含量又較低，再加水煮過程中部分水溶性蛋白質的流失，因此將整個成品的蛋白質含量稍微降低些（如圖32）。

　　在脂肪含量比生鮮魚肉增加不少，是因為在材料中添加油魚增加脂肪當作乳化劑使用，所以造成整個香腸成品的脂肪都上升（如圖33）。

　　鈉含量增加主要是因為在材料中添加了食鹽，而油魚及其他材料中亦含有鈉成分，所以比生鮮魚肉的鈉含量增加不少，但是各組香腸間並沒有太大的差異（如圖34）。

一般魚含醣類很少，碳水化合物主要是以糖原形式貯存於肌肉中（周韞珍，2014）。經計算後各組香腸都含有少許的醣類（如圖35）與對照組原味香腸差異不大，但是熱量也在190大卡左右，除了魚肉本身少許的熱量外，添加了含脂肪高的油魚及米酒也都是提供熱量的來源，比原來生鮮魚肉約107大卡（食品營養成份資料庫，2013）增加約90大卡的熱量（圖36）。

　　香腸截切試驗中，截切數值越高表示質地越紮實，數值越小則表示質地越鬆軟（王彥翔，2011）。紮實與否除了與操作過程有關係之外，香腸中所含水分多寡亦影響到截切數值，其中添加大葉田香組的香腸所含水分最高（如圖30、圖37、38），物性測定上，以香辣蓼香腸都是皆大，而大葉田香香腸都比較小，推論可能與其所含水分最多有關係（如圖39～45）。

　　計算其成分的結果，加入水草所做成之魚肉香腸其營養成分表（如表5）所示，加入鱰魚（鬼頭刀）肉之魚肉香腸蛋白質含量與市售豬肉添加魚肉香腸差不多；脂肪比市售豬肉添加魚肉香腸低14公克／每100公克左右；而鈉含量比市售少了將近400mg左右；灰分而言，鱰魚（鬼頭刀）肉之魚肉香腸比市售少約1克；熱量計算的結果，則發現加入魚肉的魚肉香腸又比市售豬肉添加魚肉香腸熱量少了將近135大卡左右（食品營養成份資料庫，2013）。主要是市售香腸都加入豬肉及豬油製成，而本產品是不加豬肉的。

　　綜觀而看，添加水草的魚肉香腸，以營養角度來看，營養高、熱量少且不添加防腐劑，是較為符合現代人追求養生、美味與食品安全之觀念。

　　如何將鱰魚（鬼頭刀）等傳統產業，結合各種水產動植物，利用加工或是發展健康食品，讓鱰魚（鬼頭刀）產業或相關水生植物能更提高其經濟價值，讓水產品發揮潛力，開創新的產業契機，並提高水產品的附加價值是我們未來繼續努力的方向。

伍、結論

一、以鱰魚（鬼頭刀）魚肉製作全魚肉香腸中是可行且受歡迎的。

二、利用可食性水草加入魚肉香腸中經過九天，其揮發性鹽基態氮仍低於25mg/100g，符合食品衛生標準，仍屬新鮮階段。

三、鱰魚（鬼頭刀）添加水草做成的魚肉香腸中經過九天，細菌幾乎未長出，表示仍可食用。

四、以鱰魚（鬼頭刀）添加水草做成的魚肉香腸於4℃狀態保存，可以保存十二天左右。

五、以鱰魚（鬼頭刀）添加水草做成的魚肉香腸中可以提高其營養價值。

六、可食性水草添加於魚肉香腸中可提高消費者喜愛性。

七、將鱰魚（鬼頭刀）肉做成鱰魚（鬼頭刀）魚肉香腸是值得推廣且具有提高鱰魚（鬼頭刀）經濟價值之潛力。

陸、參考資料及其他

一、王美苓、周政輝、晏文潔（2010）。食品分析實驗。臺中市。華格那企業有限公司。

二、王彥翔。2011。添加鳳梨心對中式香腸品質特性之影響。碩士論文。國立宜蘭大學食品科學系。宜蘭縣，臺灣。

三、陳彩雲、江春梅（2007），食品微生物實習。臺南市。臺灣復文興業股份有限公司。

四、莊健隆、林崇興、洪平、許福來（1992），魚類營養及飼料學概要實習（全）。臺北市。華香園出版社。

五、吳清熊、陳明傳、陳豊原、陳麗瑞、劉炎山（1991），水產化學。臺北市。華香園出版社。

六、鄭雅云。2007。食品檢驗分析技術士技能檢定完全寶典【乙級】，第 59～66 頁。文野出版社，臺中市。

七、周韜珍。2014。和訊讀書。民國 103 年 2 月 13 日取自：
http://data.book.hexun.com.tw/chapter-364-6-6.shtmL

八、行政院衛生署食品藥物管理局食品藥物消費者知識服務網 - 食品營養成份資料庫 - 鱰魚（鬼頭刀、飛虎）。民國 103 年 2 月 26 日，取自：
http://consumer.fda.gov.tw/Food/detail/TFNDD.aspx?f=0&pid=1114a

九、中華百科。民國 103 年 2 月 26 日，取自：
http://wikiyou.tw/%E9%A6%99%E8%85%B8/

十、臺灣大百科全書。2011。民國 103 年 2 月 26 日，取自：
http://taiwanpedia.culture.tw/web/content?ID=25246&Keyword=%E6%B0%B4%E7%94%B0

十一、臺灣魚類資料庫。2014。民國 103 年 2 月 26 日，取自：
http://fishdb.sinica.edu.tw

十二、百度百科。2014。民國 103 年 2 月 26 日，取自：
http://baike.baidu.com/view/1073516.htm

十三、典藏臺灣。2014。
http://catalog.digitalarchives.tw/item/00/31/00/81.htmL

十四、湧升海洋部落格。2009。民國 103 年 2 月 26 日，取自：
https://oceaninc.pixnet.net/blog/post/19442114

十五、維基百科。2014。民國 103 年 2 月 26 日，取自：
http://zh.wikipedia.org/wiki/%E9%A6%99%E8%85%B8

十六、CSY 植物園。民國 103 年 2 月 26 日，取自：
https://showcsy.pixnet.net/blog/post/33389393

創意組

龍「鳳」「橙」祥～
以鳳梨及柳橙果皮製作可裁式調味紙取代傳統速食麵調味包之可行性研究

作者群
劉穎、謝馨慧、李綉閔
指導教師
謝文斌
關鍵詞：鳳梨果皮、調味紙、速食麵調味包

目錄

目錄	2-4.ii
圖目錄	2-4.iii
表目錄	2-4.iv
摘要	2-4.1
壹、研究動機	2-4.1
貳、研究目的	2-4.3
參、研究材料及設備	2-4.3
一、研究材料	2-4.3
二、研究設備及器材	2-4.4
肆、研究過程與方法	2-4.5
一、文獻整理	2-4.5
二、研究架構	2-4.6
三、實驗流程及方法	2-4.7
伍、研究結果與討論	2-4.15
一、鳳梨及柳橙果皮紙最適化生產條件之實驗結果	2-4.15
二、市售速食麵含鈉鹽量抽樣調查	2-4.18
三、剪裁不同面積調味紙作為操縱變因	2-4.20
四、不同鹽量鳳梨皮調味紙作為操縱變因	2-4.22
五、不同廠商泡麵剪裁不同面積鳳梨調味紙為操縱變因	2-4.23
六、不同廠商泡麵鹽量鳳梨調味紙為操縱變因	2-4.24
七、對照組、鳳梨皮調味紙與柳橙皮調味紙鹽度比較	2-4.25
八、以不同面積鳳梨皮調味紙進行消費者適合度感官品評實驗設計	2-4.25
陸、結論	2-4.27
參考資料	2-4.27

圖目錄

圖一、市售速食麵營養標示中鈉鹽含量示意圖	2-4.2
圖二、臺灣鳳梨園中盛產鳳梨果實	2-4.2
圖三、「果皮調味紙」構想圖	2-4.2
圖四、傳統造紙流程示意圖	2-4.7
圖五、傳統抄紙法（左圖）、傾注成型法（中圖）、塗抹成型法（右圖）	2-4.8
圖六、以厚度計測定果皮紙示意圖	2-4.9
圖七、以電子秤測定果皮紙示意圖	2-4.9
圖八、市售速食麵抽樣調查示意圖	2-4.12
圖九、鳳梨果皮調味紙裁切示意圖	2-4.12
圖十、柳橙果皮調味紙裁切示意圖	2-4.13
圖十一、調味紙裁紙示意圖	2-4.13
圖十二、泡麵示意圖	2-4.13
圖十三、本校感官品評室佈置圖	2-4.15
圖十四、鳳梨及柳橙果皮所製成果皮紙	2-4.16
圖十五、草莓蒂所製成之紙張	2-4.16
圖十六、傳統抄紙法之成品	2-4.16
圖十七、傾注成型法之成品	2-4.16
圖十八、塗抹成型法之成品	2-4.16
圖十九、鳳梨及柳橙果皮漿以不同乾燥溫度及時間所得產品示意圖	2-4.17
圖二十、鳳梨及柳橙果皮紙製作流程示意圖	2-4.18
圖二十一、市售泡麵鈉鹽量示意圖	2-4.18
圖二十二、剪裁不同面積鳳梨果皮調味紙進行消費者接受性感官品評統計圖	2-4.20
圖二十三、剪裁不同面積柳橙果皮調味紙進行消費者接受性感官品評評分統計圖	2-4.21
圖二十四、不同鹽量鳳梨果皮調味紙進行消費者接受性感官品評評分統計圖	2-4.22
圖二十五、不同廠商不同面積鳳梨果皮調味紙進行消費者接受性感官品評評分統計圖	2-4.23
圖二十六、不同廠商不同鹽量鳳梨果皮調味紙進行消費者接受性感官品評評分統計圖	2-4.24
圖二十七、不同鹽量鳳梨果皮調味紙進行消費者接受性感官品評評分統計圖	2-4.25
圖二十八、鳳梨調味紙宣傳海報	2-4.26
圖二十九、新鳳梨果皮調味紙速食麵	2-4.26
圖三十、傳統調味包速食麵	2-4.26

表目錄

表一、實驗過程（一）	2-4.10
表二、實驗過程（二）：粗蛋白及灰分測定	2-4.11
表三、平衡式完全區集實驗法樣品排列及供應表	2-4.15
表四、鳳梨果皮漿製成果皮紙厚度及重量統計表（三重複）	2-4.16
表五、鳳梨果皮漿製成果皮紙所含膳食纖維統計表（二重複）	2-4.17
表六、調查市售速食麵所含之鈉鹽含量統計表	2-4.19
表七、以鹽度計測量鹽度統計表（三重複）（一）	2-4.21
表八、以鹽度計測量鹽度統計表（三重複）（二）	2-4.22
表九、以鹽度計測量鹽度統計表（三重複）（三）	2-4.24
表十、以鹽度計測量鹽度統計總表	2-4.25

🍍 摘要

速食麵讓現代人的飲食變方便，但多數消費者會習慣將調味包全部倒入，用剩之調味料的塑膠包裝也易造成環境汙染，本實驗以果皮研發出「果皮調味紙」，取代速食麵調味包，並能隨心所欲控制添加量，更能攝取到膳食纖維，以彌補速食麵缺乏纖維、營養不均衡之詬病。結果發現若以剪裁 1/3 張或 2/3 份量之鳳梨果皮調味紙取代速食麵傳統調味包，進行消費者接受性感官品評時，無論在色澤、鹹味、口感及整體接受性之評分最高，與對照組及其他實驗組有顯著差異存在（$p<0.05$），經測定最為消費者接受鹽度約為 1.0～1.1%。本鳳梨果皮調味紙所含之膳食纖維達 59.23%，每張鳳梨果皮調味紙具有膳食纖維 1.33g，將可提供國人每天 7% 膳食纖維攝取。柳橙皮調味紙因具有精油氣味易影響速食麵原有風味，故不適合取代速食麵調味包。

壹 研究動機

在食品的近代史中，速食麵的誕生是二十世紀裡讓人們飲食變方便的重要發明。只需撕開包裝，加入調味包，再將熱水沖入 3 分鐘即可食用，非常方便！根據「世界泡麵協會」（World Instant Noodles Association）統計，2012 年全球對速食麵總需求量已達 1014 億包，前三名分別為中國、印尼及日本，臺灣也達 10.1 億包排名第 14 名。各家廠商為了迎合消費者，無不在調味料調配上加料增量，使口味更香、更濃且更夠味（圖一），許多產品也接近甚至超過衛生署所公告國人每日鈉鹽建議攝取量 2,600 毫克，因此引發我們的好奇心，在香郁美味背後是否也已吃下更多鈉鹽負擔呢？

多數消費者食用速食麵時，習慣將調味包全部倒入，若想要斟酌減量又不易控制，在探討此問題的同時，有一天我們突然觀察到，在滿街現調飲料店中，都有依不同消費者喜好而訂定從正常甜、七分甜、五分甜等甜味參考表，因此，我們突發奇想調味包是否可以融入此觀念，達到輕鬆控制添加調味料之方法！

目前市售速食麵調味包多用塑膠或鋁箔與塑膠融合積層材料製成，且用完的塑膠包裝也易造成環境汙染！我們思索是否可改使用其他環保素材來取代呢？鳳梨、柳橙是臺灣常見的水果，近年尤其在鳳梨酥風行下，臺灣鳳梨栽種面積不斷增加（圖二），削剩的果皮多丟棄無用，因此我們想將此水果副產物為原料，結合可調式鹹味概念，以期能隨心所欲控制調味料之添加量，研發兼具健康、環保又實用的「果皮調味紙」（圖三），將能取代傳統速食麵調味包，更能攝取到天然豐富的膳食纖維，以扭轉傳統速食麵高鹽、高油及低纖維的詬病，讓消費者能吃得更健康、無負擔，並充分善用農園原副產物，減少塑膠包材的環境汙染。

❋ 圖一、市售速食麵營養標示中鈉鹽含量示意圖

❋ 圖二、臺灣鳳梨園中盛產鳳梨果實

❋ 圖三、「果皮調味紙」構想圖

貳 研究目的

一、以不同果皮為原料進行製紙之可行性研究，找出最適化水果皮紙製造流程及條件。

二、嘗試將速食麵調味料加入水果皮紙漿，製成創新水果皮調味紙。

三、分別以可裁式調味紙及不同鹽度的調味紙，進行消費者接受性感官品評實驗，經由統計分析找出最佳鹽度速食麵調味紙，可提供消費者兼具美味與健康的雙贏享受。

參 研究材料及設備

一、研究材料

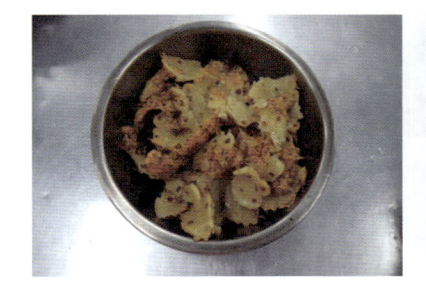

鳳梨果皮（蜜鳳梨）

柳丁果皮

草莓蒂

速食麵 A（維力濃鹽豚骨湯麵）

速食麵 B（統一阿 Q 生猛海鮮麵）

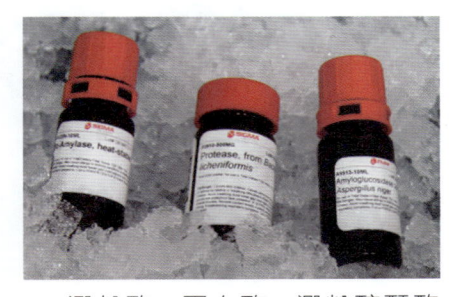

α-澱粉酶、蛋白酶、澱粉醣酐酶（sigma 公司）

二、研究設備及器材

細切乳化機（MANCA 公司）

壓力鍋（牛頭牌公司）

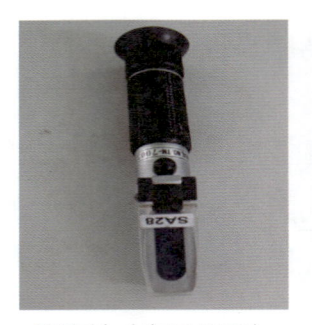

鹽度計（宏展公司）

離心機（KUBOTA 公司）

厚度計（宏展公司）

烤箱（陞上公司）

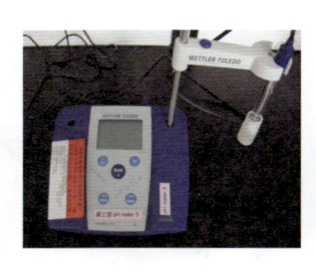

酸鹼度計（METTLER 公司）

烘箱（今日儀器）

灰化爐（天時儀器）

凱式氮粗蛋白測定器（今日儀器）

電子秤（芃興公司）

瓦斯爐（義和行）

粗蛋白自動分解槽（今日儀器）

恆溫振盪培養機（天時儀器）

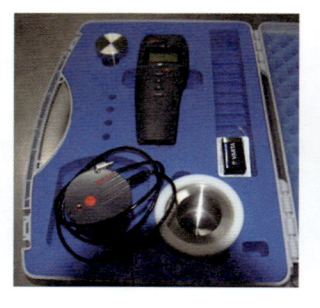

水活性測定儀（天時儀器）

壓模（義和行）

肆 研究過程與方法

一、文獻整理

（一）鳳梨的介紹 (2)(3)(4)

鳳梨原產於南洋諸島，主要產地在彰化縣、南投縣、臺南縣、高雄縣，年產量 15 萬公噸，盛產時可達 38 萬噸。鳳梨果實含有豐富的營養成分，所含醣類以蔗糖最多，約占 70～80%，並含有轉化糖、葡萄糖、果糖及甘露糖醇等糖，在維生素含量最多的為維生素 A，果實所含的有機酸則以檸檬酸居多。

（二）膳食纖維的介紹 (2)(3)(4)

所有水果均有膳食纖維，並富含水分，能刺激腸胃功能，有促進消化及增進食慾之功效；其中柳橙、鳳梨，所含的膳食纖維更為豐富。我國行政院衛生署建議國人一天最少需攝取 20～35 公克的膳食纖維。膳食纖維可依在水中溶解程度分為可溶性與不可溶性纖維兩種：

1. 可溶性纖維：可幫助膽固醇代謝，降低血液中的膽固醇含量。
2. 不可溶性纖維：促進腸道蠕動、預防便秘，還可以減緩葡萄糖與膽固醇的吸收。

（三）速食麵介紹 (5)

速食麵即臺灣所俗稱的「泡麵」，在中國大陸稱為「方便麵」，在日本稱作「即席麵」，香港則稱之為「公仔麵」。依據我國國家標準 CNS 規定，所謂速食麵係指以麵粉為原料，添加食鹽及麵糰改良劑，且經油炸處理或其他乾燥方式所製成的麵條，並附加調味料或佐料，可直接乾食或經開水沖泡 3～5 分鐘即可食用之包裝麵食產品。泡麵之調味粉包讓口味可以更多元及增加口感。

（四）鈉鹽的介紹 (1)

食鹽是日常飲食中最常見的調味品之一，可當作調味料、食品上的防腐劑或者增加蔬菜的脆度，但攝取過多鈉鹽食品會引起高血壓、動脈硬化、冠狀動脈心臟病及中風等疾病發生。衛生署建議成人每日鈉總攝取量不得超過 2,400 毫克（即食鹽 6 公克）。

（五）感官品評之介紹 (6)(7)

根據美國食品科技學會對感官品評所下定義：以科學的方法藉著人的視、嗅、嚐、觸及聽等感覺來分析食品性質的學科。並藉心理、生理、物理、化學及統計等運用，使品評結果精確性提高。在食品工業中，感官品評占有相當重要的地位，因為任何食品工業所產生的產品，最終是給人食用的，並且到目前為止沒有一項儀器或檢驗方法可以取代人的感官反應，因此感官品評是益加重要的。但不可否認，在感官品評中由人品評所獲得的數據是主觀的，若配合科學的實驗設計，再加上統計分析，將賦予數據客觀性，故在完整的感官品評設計中，其方法是客觀的，數據不但客觀又兼具主觀性，也是儀器無法取代的。感官品評法可區分為實驗分析型及消費者型實驗：

1. **實驗分析型實驗**：所需的品評員必須經過訓練，視其為一儀器，專門來分析樣品之間是否有差異性存在，並能指出此等差異的本質及差異的程度。
2. **消費者型實驗**：所需的品評員是沒有經過訓練的，以接受性實驗為主。此實驗是由品評員本身之喜好，來決定對某一樣品或產品之喜好程度。

   Dot（1986）曾論及可能影響消費者對食品的風味及喜好性的因子，分別為遺傳因子、生理因子及心理因子三大項。在遺傳因子上主要包含種族、性別等方面；生理因子則包括對熱量、營養及健康上的需求；而心理因子可再區分成環境上和個人上之影響因素。由此可知一個產品在消費者市場上是否可以為當地消費者所喜好、接受並購買，得視此產品之風味是否可以迎合消費者喜好，因此可藉由消費者實驗來了解消費者對此產品反應、喜好程度，以作為產品在配方修正的重要指標。

二、研究架構

1. **鳳梨果皮紙及柳橙果皮紙最適化生產條件之實驗設計**
   (1) 以不同果皮為操縱變因：鳳梨皮、柳橙皮、草莓蒂
   (2) 以不同抄紙方法為操縱變因：傳統、傾倒及塗抹成型法
   (3) 以不同重量果皮漿為操縱變因：10 克～50 克
   (4) 以不同乾燥溫度為操縱變因：70℃、100℃、130℃
   (5) 以不同乾燥時間為操縱變因：30 分、40 分、50 分
   (6) 膳食纖維測定。

2. **市售泡麵鈉鹽抽樣調查**

3. **「鳳梨及柳橙皮調味紙」實驗設計**
   (1) 不同鹽量鳳梨皮及柳橙皮調味紙製備。
   (2) 剪裁不同面積之鳳梨皮及柳橙皮調味紙製備。
   (3) 進行水活性、水分含量之測定。

4. **以鳳梨及柳橙果皮調味紙取代速食麵傳統調味包進行消費者感官品評實驗設計**
   (1) 以剪裁 1/3 張、2/3 張及 1 張等不同面積之鳳梨或柳橙皮調味紙作為操縱變因，進行消費者接受性感官品評。
   (2) 以添加 1/3 包、2/3 包及 1 包鹽量鳳梨皮調味紙作為操縱變因，進行消費者接受性感官品評。
   (3) 以不同廠牌泡麵製成調味紙作為操縱變因，進行消費者接受性感官品評。
   (4) 以剪裁 1/3 張、2/3 張及 1 張等不同面積之鳳梨調味紙作為操縱變因，進行消費者適合度感官品評。
   (5) 進行鹽度測定。

三、實驗流程及方法

（一）鳳梨及柳橙果皮紙最適化生產之實驗設計

本實驗參考南投縣廣興紙寮傳統造紙流程（如圖四），進行鳳梨及柳橙果皮紙之試作，並以**果皮種類**、**抄紙方法**、**果皮漿量**、**烤焙溫度**及**時間**分別作為操縱變因進行探討。

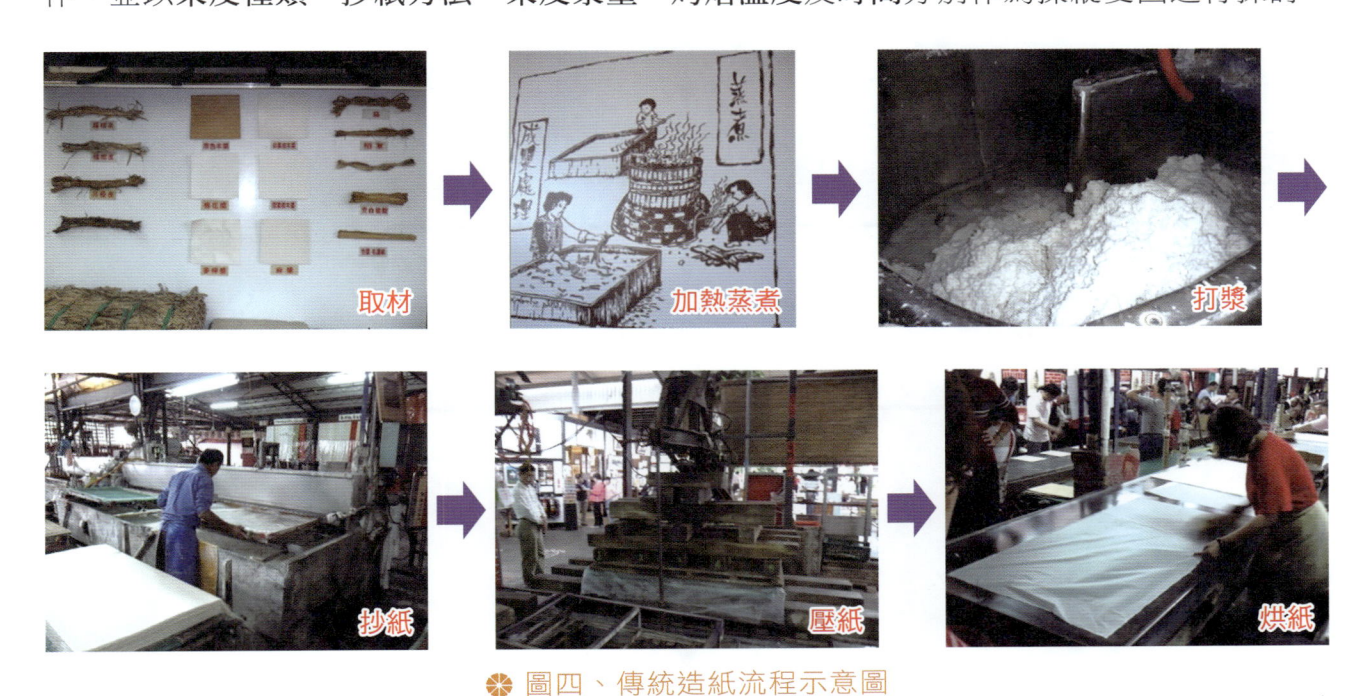

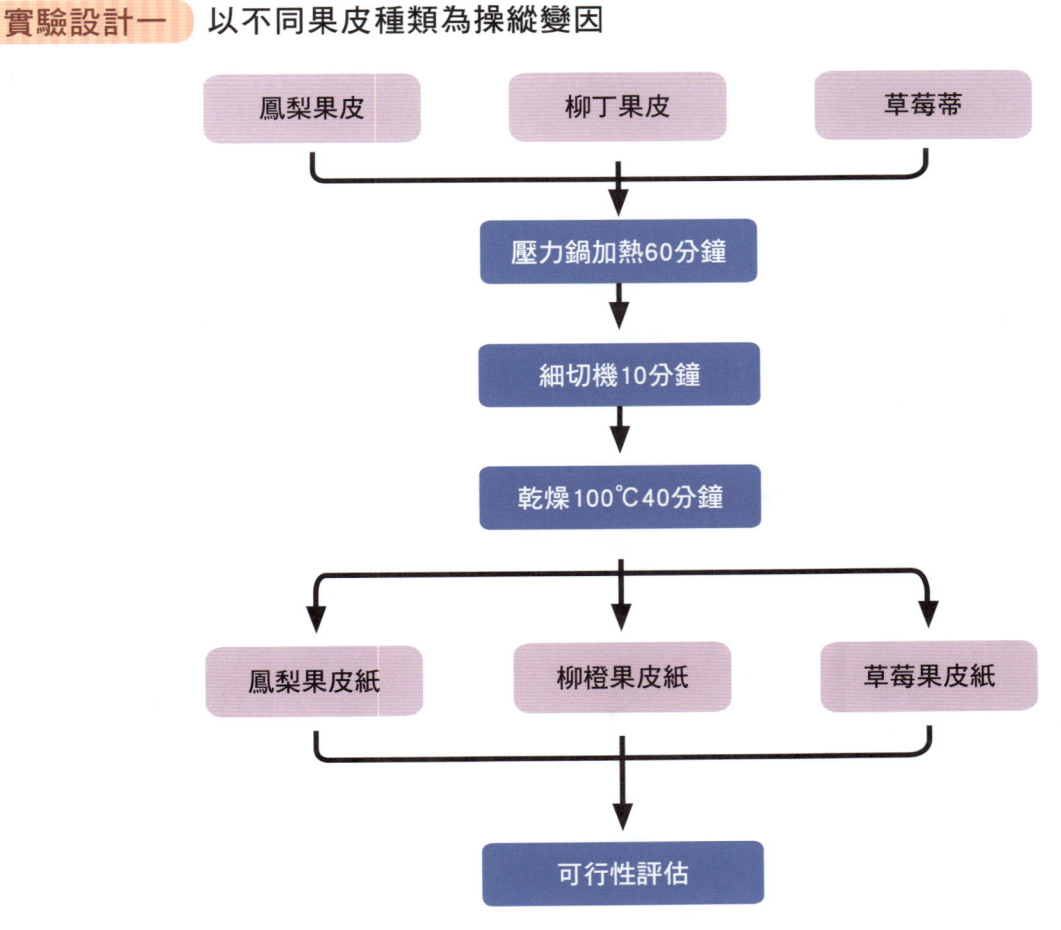

取材 → 加熱蒸煮 → 打漿 → 抄紙 → 壓紙 → 烘紙

❈ 圖四、傳統造紙流程示意圖

實驗設計一 以不同果皮種類為操縱變因

鳳梨果皮　　柳丁果皮　　草莓蒂
↓
壓力鍋加熱60分鐘
↓
細切機10分鐘
↓
乾燥100°C 40分鐘
↓
鳳梨果皮紙　　柳橙果皮紙　　草莓果皮紙
↓
可行性評估

實驗設計二　以不同抄紙方法為操縱變因

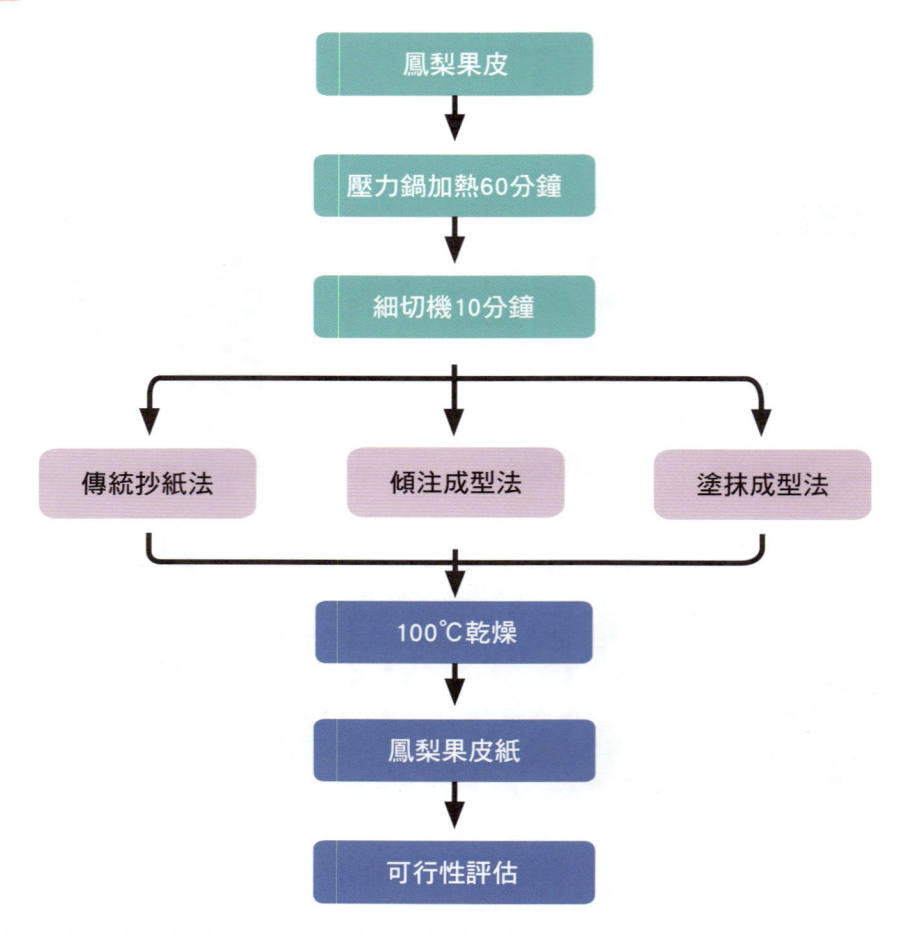

```
鳳梨果皮
  ↓
壓力鍋加熱60分鐘
  ↓
細切機10分鐘
  ↓
┌─────────┼─────────┐
傳統抄紙法  傾注成型法  塗抹成型法
└─────────┼─────────┘
  ↓
100℃乾燥
  ↓
鳳梨果皮紙
  ↓
可行性評估
```

1. 傳統抄紙法：此法乃模擬廣興紙寮的傳統抄紙法，先將果皮打漿後，以果皮漿：水＝1：2比例，調配成稀釋液後，以孔徑200mash圓形篩網，浸入果皮漿稀釋液，抄果皮漿至篩網，待果皮漿上水分瀝乾後，再放入100℃烤箱乾燥而成。

2. 傾注成型法：此法乃將果皮漿：水＝1：2比例，調配成稀釋液後，定量傾注倒入烤盤成薄膜，再放入100℃烤箱乾燥而成。

3. 塗抹成型法：考量前二法均需大量製備果皮漿原料，我們利用烘焙課程製作餅乾經驗，發展出新的抄紙成型方法，此法先將果皮打漿後，定量後倒入直徑約9公分圓形模型中，以湯匙壓平後，再放入100℃烤箱乾燥而成。

❋ 圖五、傳統抄紙法（左圖）、傾注成型法（中圖）、塗抹成型法（右圖）

實驗設計三 以不同重量果皮漿為操縱變因

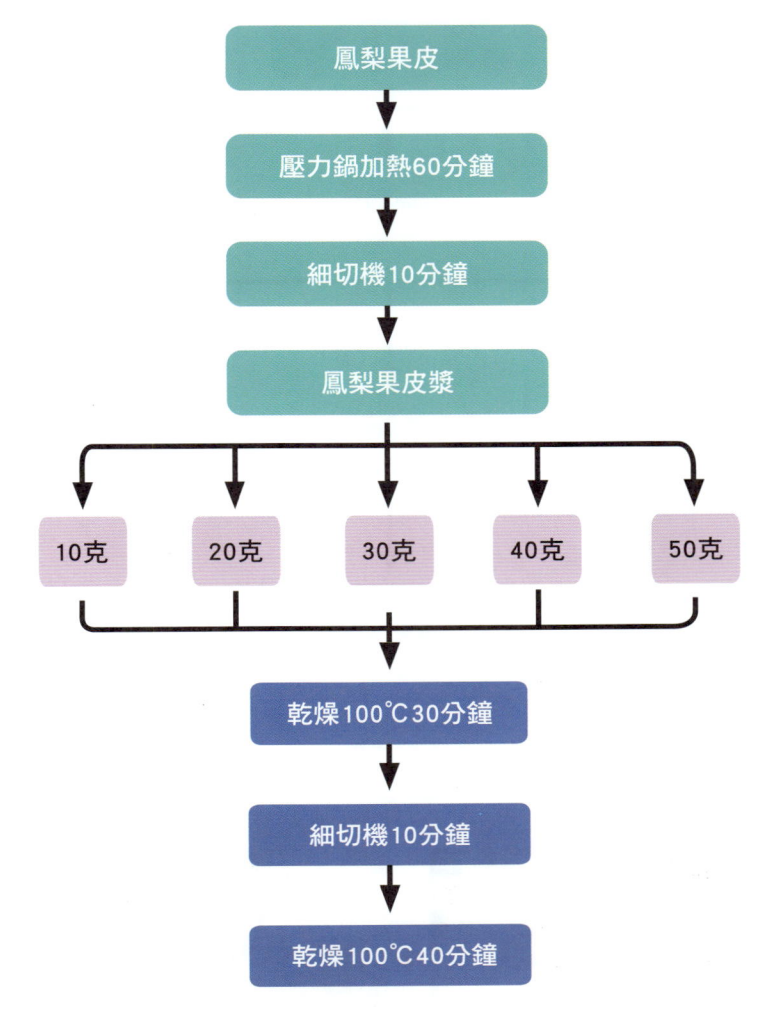

```
鳳梨果皮
   ↓
壓力鍋加熱60分鐘
   ↓
細切機10分鐘
   ↓
鳳梨果皮漿
   ↓
10克  20克  30克  40克  50克
   ↓
乾燥100°C 30分鐘
   ↓
細切機10分鐘
   ↓
乾燥100°C 40分鐘
```

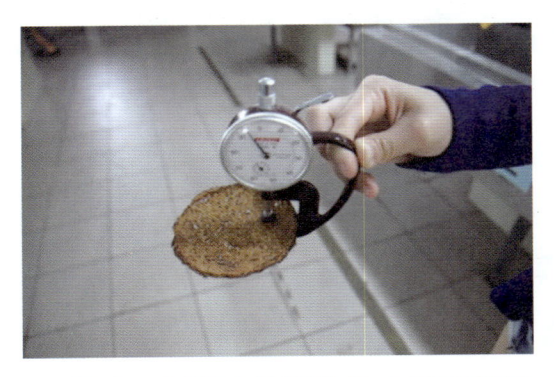

❁ 圖六、以厚度計測定果皮紙示意圖 　　❁ 圖七、以電子秤測定果皮紙示意圖

2-4.9

食品應用創意專題實作

實驗設計四 以不同的乾燥溫度及時間作為操縱變因

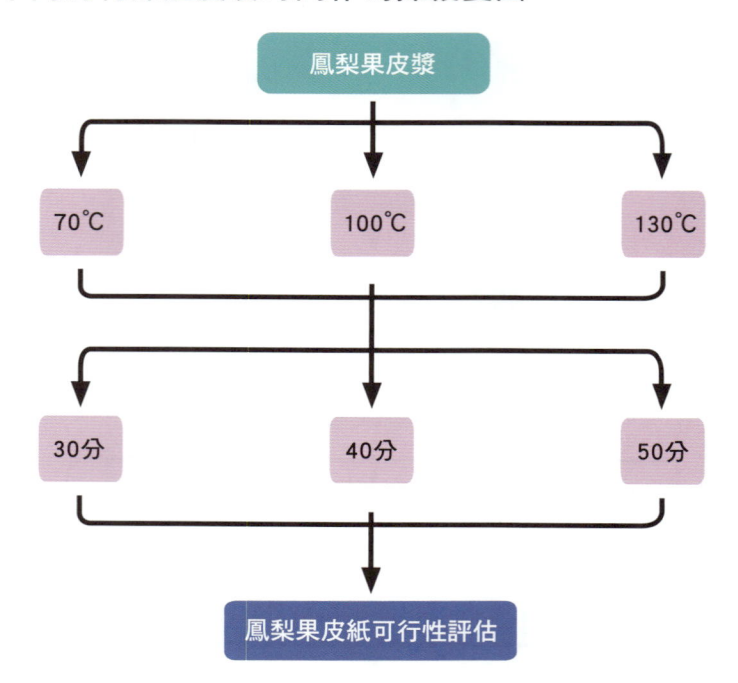

```
鳳梨果皮漿
    ├── 70℃
    ├── 100℃
    └── 130℃
         ├── 30分
         ├── 40分
         └── 50分
              ↓
         鳳梨果皮紙可行性評估
```

實驗設計五 膳食纖維含量分析方法

採用 Total Dietary Fiber Assay Kit 分析法。

❋ 表一、實驗過程（一）

1 樣品破碎 → **2** 秤取 1 公克 → **3** 加入 40ml 0.05M 的緩衝液（調整 pH7.4）→ **4** 加入 50μl 的 α-amylase 溶液 →

5 調整 pH 值 6.0 → **6** 95℃水浴 30 分鐘 → **7** 調整 pH7.5 後加入 100μL 的 protease 溶液 → **8** 60℃水浴 30 分鐘 →

9 調整 pH4.6 後加入 200μL amyloglucosidase → **10** 60℃水浴 30 分鐘 → **11** 3000xg 離心 10 分鐘取上清液 → **12** 上清液加入 4 倍體積之 95% 酒精

2-4.10

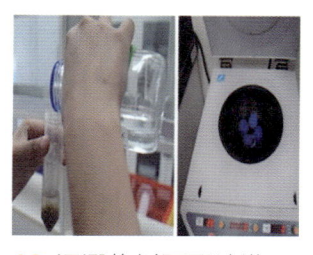

13 沉澱物以丙酮洗滌 3000xg 離心 10 分鐘

14 上清液隔天以 3000xg 離心 10 分鐘取沉澱物

15 70℃烘乾

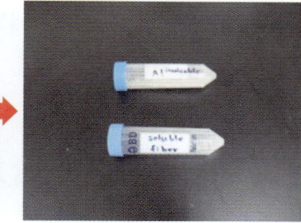

16 成品

❈ 表二、實驗過程（二）：粗蛋白及灰分測定

1 樣品秤重

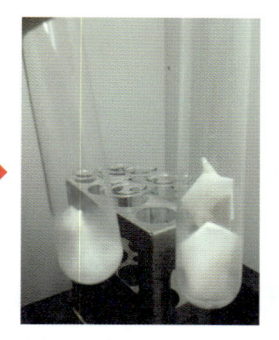

2 放入分解瓶

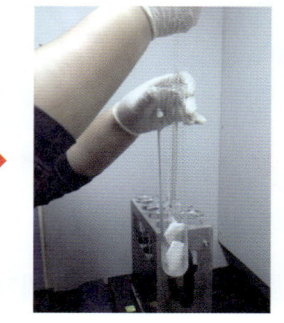

3 加入濃硫酸

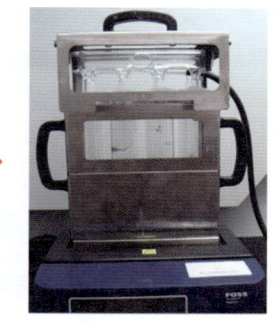

4 加熱分解

5 分解液

6 配製 H_3BO_3 接收液

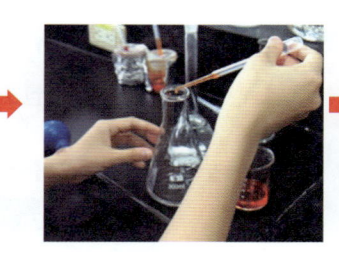

7 加入指示劑

8 分解液加入蒸餾水

9 粗蛋白蒸餾

10 滴定

11 滴定終點

12 樣品灰化

2-4.11

（二）市售速食麵含鈉鹽量抽樣調查

在進行實驗之前，為了瞭解市售速食麵所含之鈉鹽含量，我們調查各通路所販售各品牌速食麵，包括統一、維力、味丹、味王、康師傅等主要廠商，分別記錄各速食麵外包裝上營養標示中所含之鈉鹽含量（如圖八）。

❋ 圖八、市售速食麵抽樣調查示意圖

（三）「鳳梨及柳橙皮調味紙」實驗設計

實驗設計一 不同鹽量鳳梨皮及柳橙皮調味紙製備

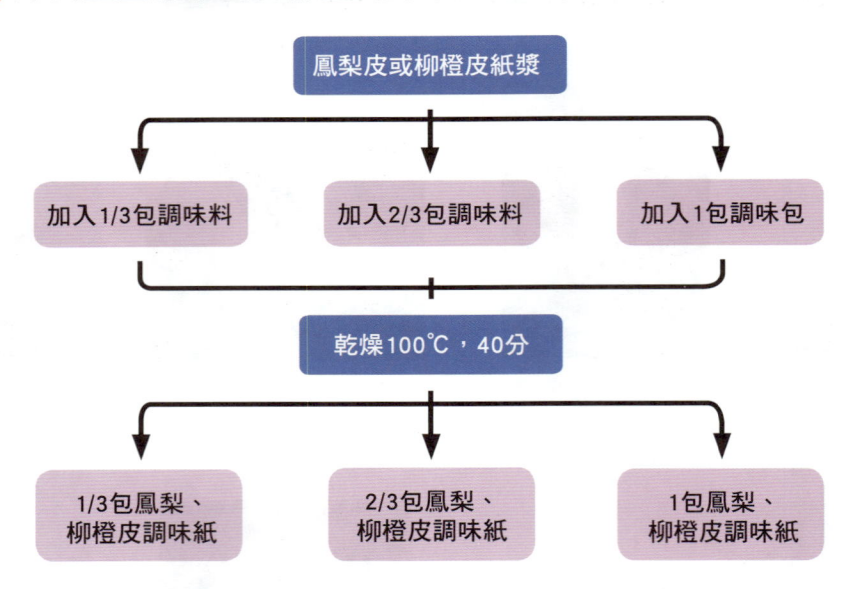

```
鳳梨皮或柳橙皮紙漿
    ↓              ↓              ↓
加入1/3包調味料   加入2/3包調味料   加入1包調味包
    ↓              ↓              ↓
          乾燥100℃，40分
    ↓              ↓              ↓
1/3包鳳梨、       2/3包鳳梨、      1包鳳梨、
柳橙皮調味紙      柳橙皮調味紙     柳橙皮調味紙
```

實驗設計二 剪裁不同面積之鳳梨皮及柳橙皮調味紙

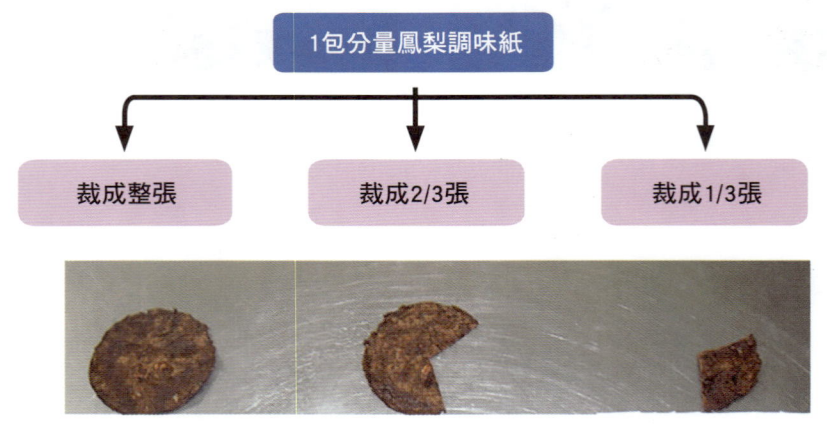

```
       1包分量鳳梨調味紙
    ↓           ↓           ↓
 裁成整張    裁成2/3張    裁成1/3張
```

❋ 圖九、鳳梨果皮調味紙裁切示意圖

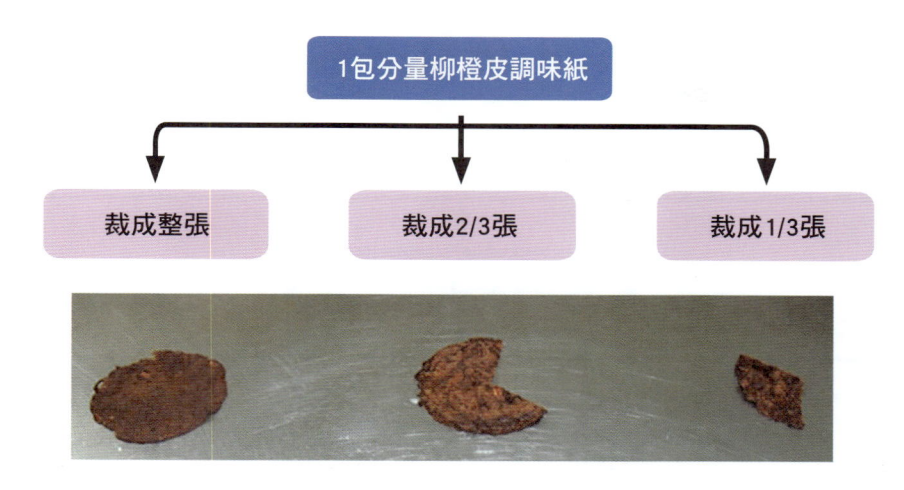

```
         ┌─────────────────────────┐
         │   1包分量柳橙皮調味紙    │
         └────────────┬────────────┘
       ┌──────────────┼──────────────┐
       ▼              ▼              ▼
  ┌─────────┐   ┌──────────┐   ┌──────────┐
  │ 裁成整張 │   │裁成2/3張 │   │裁成1/3張 │
  └─────────┘   └──────────┘   └──────────┘
```

❋ 圖十、柳橙果皮調味紙裁切示意圖

（四）以「鳳梨及柳橙皮調味紙」取代速食麵傳統調味包，進行消費者接受性感官品評實驗設計

實驗設計一 剪裁不同面積鳳梨或柳橙皮調味紙作為操縱變因

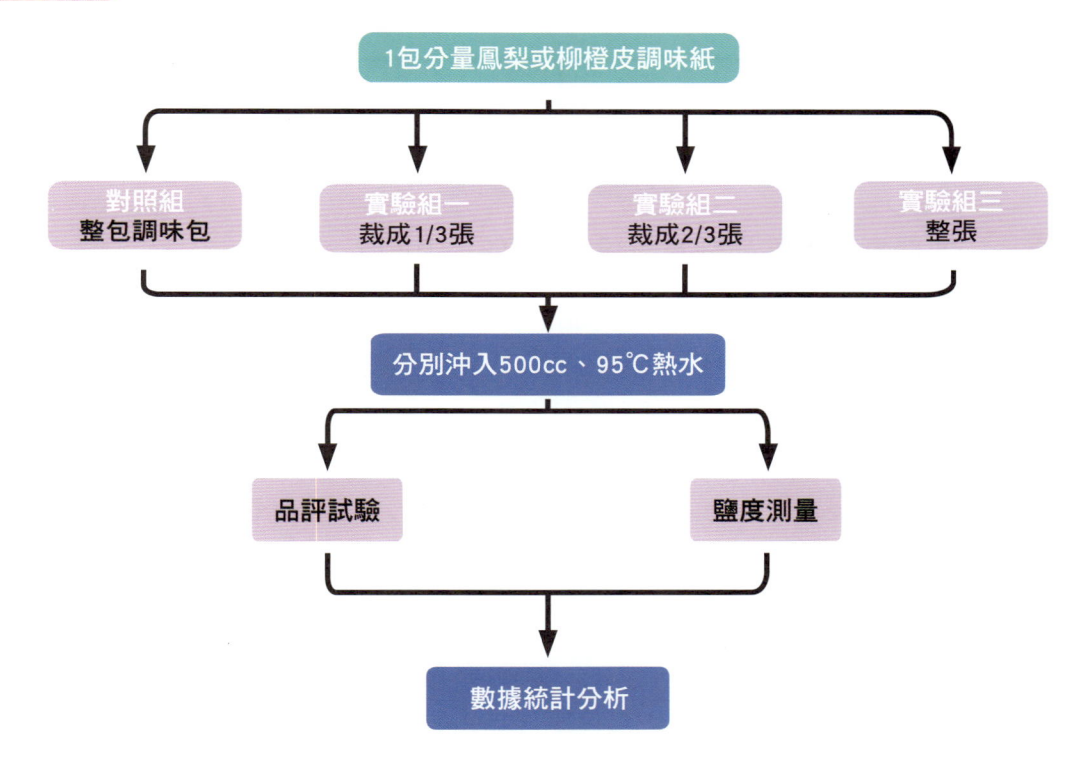

```
              ┌──────────────────────────┐
              │ 1包分量鳳梨或柳橙皮調味紙 │
              └──────────────┬───────────┘
        ┌──────────┬─────────┼─────────┬──────────┐
        ▼          ▼         ▼         ▼          ▼
   ┌────────┐ ┌────────┐ ┌────────┐ ┌────────┐
   │ 對照組 │ │實驗組一│ │實驗組二│ │實驗組三│
   │整包調味│ │裁成1/3 │ │裁成2/3 │ │ 整張   │
   │   包   │ │   張   │ │   張   │ │        │
   └────┬───┘ └────┬───┘ └────┬───┘ └────┬───┘
        └──────────┴────┬─────┴──────────┘
                        ▼
              ┌──────────────────────┐
              │ 分別沖入500cc、95℃熱水│
              └──────────┬───────────┘
                ┌────────┴────────┐
                ▼                 ▼
          ┌──────────┐      ┌──────────┐
          │ 品評試驗 │      │ 鹽度測量 │
          └────┬─────┘      └─────┬────┘
               └─────────┬────────┘
                         ▼
                 ┌──────────────┐
                 │ 數據統計分析 │
                 └──────────────┘
```

❋ 圖十一、調味紙裁紙示意圖　　　❋ 圖十二、泡麵示意圖

實驗設計二 不同鹽量鳳梨果皮調味紙作為操縱變因

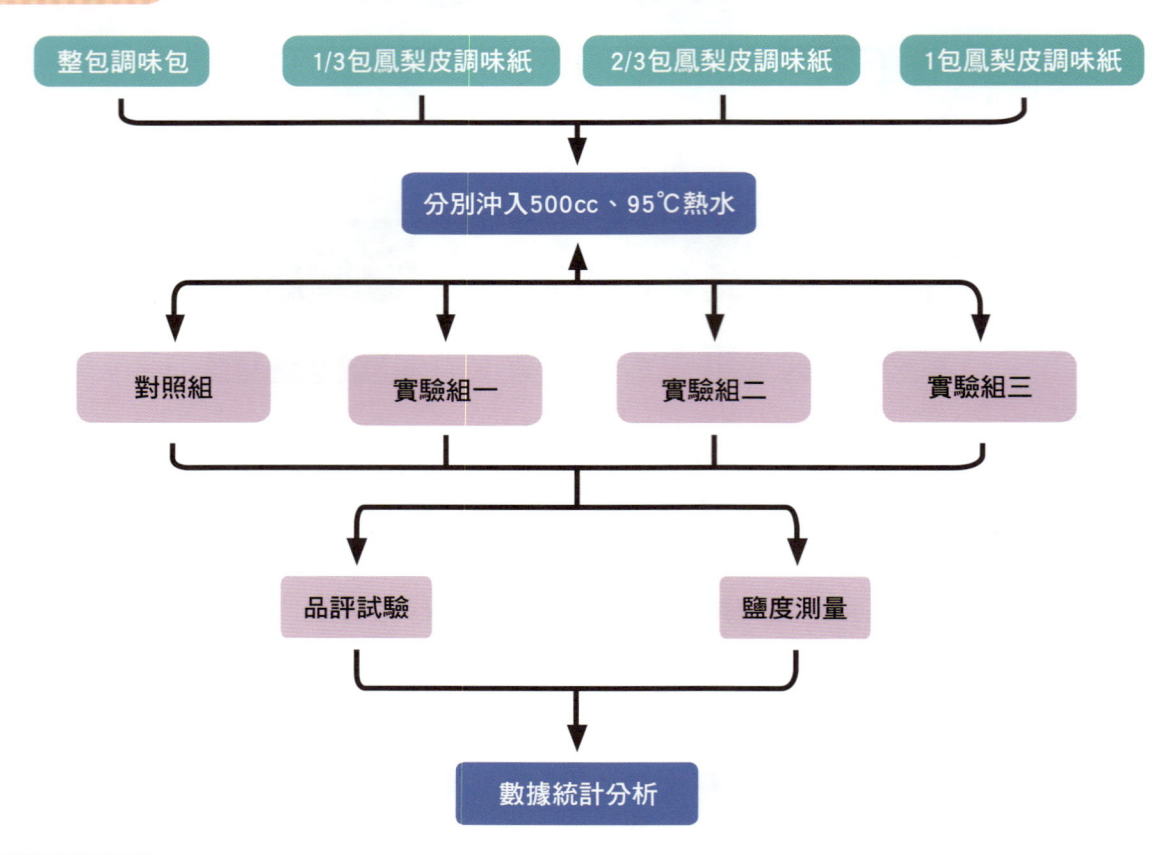

```
[整包調味包]  [1/3包鳳梨皮調味紙]  [2/3包鳳梨皮調味紙]  [1包鳳梨皮調味紙]
                    ↓
         分別沖入500cc、95℃熱水
                    ↓
  [對照組]   [實驗組一]   [實驗組二]   [實驗組三]
                    ↓
         [品評試驗]        [鹽度測量]
                    ↓
                [數據統計分析]
```

實驗設計三 消費者接受性品評實驗設計 (8)(9)(10)(11)

1. 品評員選擇：選定未經品評訓練的品評員，以本校師生為主，根據參考文獻記載，如果實驗研究設計得宜，取樣人數須在 15 人，但 Gay 權威學者則提出最少 30 人以上方有代表性，因此每次品評參與人數至少在 30 人以上。

2. 品評方法及尺度：採用 5 分制喜好性品評法，並依品評實驗之不同分成二類，第一類品評色澤、香味、口感、鹹味及整體接受性，其評分範圍分成五個等級，從 1～5 分分別代表：非常不喜歡、不喜歡、不喜歡也不討厭、喜歡及非常喜歡。第二類品評鹹味適合性，其評分範圍分成五個等級，從 -2、-1、0、1、2；此五個數字分別代表：太淡、有點淡、剛剛好、有點鹹及太鹹。

3. 樣品的供應順序：為了避免次序效應（order effect），根據文獻記載，當樣品數在 3～6 至多到 8 個時，可採用平衡式完全區集實驗法進行樣品排列及供應，即依照如表二供應順序，讓每位品評員品評所有供應之樣品，但順序已達隨機抵消次序效應。

❋ 表三、平衡式完全區集實驗法樣品排列及供應表

品評員	樣品順序		
	第一位置	第二位置	第三位置
A	3	1	2
B	1	2	3
C	2	1	3
D	3	2	1
E	2	3	1
F	1	2	3

4. 品評室設計：參考文獻及鄰近大學品評實驗室，將品評室隔間後（如圖十三），進行品評。

❋ 圖十三、本校感官品評室佈置圖

統計分析

　　根據感官品評實驗所獲得結果進行統計分析，利用修習過的計算機概論及品質管制課程，請教老師後學習以電腦統計分析軟體 EXCEL 及 SPSS 進行資料分析，先確認品評數據是否呈現常態分佈而非雙峰分佈，再分別計算平均值及變異數分析（ANOVA），若組間有顯著差異（$p<0.05$），則進一步以 Duncan 多變域測試，來分析各實驗組平均值間是否有顯著差異存在（$p<0.05$）。

伍 研究結果與討論

一、鳳梨及柳橙果皮紙最適化生產條件之實驗結果

（一）以不同果皮種類為操縱變因（12）

　　本實驗為使用鳳梨、柳橙果皮及草莓蒂為原料，進行果皮紙試作，結果如圖十四、十五所示，鳳梨及柳橙果皮所製成果皮紙外觀及色澤均呈金黃色，但草莓蒂所製成之紙張色澤較黑，具有甜、澀味，可能因為草莓蒂綠色部分較多，草莓又為高酸性食品，葉綠素在酸性環境以及高溫乾燥過程中，導致葉綠素形成脫鎂葉綠素，加上草莓所殘留糖分在高溫下，因梅納反應及焦糖化作用導致變色，因此將外觀、色澤不佳的草莓蒂原料排除。

❋ 圖十四、鳳梨及柳橙果皮所製成果皮紙　　　　❋ 圖十五、草莓蒂所製成之紙張

（二）以不同抄紙方法為操縱變因

我們以不同抄紙方法，結果如圖十六～十八所示，發現均能製成果皮紙張，但傳統抄紙法及傾注成型法均須要一次製備大量果皮漿，且乾燥時間耗時。但我們參考烘焙課製作餅乾經驗，發展出新的塗抹成型法，其優點為果皮漿用量少，且因果皮漿不須稀釋，含水量少所以乾燥時間縮短，易於操作，因此作為本實驗的抄紙方法。

❋ 圖十六、傳統抄紙法之成品　❋ 圖十七、傾注成型法之成品　❋ 圖十八、塗抹成型法之成品

（三）以不同重量果皮漿為操縱變因

本實驗目的為找出每次抄紙時須取多少量果皮漿，以鳳梨果皮漿為樣本，分別以 10 克～ 50 克進行實驗，結果如表三所示，果皮漿愈多，製成果皮紙厚度及重量愈大，根據衛生署建議，國人一天最少需攝取 20 ～ 35 公克的膳食纖維，因此我們進一步測量此鳳梨果皮調味紙所含之膳食纖維為 59.23%（表四），當以果皮漿 20 克製成之鳳梨果皮調味紙，換算後含有膳食纖維 1.33g/ 張，將可提供國人約 7% 膳食纖維。因考量往後實驗還要預留添加調味料空間，為了避免製成紙張太厚，因此以果皮漿 20 克，作為製作果皮調味紙之參考重量。

❋ 表四、鳳梨果皮漿製成果皮紙厚度及重量統計表（三重複）

果皮紙厚度 果皮漿克數	厚度（mm）			平均值（mm）	換算膳食纖維量（克）
10g	0.69	0.71	0.68	0.69	0.63
20g	1.46	1.50	1.47	1.48	1.33
30g	2.27	2.23	2.20	2.23	1.91
40g	3.77	3.75	3.74	3.75	2.74
50g	4.31	4.35	4.37	4.34	3.00

果皮漿克數 \ 果皮紙重量	重量（克）			平均值（克）
10g	1.09	1.05	1.06	1.06
20g	2.24	2.26	2.26	2.25
30g	3.13	3.33	3.24	3.23
40g	4.52	4.70	4.68	4.63
50g	5.10	5.10	5.01	5.07

❋ 表五、鳳梨果皮漿製成果皮紙所含膳食纖維統計表（二重複）

樣本 \ 膳食纖維種類	不可溶性膳食纖維 IDF（%）	P%	A%	合計	可溶性膳食纖維 SDF（%）	P%	A%	合計	膳食纖維總量 %
平均值	61.5	3.05	2.26	56.19	7.5	3.05	1.41	3.04	59.23

註 計算公式：
(1) 不可溶性膳食纖維 IDF（%）＝ [IDF 重 / 樣品重] × 100% － P% － A%
(2) 可溶性膳食纖維 SDF（%）＝ [SDF 重 / 樣品重] × 100% － P% － A%
P%：粗蛋白／A%：灰分

（四）以不同的乾燥溫度及時間作為操縱變因（13）

鳳梨及柳橙果皮漿以 70℃、100℃、130℃溫度，乾燥 30、40 及 50 分鐘，結果如圖十九所示，實驗發現以 100℃、40 分鐘的乾燥條件，可使鳳梨及柳橙果皮紙達到乾燥，根據乾燥食品須達到長時間保存之效果，水活性須在 Aw0.6 以下，因此我們使用水活性測定儀進行測試，其水活性均低於 Aw0.6。若採用 130℃進行加熱乾燥，無論在 30 ～ 50 分鐘，均易造成果皮紙過焦而失去商品價值。

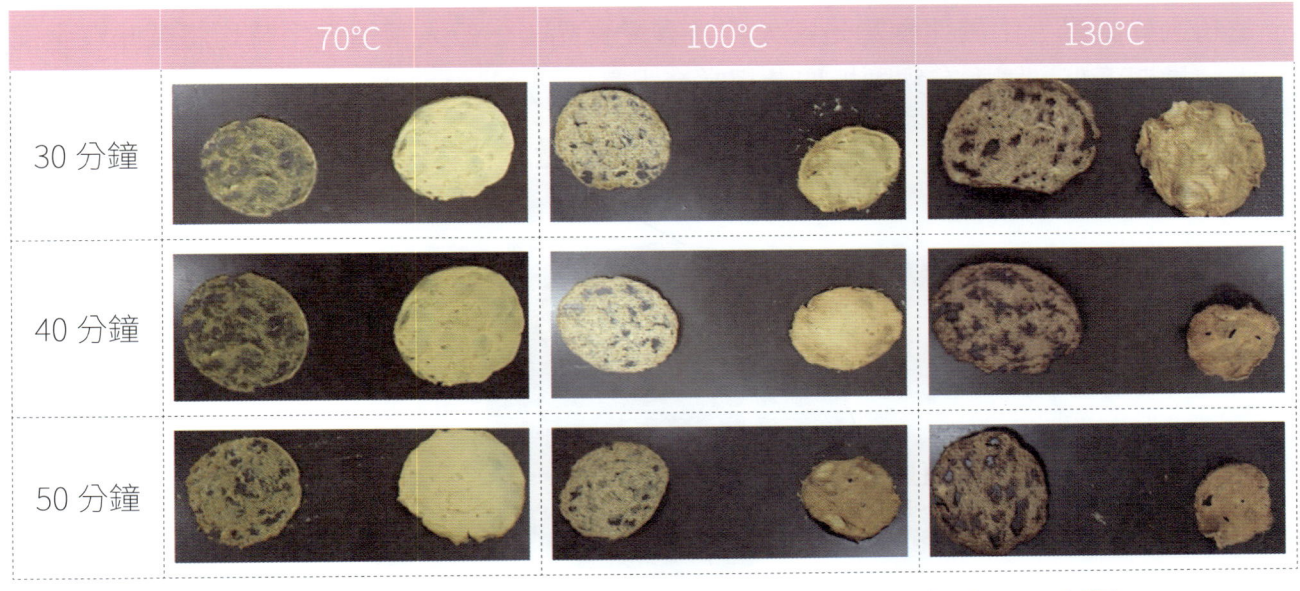

❋ 圖十九、鳳梨及柳橙果皮漿以不同乾燥溫度及時間所得產品示意圖

(五) 最佳化鳳梨及柳橙果皮紙製作流程

果皮 ➡ 高壓加熱 60 分鐘 ➡ 細切機 10 分鐘 ➡ 果皮漿 20 公克塗抹成型法 ➡ 乾燥 100℃、40 分 ➡ 成品。

❋ 圖二十、鳳梨及柳橙果皮紙製作流程示意圖

二、市售速食麵含鈉鹽量抽樣調查

我們調查苗栗零售通路所販售之速食麵，包括統一、維力、康師傅等品牌共 45 款產品，分別記錄外包裝營養標示之鈉鹽含量，結果如表五所列，發現以維力濃鹽豚骨麵之鈉鹽含量最高（2,930 毫克），遠高於衛生署建議成人每日鈉總攝取量 2,400 毫克，另外維力共 4 款、統一共 16 款、味王共 10 款、味丹共 9 款及康師傅共 4 款，總共有 44 款產品，鈉鹽含量亦超過衛生署建議成人每日鈉總攝取量 50％以上，一個人僅僅食用一包速食麵就已超過或接近一天總鈉鹽限制量，若加上一天下來的三餐飲食，總鈉鹽攝取量一定遠超過建議量。由於速食麵是國人相當喜愛食品，一般人習慣食用時均將調味料全部加入，長期下來，國人在鈉鹽攝取量相當令人憂心。

市售泡麵鈉鹽量

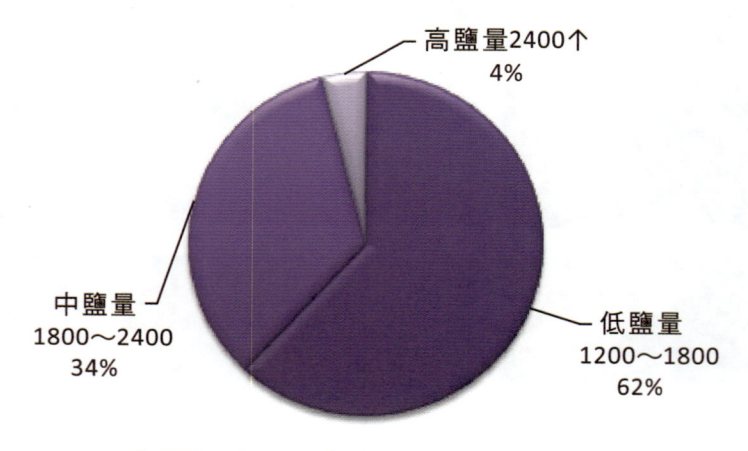

- 高鹽量2400↑ 4%
- 中鹽量 1800～2400 34%
- 低鹽量 1200～1800 62%

❋ 圖二十一、市售泡麵鈉鹽量示意圖

表六、調查市售速食麵所含之鈉鹽含量統計表

排序	品牌	名稱	鈉鹽含量（毫克）
1	維力	濃鹽豚骨麵	2930.0
2	維力	川味麻辣燙	2590.0
3	統一	阿Q紅椒牛肉	2373.0
4	統一	阿Q韓式泡菜	2305.0
5	統一	阿Q生猛海鮮	2303.0
6	統一	蔥燒牛肉	2282.8
7	味丹	雙響泡椒麻海鮮	2215.0
8	統一	阿Q雞汁排骨	2196.3
9	統一	阿Q蒜香珍肉	2141.3
10	統一	肉骨茶麵	2061.9
11	統一	來一客川辣牛肉	1972.2
12	味丹	雙響泡翡翠排骨	1950.0
13	康師傅	蔥燒排骨	1940.0
14	味丹	雙響泡京醬牛肉	1920.0
15	康師傅	鮮蝦魚板	1860.0
16	統一	來一客韓式泡菜	1851.2
17	味丹	雙響泡飽飽鍋	1820.0
18	統一	來一客牛肉蔬菜	1798.0
19	康師傅	香辣牛肉	1770.0
20	統一	來一客精燉牛腩	1742.8
21	味王	紅燒牛肉	1721.0
22	味王	蔬菜牛肉	1695.0
23	康師傅	紅燒牛肉	1680.0
24	統一	鮮蝦麵	1655.2
25	統一	肉燥麵	1637.6
26	味王	排骨酥	1600.0
27	味王	椒麻牛肉	1590.0
28	味丹	排骨雞麵	1553.0
29	味王	素食麵	1535.0
30	味王	豚骨鮮蝦	1522.0
31	統一	來一客精燉肉骨	1517.2
32	味王	當歸藥膳	1480.0

33	味丹	素食湯麵	1480.0
34	味王	香菇肉羹	1451.0
35	維力	手打麵河南胡椒牛肉	1450.0
36	維力	真爽豬肉	1449.0
37	味王	鮮蝦	1432.0
38	維力	真爽黑胡椒牛肉	1432.0
39	統一	來一客鮮蝦魚板	1419.0
40	味丹	隨緣素肉骨茶	1402.0
41	味丹	雙響泡雞豬雙拼	1380.0
42	味丹	蔥辣牛肉	1344.0
43	味王	麻油雞	1334.0
44	統一	肉燥米粉	1331.6
45	統一	來一客肉燥波菜	1263.4

註 資料來源：自行調查結果。

三、剪裁不同面積調味紙作為操縱變因

（一）鳳梨果皮調味紙

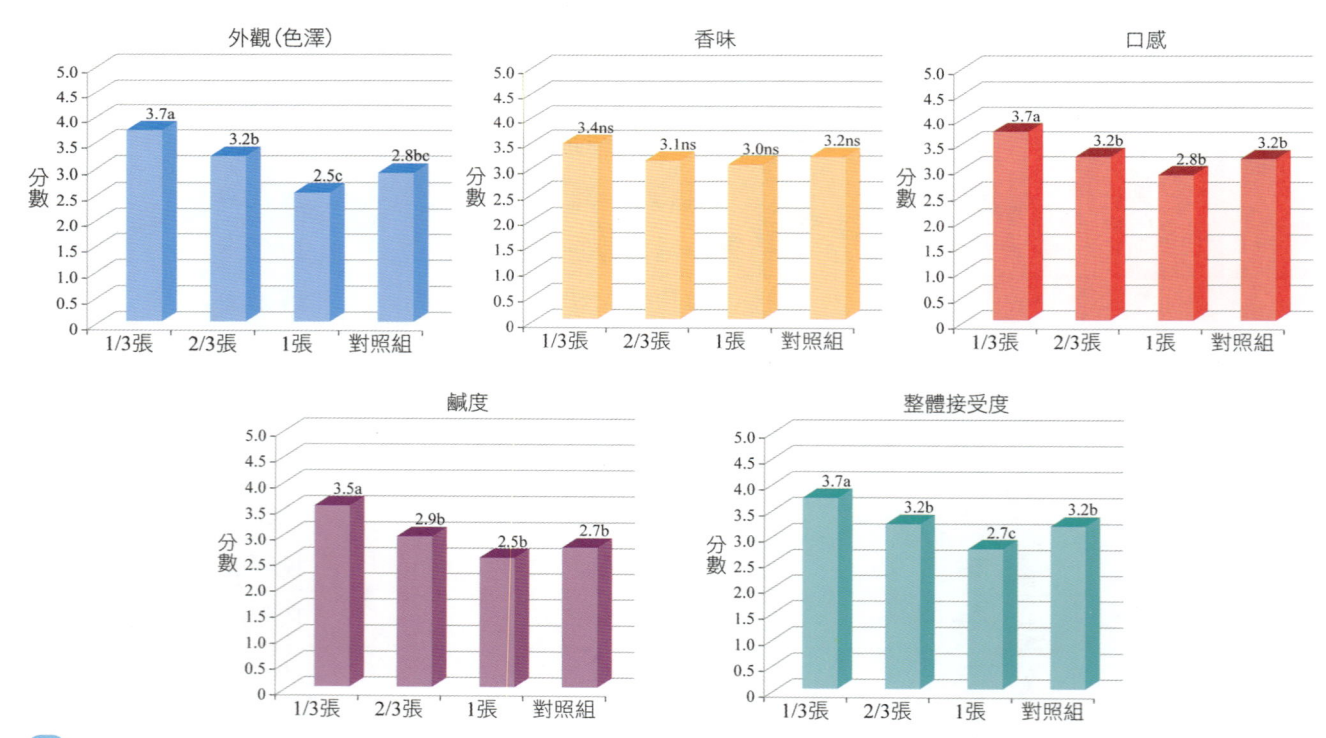

外觀(色澤)
- 1/3張：3.7a
- 2/3張：3.2b
- 1張：2.5c
- 對照組：2.8bc

香味
- 1/3張：3.4ns
- 2/3張：3.1ns
- 1張：3.0ns
- 對照組：3.2ns

口感
- 1/3張：3.7a
- 2/3張：3.2b
- 1張：2.8b
- 對照組：3.2b

鹹度
- 1/3張：3.5a
- 2/3張：2.9b
- 1張：2.5b
- 對照組：2.7b

整體接受度
- 1/3張：3.7a
- 2/3張：3.2b
- 1張：2.7c
- 對照組：3.2b

註 1. 有效樣本共 45 份。
2. a～c：means bearing diffferent letters are significantly different（$p<0.05$）。
3. n.s.：means no significantly different（$p>0.05$）。

❋ 圖二十二、剪裁不同面積鳳梨果皮調味紙進行消費者接受性感官品評統計圖

❋ 表七、以鹽度計測量鹽度統計表（三重複）（一）

鹽度 實驗組	對照組鹽度（%）	鳳梨果皮調味紙鹽度（%）
1 張調味紙	2.8	2.0
2/3 張調味紙	1.9	1.8
1/3 張調味紙	1.5	1.1

　　由圖二十二可得知剪裁 1/3 張之鳳梨果皮調味紙實驗組，無論在色澤、口感、鹹味及整體接受性之評分最高，與對照組及其他實驗組有顯著差異存在（$p<0.05$）。並由鹽度計測量得知（表七），剪裁 1/3 張之鳳梨果皮調味紙實驗組鹽度為 1.1％。

（二）柳橙皮調味紙

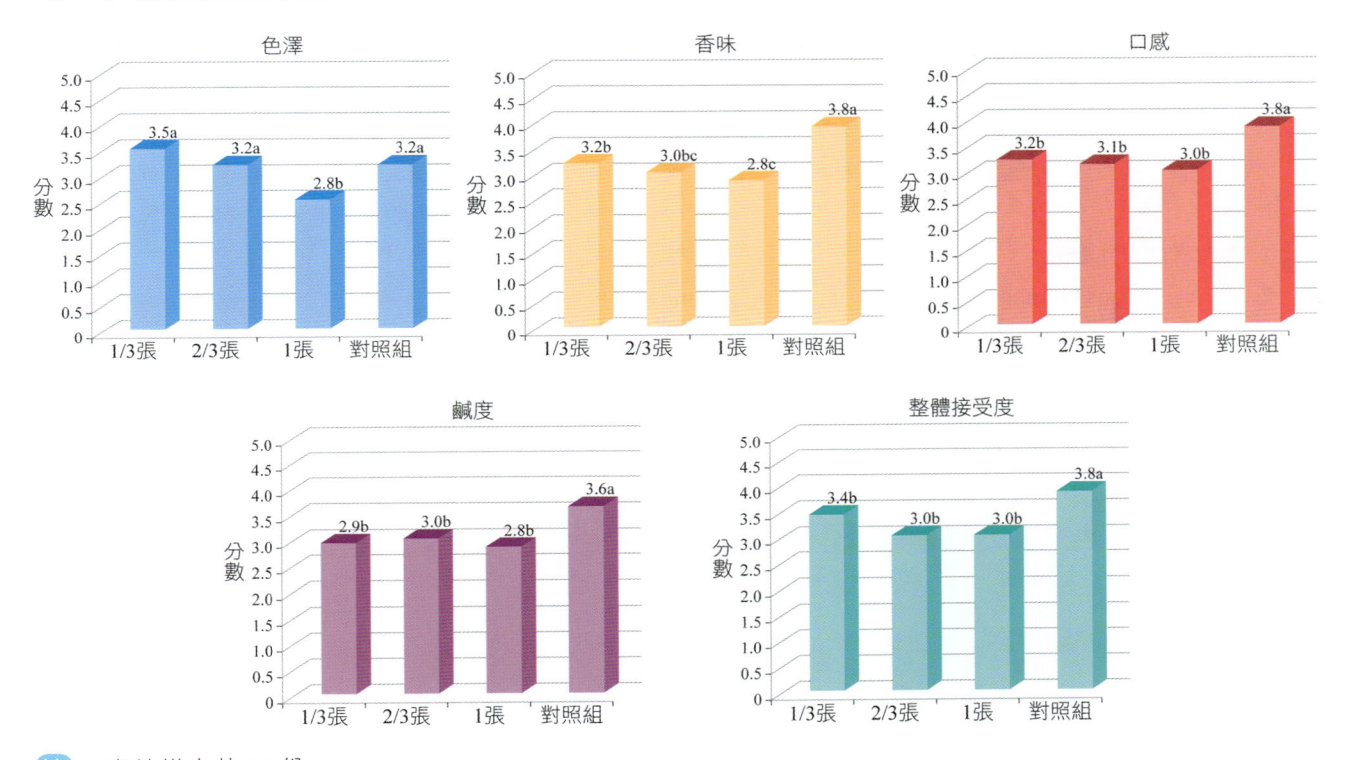

色澤：1/3張 3.5a、2/3張 3.2a、1張 2.8b、對照組 3.2a

香味：1/3張 3.2b、2/3張 3.0bc、1張 2.8c、對照組 3.8a

口感：1/3張 3.2b、2/3張 3.1b、1張 3.0b、對照組 3.8a

鹹度：1/3張 2.9b、2/3張 3.0b、1張 2.8b、對照組 3.6a

整體接受度：1/3張 3.4b、2/3張 3.0b、1張 3.0b、對照組 3.8a

註 1. 有效樣本共 45 份。
　 2. a～c：means bearing diffferent letters are significantly different（$p<0.05$）。

❋ 圖二十三、剪裁不同面積柳橙果皮調味紙進行消費者接受性感官品評評分統計圖

　　由圖二十三可得知，在不同面積的柳橙皮調味實驗組，無論在香味、鹹味、口感及整體接受性之評分均較對照組低。發現柳橙皮調味紙因具有精油氣味，會影響速食麵原有風味，較不適合做為取代速食麵調味包之材質，因此柳橙皮原料排除。

2-4.21

四、不同鹽量鳳梨果皮調味紙作為操縱變因

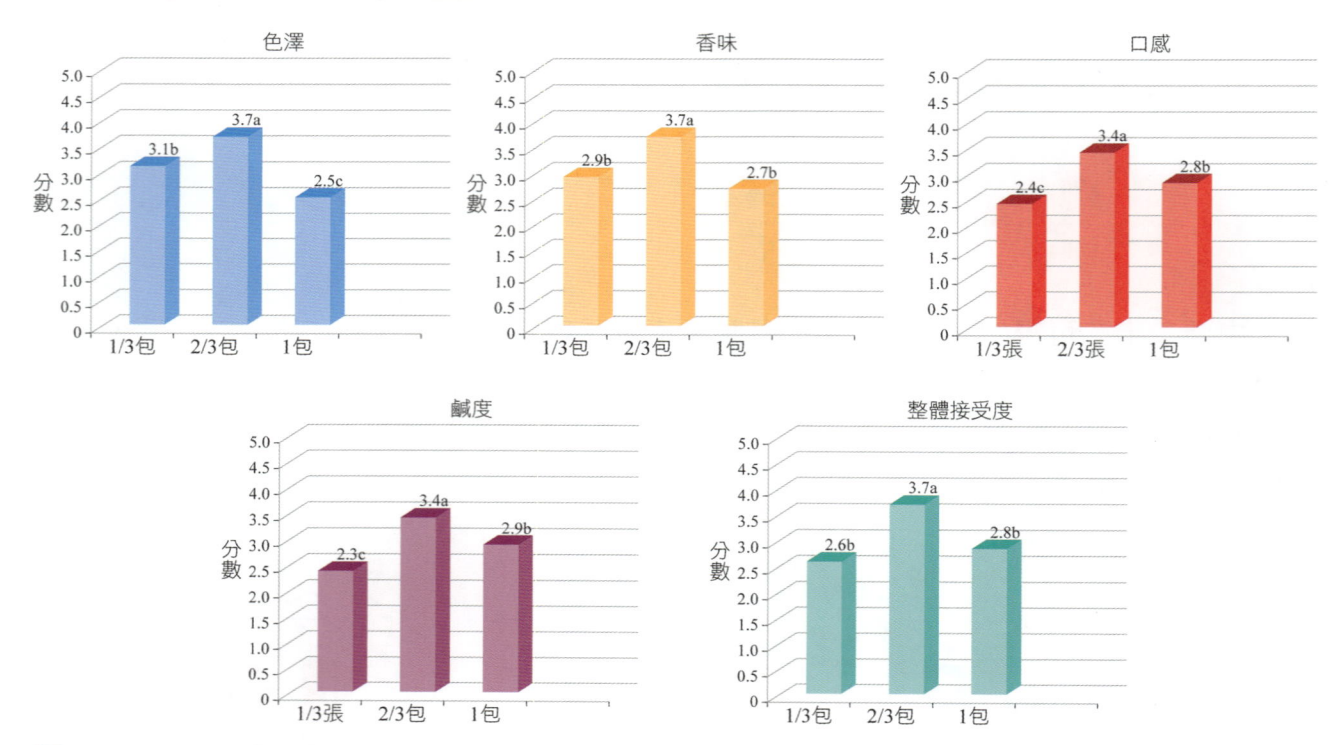

色澤：1/3包 3.1b；2/3包 3.7a；1包 2.5c
香味：1/3包 2.9b；2/3包 3.7a；1包 2.7b
口感：1/3張 2.4c；2/3張 3.4a；1包 2.8b
鹹度：1/3張 2.3c；2/3包 3.4a；1包 2.9b
整體接受度：1/3包 2.6b；2/3包 3.7a；1包 2.8b

註 1. 有效樣本共 64 份。
2. a～c：means bearing diffferent letters are significantly different（p<0.05）。

● 圖二十四、不同鹽量鳳梨果皮調味紙進行消費者接受性感官品評評分統計圖

● 表八、以鹽度計測量鹽度統計表（三重複）（二）

實驗組　　　鹽度	對照組鹽度（％）	鳳梨果皮調味紙（％）
1 包整張調味紙	2.8	2.0
2/3 包整張調味紙	1.9	1.0
1/3 包整張調味紙	1.5	0.7

　　由圖二十四可得知，以添加 2/3 份量之鳳梨果皮調味紙進行消費者接受性感官品評結果，無論在色澤、香味、鹹味、口感及整體接受性之評分均最高，與其他實驗組有顯著差異存在（p<0.05）。並由鹽度計測量得知（表八），添加 2/3 份量之鳳梨果皮調味紙實驗組鹽度為 1.0％。

五、不同廠商泡麵剪裁不同面積鳳梨果皮調味紙為操縱變因

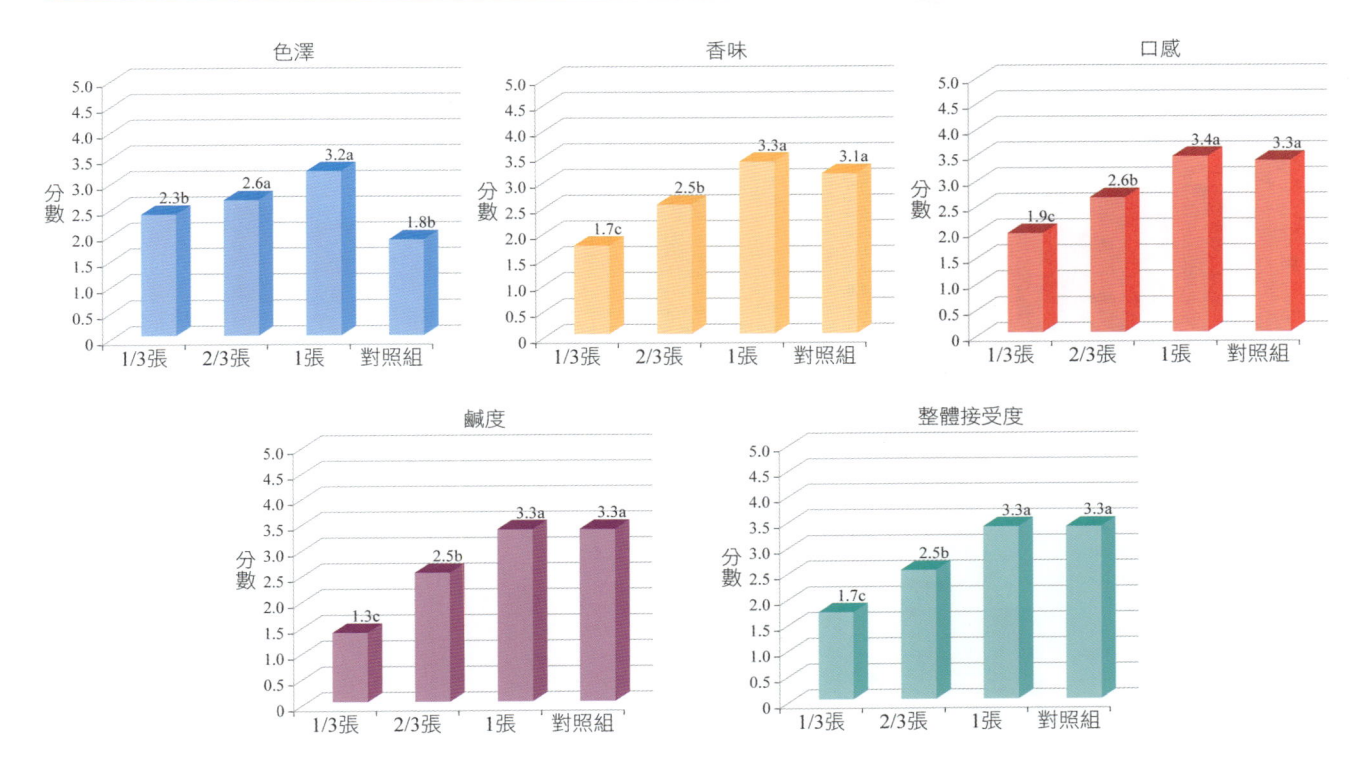

色澤　1/3張 2.3b　2/3張 2.6a　1張 3.2a　對照組 1.8b

香味　1/3張 1.7c　2/3張 2.5b　1張 3.3a　對照組 3.1a

口感　1/3張 1.9c　2/3張 2.6b　1張 3.4a　對照組 3.3a

鹹度　1/3張 1.3c　2/3張 2.5b　1張 3.3a　對照組 3.3a

整體接受度　1/3張 1.7c　2/3張 2.5b　1張 3.3a　對照組 3.3a

註 1. 有效樣本共 45 份。
2. a～c：means bearing diffferent letters are significantly different（$p<0.05$）。

❋ 圖二十五、不同廠商不同面積鳳梨果皮調味紙進行消費者接受性感官品評評分統計圖

　　由圖二十五可得知，若以不同廠商之鳳梨果皮調味紙進行消費者接受性感官品評結果，以添加全張之鳳梨果皮調味紙，無論在色澤、香味、鹹味、口感及整體接受性之評分均最高，與其他實驗組有顯著差異存在（$p<0.05$）。

六、不同廠商泡麵鹽量鳳梨果皮調味紙為操縱變因

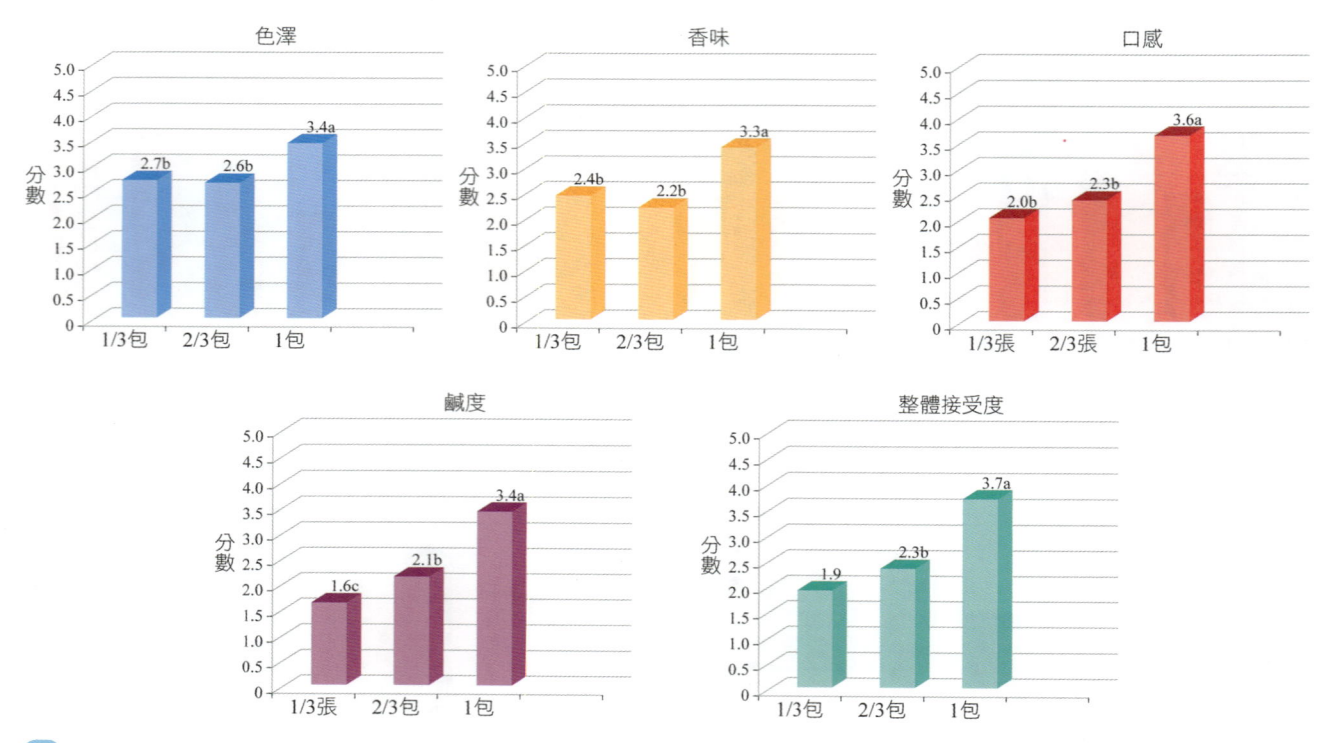

色澤: 1/3包 2.7b, 2/3包 2.6b, 1包 3.4a
香味: 1/3包 2.4b, 2/3包 2.2b, 1包 3.3a
口感: 1/3張 2.0b, 2/3張 2.3b, 1包 3.6a
鹹度: 1/3張 1.6c, 2/3包 2.1b, 1包 3.4a
整體接受度: 1/3包 1.9, 2/3包 2.3b, 1包 3.7a

註 1. 有效樣本共 45 份。
2. a～c：means bearing diffferent letters are significantly different（p<0.05）。

❋ 圖二十六、不同廠商不同鹽量鳳梨果皮調味紙進行消費者接受性感官品評評分統計圖

由圖二十六可得知以不同廠商之鳳梨果皮調味紙進行消費者接受性感官品評結果，以添加 1 包整張之鳳梨果皮調味紙無論在色澤、香味、口感、鹹味及整體接受性之評分均最高，與其他實驗組有顯著差異存在（p<0.05）。鳳梨果皮調味紙實驗組鹽度為 0.9 ～ 1.0％（表九）。

❋ 表九、以鹽度計測量鹽度統計表（三重複）（三）

實驗組 鹽度	對照組（%）	鳳梨果皮調味紙（%）		鳳梨果皮調味紙（%）
1 張	1.9	0.9	1 包	1.0
2/3 張	1.2	0.4	2/3 包	0.6
1/3 張	0.6	0.1	1/3 包	0.2

七、對照組、鳳梨果皮調味紙與柳橙皮調味紙鹽度比較

我們發現使用調味紙之實驗組,以鹽度計來測量,其鹽度與對照組比較均有降低的趨勢,推測可能原因為植物纖維會影響鹽度計之測定,導致測定值降低,如表十所示。

❋ 表十、以鹽度計測量鹽度統計總表

名稱 鹽度	對照組	鳳梨果皮 調味紙	柳丁紙
1 張	2.8%	2.0%	1.8%
2/3 張	1.9%	1.8%	1.5%
1/3 張	1.5%	1.0%	1.1%

八、以不同面積鳳梨果皮調味紙進行消費者適合度感官品評實驗設計

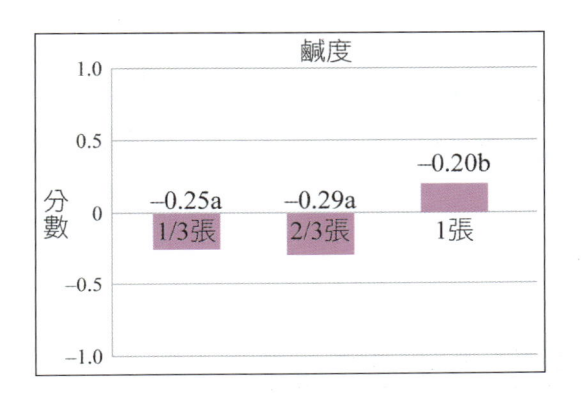

註 1. 有效樣本共 84 份。
   2. a～c:means bearing diffferent letters are significantly different（p<0.05）。

❋ 圖二十七、不同鹽量鳳梨果皮調味紙進行消費者接受性感官品評評分統計圖

由圖二十七可得知,以不同面積之鳳梨果皮調味紙進行消費者適合度感官品評結果,以添加 1/3 張與 2/3 張之鹹度介於有點淡至剛剛好,對照表七鹽度為 1.1～1.8％;全張之鳳梨果皮調味紙介於剛剛好到有點鹹,鹽度為 2.0％。由此結果可以發現消費者長期對速食麵調味包口味已習慣高鹽度口味,但如果鹽度可藉由可調式調味紙概念,減量到 1.1％其實也是能被消費者所接受的。

❋ 圖二十八、鳳梨調味紙宣傳海報

❋ 圖二十九、新鳳梨果皮調味紙速食麵

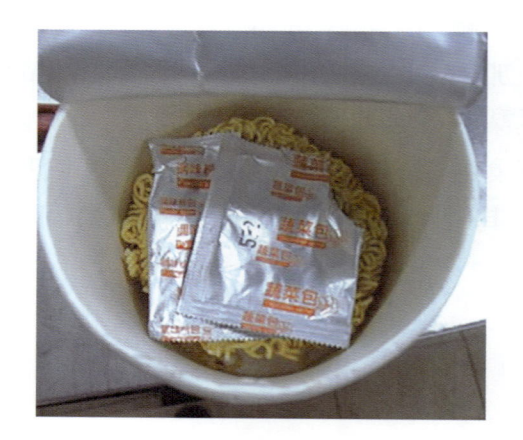

❋ 圖三十、傳統調味包速食麵

陸 結論

一、我們發現鳳梨及柳橙果皮均能製成的果皮紙，最佳化製作流程為果皮以高壓加熱 60 分鐘，細切機 10 分鐘，20 公克果皮漿以塗抹成型後經 100℃、40 分乾燥製成。

二、剪裁 1/3 張或 2/3 份量之鳳梨果皮調味紙取代速食麵傳統調味包，進行消費者接受性感官品評結果，無論在色澤、鹹味、口感及整體接受性之評分均最高，與對照組及其他實驗組有顯著差異存在（$p<0.05$），經測定最為消費者接受鹽度約為 1.0～1.1%。

三、本鳳梨果皮調味紙所含之膳食纖維達 59.23%，每張鳳梨果皮調味紙具有膳食纖維 1.33g，將可提供國人每天 7% 膳食纖維攝取。

四、柳橙皮調味紙因具有精油氣味會影響速食麵原有風味，不適合取代速食麵傳統調味包。

參考資料

1. 行政院衛生署國民健康局與食品衛生處網路資料。http://health99.doh.gov.tw/media/public/pdf/21596.pdf
2. 鄭清和。食品原料上。臺南市：復文書局。p.62.63.64。1992
3. 馬宗能。食品概論。臺南市：復文書局。p.150。2000
4. 賴滋漢 阮喜文 柯文慶。食品原料。臺中市：精華出版社。p.141.142。1991
5. 經濟部標準檢驗局國家標準（CNS）網路服務系統網路資料。http://www.cnsonline.com.tw/?node=result&typeof=common&locale=zh_TW
6. 區少梅。食品官能品評學講義。1992
7. 謝文斌。1994。不同糖酸比對番石榴果汁之消費者喜好性的影響。輔仁大學食品營養學研究所碩士論文。
8. 佐藤信。官能檢驗法入門。臺中：國彰出版社。1989
9. 彭秋妹、王家仁。食品官能檢查手冊。新竹：食品工業發展研究所。1991
10. 吳明隆。SPSS 統計應用學習實務。臺北：知成科技。2006
11. 姚念周。感官品評與實務應用。桃園：樞紐科技。2012
12. 李玫琳、林頎生、余豐任、何淇義。食品化學與分析 II。臺南市：復文書局。p.91。2011
13. 郭文玉、劉發勇、邱宗甫。食品加工 I。臺南市：復文書局。p.91。2009

note

創意組

「凍」人心「鹹」，「黃」金 Style～以冷凍凝膠法創作速成鹹蛋黃之新「蛋」生

關鍵詞：鹹蛋、冷凍凝膠、速成鹹蛋黃

作者群：古昆翰、王亭文
指導教師：謝文斌、陳穎儀

目錄

目錄	2-5.ii
圖目錄	2-5.iii
表目錄	2-5.iii
摘要	2-5.2
壹、研究動機	2-5.2
貳、研究目的	2-5.3
參、研究材料及設備	2-5.3
一、研究材料	2-5.3
二、研究設備及器材	2-5.4
肆、研究過程與方法	2-5.4
一、文獻回顧	2-5.4
二、研究架構	2-5.5
三、實驗設計及方法	2-5.6
伍、研究結果與討論	2-5.14
一、以不同製程條件進行鮮蛋低溫凝膠之實驗結果	2-5.14
二、以不同鹽漬方法作為操縱變因，測量鹽漬過程中鴨蛋黃的鹽度變化結果與討論	2-5.19
三、將冷凍凝膠鴨蛋製作速成鹹蛋黃，進行喜好性感官品評實驗結果與討論	2-5.22
四、以鴨蛋製作速成鹹蛋黃，進行喜好性感官品評口感之結果與討論	2-5.25
五、以冷凍凝膠法製造鹹蛋黃所剩餘蛋白進行蛋糕製作之結果與討論	2-5.26
六、速成鹹蛋黃產品特色及未來願景	2-5.28
陸、結論	2-5.29
參考資料	2-5.29

圖目錄

圖	標題	頁碼
圖一、	蛋黃外層、中層及內層取樣示意圖	2-5.9
圖二、	本校感官品評室佈置及品評圖示	2-5.14
圖三、	鴨蛋及雞蛋分別以不同的冷凍時間進行冷凍凝膠實驗示意圖（一）	2-5.15
圖四、	鴨蛋及雞蛋分別以不同的冷凍時間進行冷凍凝膠實驗示意圖（二）	2-5.17
圖五、	不同冷凍時間鴨蛋黃進行硬度測試統計圖	2-5.18
圖六、	不同冷凍方法冷凍後解凍之外形觀察圖	2-5.19
圖七、	凝膠蛋黃分別以食鹽及不同濃度食鹽水進行鹽漬其鹽度統計表	2-5.21
圖八、	食鹽鹽漬法測量鴨蛋黃外層、中層及內層鹽度變化統計圖	2-5.22
圖九、	速成鹹鴨蛋黃進行懲罰性實驗測試鹹味、口感及整體風味強度之結果	2-5.23
圖十、	速成鹹雞蛋黃進行懲罰性實驗測試鹹味、口感及整體風味強度之結果	2-5.24
圖十一、	市售鴨蛋黃進行懲罰性實驗測試鹹味、口感及整體風味強度之結果	2-5.25
圖十二、	蛋黃色澤比較圖	2-5.25
圖十三、	消費者喜好性感官品評統計圖	2-5.26
圖十四、	以不同蛋白製作天使蛋糕測量其成品體積示意圖	2-5.27

表目錄

表	標題	頁碼
表一、	不同冷凍時間鴨蛋黃以物性測定儀進行硬度測試之統計表	2-5.18
表二、	市售鹹蛋黃內中外層鹽度統計表	2-5.19
表三、	凝膠蛋黃分別以食鹽及不同濃度食鹽水進行鹽漬其鹽度統計表	2-5.20
表四、	凝膠蛋黃分別以食鹽及 30% 食鹽水進行鹽漬其外中內層鹽度統計表	2-5.21
表五、	速成鹹鴨蛋黃進行懲罰性實驗結果	2-5.22
表六、	速成鹹雞蛋黃進行懲罰性實驗結果	2-5.23
表七、	市售鴨蛋黃進行懲罰性實驗結果	2-5.24
表八、	消費者喜好性感官品評統計表	2-5.26
表九、	進行消費者喜好性感官品評分數統計表	2-5.28

摘要

　　蛋黃酥所使用的鹹蛋黃來自於鴨蛋鹽漬而成，取出鹹蛋黃後，剩餘之蛋白因鹽度高無法再利用只能拋棄，相當不環保，本實驗利用將蛋冷凍再解凍以分離出蛋白及蛋黃，蛋白可加工再利用，凝膠蛋黃則可鹽漬成鹹蛋黃。結果發現蛋黃在 -18℃冷凍 3 天可完全凝膠，以 30% 食鹽水鹽漬 40～60 分鐘，其鹽度已與市售鹹蛋黃相當。在喜好性感官品評發現，鹹味、口感及整體喜好性均與傳統鹹蛋黃相似。解凍蛋白製成蛋糕在喜好性感官品評發現，色澤及口感評分最高優於新鮮蛋白，在香味及整體喜好性則與新鮮蛋白無差異。速成鹹蛋黃僅須 1/10 生產時間，且蛋白可回收再利用並減少鹹蛋白廢棄物。

Abstract

　　The egg yolk shortcake is a popular dessert in Taiwan. Egg yolk has to be brined before it can be used to make the shortcake. Traditionally, the bakers brine the whole egg, get the brined yolk, brined egg white is a waste to throw away, it is not environmentally friendly.

　　Our study aims to separate the egg yolk from the egg white before it is brined so that the egg white could be used. Due to the gelation property of egg yolk when frozen, we achieve this by freezing the whole egg and then defrosting it to get the two parts apart. Our research findings are as follows: (1) The egg yolk is as salty as the one that is processed through the traditional method after it is stored and frozen at -18℃ for three days to reach the complete freeze-gelation and then brined in the 30% saline for 40 – 60 minutes. (2) In the hedonic test, there is no significant difference between the frozen-thawed brined egg yolk and the traditionally-made brined egg yolk in saltiness, taste, and overall preference. (3) The angel cake made from the frozen-thawed egg white gets higher scores for its color and taste than the one made from the fresh egg white.

　　The significance of our study is that the method we experiment greatly reduces the time needed to make brined egg yolk. The most important of all, the left egg white can be kept for other uses, which avoids waste and environmental pollution.

壹、研究動機

　　每年中秋節前各大糕餅業者都會日夜趕工生產及販售蛋黃酥，我們觀察發現業者每天必須敲上成千上萬顆的鹹蛋，以取出鹹蛋黃進行烤焙，剩餘鹹蛋白因為鹽度很高，無法再回收利用，只能倒掉拋棄，相當浪費又不環保，甚至汙染環境，查閱相關文獻迄今也沒有良好解決方法可以改善。

　　我們在二年級修習食品加工課程的蛋品加工單元，老師於講解課文時有提到蛋黃有冷凍凝膠現象，所以蛋黃不可以直接冷凍，必須在冷凍前先加糖、鹽或甘油等抗凝固劑，才可以冷凍，否則解凍後會出現不可逆凝膠反應而固化，但蛋白則無此現象。

因此我們突發奇想，如果逆向操作刻意將蛋先行冷凍，使其發生冷凍凝膠，再解凍分離出蛋白及蛋黃，解凍蛋白可加工再利用，凝膠固化蛋黃則可以單獨進行鹽漬，如此一來，蛋白不僅不會浪費，單獨鹽漬蛋黃也可以大幅縮短醃漬時間。我們利用專題導論及專題製作的課程進行蛋黃冷凍凝膠的專題研究，初步發現具可行性，但由於專題課程時間有限，無法進一步探討如：「不同鹽漬方法、速成鹹蛋黃之風味是否符合消費者喜愛？」以及「冷凍後蛋白是否仍能維持其物化性質進行再利用，如蛋糕等點心製作？」這是令人想繼續延伸探討的主題，於是我們進行了一系列充滿挑戰的實驗之旅。

貳 研究目的

一、鮮蛋以不同方法及時間進行冷凍，藉此探討冷凍蛋黃的凝膠性，並找出何種冷凍條件製成的冷凍蛋黃效果最佳。

二、以不同鹽漬方法作進行鹽漬，藉此探討速成鹹蛋黃的鹽度及內中外層之鹽度滲透速率。

三、以速成鹹蛋黃及解凍蛋白製成蛋糕分別進行喜好性感官品評實驗，評估消費者對此新產品之喜好程度。

參 研究材料及設備

一 研究材料

雞蛋（龍億蛋行）	鴨蛋（龍億蛋行）
市售鹹蛋黃（當地南北貨行）	食鹽（台鹽公司）

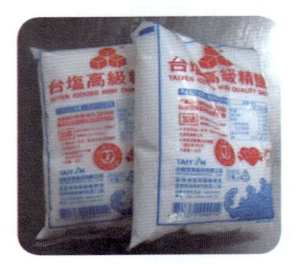

二 研究設備及器材

冰箱（元揚公司） 　攪拌機（士邦公司） 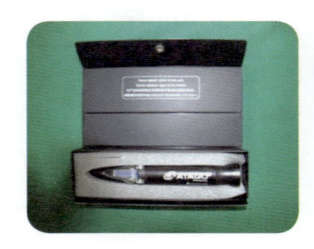　鹽度計（ATAGO 公司） 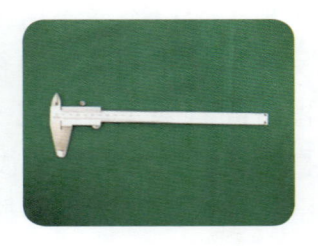　游標卡尺（宏展公司）

物性測定儀（BROOKFIELD 公司） 　電子秤（A&D 公司） 　震盪機（程揚儀器） 　離心機（程揚儀器）

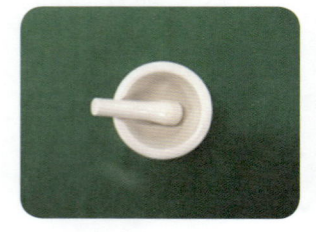

研缽（宏展公司） 　溫度計（程揚儀器） 　烤箱（陞上公司） 　離心管（宏展公司）

肆 研究過程與方法

一 文獻回顧 (3)(6)(9)(10)(13)

根據農業部統計，國內鴨蛋年產量約 4.6 億枚，年產值超過 17 億元，以供製鹹蛋、皮蛋加工為主。加工鴨蛋為我國最重要出口之家禽產品，每年外銷香港、歐美及東南亞等華人市場 超過 1,600 萬顆，外銷超過新臺幣 1.2 億元。

（一）鹹蛋的製作流程

鴨蛋或雞蛋→洗淨→調製浸漬液→浸漬法（浸入食鹽量 20～30％之浸漬液，須放置約 30 天）或塗敷法（蛋殼表面塗佈塗敷料再滾上稻殼或粗糠，須放置約 40 天）→水洗→成品。

（二）蛋的冷凍凝膠特性

液態卵黃經冷凍後，卵黃中之脂蛋白在凍藏時會分離出來，使蛋黃黏度增加，失去流動性，當解凍後，無法再溶解出蛋黃，產生不可回復的凝膠現象。

二 研究架構

(一) 以不同製程條件進行鮮蛋冷凍凝膠之試驗設計
1. 以不同的溫度及時間觀察鮮蛋冷凍凝膠現象,以找出最佳的凝膠條件。
2. 以不同的低溫方法觀察鮮蛋冷凍凝膠現象,並找出最佳的凝膠條件。
3. 以最適化的凝膠條件量產冷凍凝膠蛋黃及蛋白。

(二) 已凝膠蛋黃製作鹹蛋黃之試驗設計
1. 以不同鹽漬方法作為操縱變因,測量鴨蛋黃的鹽度變化及蛋黃內中外層之滲透速率。
2. 以最適化鹽漬法量產速成鹹蛋黃。

(三) 以冷凍凝膠製造鹹蛋黃所剩餘蛋白進行蛋糕製作之試驗設計
1. 以新鮮雞蛋蛋白及冷凍雞蛋白作為操縱變因,製作天使蛋糕。
2. 以新鮮鴨蛋蛋白及冷凍蛋白作為操縱變因,製作天使蛋糕。

(四) 以速成鹹蛋黃及冷凍過蛋白製作蛋糕進行喜好性感官品評試驗設計
1. 以速成鹹蛋黃進行喜好性感官品評試驗 (hedonic test)。
2. 以速成鹹蛋黃進行剛剛好感官品評試驗 (just-about-right test)。
3. 以不同鹽度速成鹹蛋黃進行喜好性感官品評及剛剛好感官品評試驗 (just-about-right)。
4. 以冷凍過蛋白製作天使蛋糕進行喜好性感官品評試驗。

(五) 速成鹹蛋黃及冷凍蛋白再利用產品進行成本分析及未來展望
1. 速成鹹蛋黃及冷凍蛋白再利用產品成本分析。
2. 可調式低鹽鹹蛋黃之未來展望。

三 實驗設計及方法

（一）以不同製程條件進行鮮蛋冷凍凝膠之實驗設計

實驗設計一

以不同的溫度觀察鴨蛋低溫凝膠現象，以找出最佳的凝膠條件。

本實驗以鴨蛋為原料，用不同的冷凍溫度做為操縱變因進行實驗設計，以找出最佳的冷凍溫度。

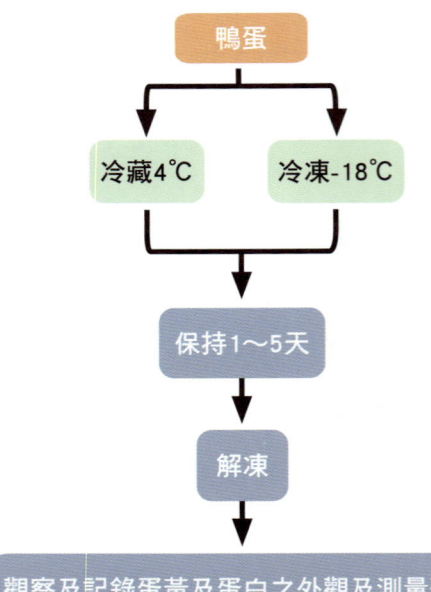

```
              鴨蛋
           ↙     ↘
      冷藏4℃    冷凍-18℃
           ↘     ↙
          保持1～5天
              ↓
             解凍
              ↓
   觀察及記錄蛋黃及蛋白之外觀及測量硬度
```

實驗設計二

以不同的冷凍時間及方法觀察鴨蛋冷凍凝膠現象，找出最佳凝膠條件。

在實驗一結果發現，當鴨蛋低於 –18℃冷凍溫度時，蛋黃及蛋白均會冷凍而凝固，且冷凍蛋解凍後 1 小時內蛋白會溶化，蛋黃則可保持凝固，但卻發現蛋黃內部仍有部分呈半固態狀態，由於食品溫度傳遞之原理是採對流、傳導及輻射等方式達成，而鮮蛋冷凍後由於蛋黃及蛋白均已呈固態（賴等人，2007），因此主要採以傳導方式進行降溫，愈內層要達到低溫所需時間將愈久，因此本實驗將依據冷凍食品國家標準（CNS）所採用 –18℃作為冷凍溫度基準，以不同的冷凍時間做為操縱變因進行實驗，以找出最佳的冷凍時間。

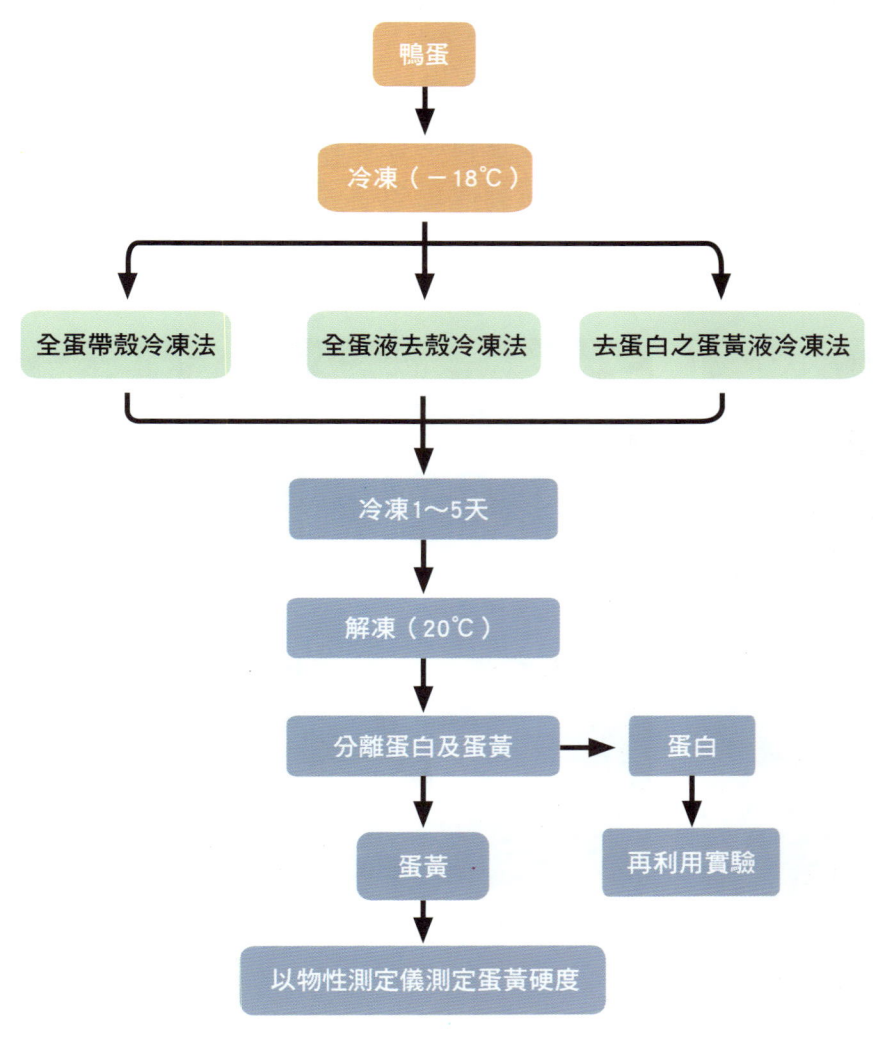

```
            鴨蛋
             ↓
        冷凍（-18℃）
     ┌───────┼───────┐
     ↓       ↓       ↓
 全蛋帶殼冷凍法  全蛋液去殼冷凍法  去蛋白之蛋黃液冷凍法
     └───────┼───────┘
             ↓
          冷凍1～5天
             ↓
          解凍（20℃）
             ↓
        分離蛋白及蛋黃 ────→ 蛋白
             ↓              ↓
            蛋黃          再利用實驗
             ↓
     以物性測定儀測定蛋黃硬度
```

(1) 不同冷凍方法之作法及介紹

冷凍方法	作法	圖示	設計目的
全蛋帶殼冷凍法	將新鮮鴨蛋洗淨後，直接進行冷凍。	全蛋冷凍法	不須破殼，直接冷凍，省時省工。
全蛋液去殼冷凍法	將新鮮鴨蛋洗淨，去除蛋殼之全蛋液裝瓶進行冷凍。	全蛋液冷凍法	冷凍後解凍即可分離蛋白取出蛋黃，可大量量產方便取用。
去蛋白之蛋黃液冷凍法	將新鮮鴨蛋洗淨，去除蛋殼及蛋白之蛋黃液裝瓶進行冷凍。	純蛋黃冷凍法	冷凍後解凍即可直接取得蛋黃，可大量量產方便取用。

(2)物性測定儀之作法

本實驗採用 BROOKFIELD 公司物性測定儀，使用 TA5 型號探頭（Probe），並設計以 50 公克固定力量持續 20 秒測試條件進行物性數據收集，為了使每顆解凍蛋黃在相同條件下進行測試，統一將每批冷凍蛋黃解凍至 20℃溫度後再進行物性測定，並記錄每顆蛋黃在探頭下壓固定距離（5mm）時之硬度（公克），每個樣品三重複，並收集數據進行統計分析。

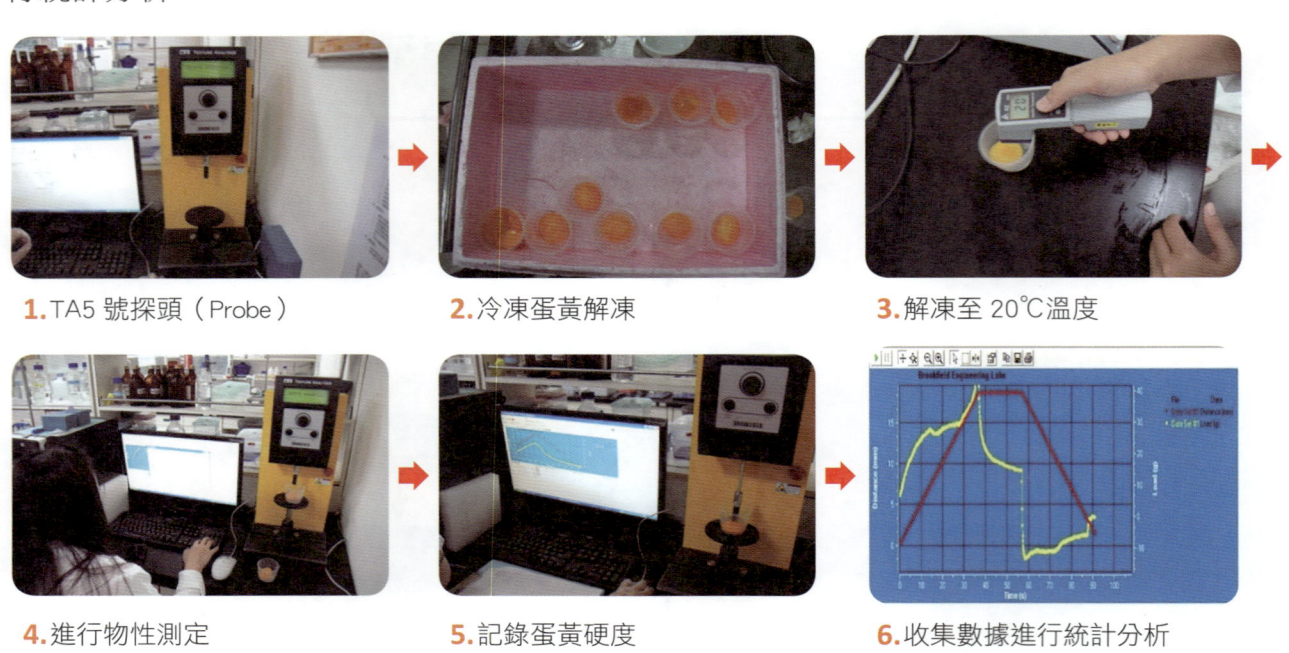

1. TA5 號探頭（Probe） → **2.** 冷凍蛋黃解凍 → **3.** 解凍至 20℃溫度 →

4. 進行物性測定 → **5.** 記錄蛋黃硬度 → **6.** 收集數據進行統計分析

（二）已凝膠蛋黃製作鹹蛋黃之實驗設計：

實驗設計一

將凝膠蛋黃以不同鹽漬方法作為操縱變因，測量鹽漬過程中蛋黃的鹽度及其內中外層之滲透速率。

將已解凍蛋黃，分別以純食鹽及不同濃度食鹽水進行鹽漬，定時取樣（圖一）、以研缽研磨、加水震盪溶解定容、最後以離心機（6000rpm、5 分鐘）後分別取得全蛋黃、蛋黃內層、中層及外層等澄清液，再以鹽度屈折計測定整顆蛋黃及蛋黃外層、中層及內層鹽度（三重複），以求證何種鹽漬法製得鹹蛋黃其鹽度與市售鹹蛋黃最為接近。

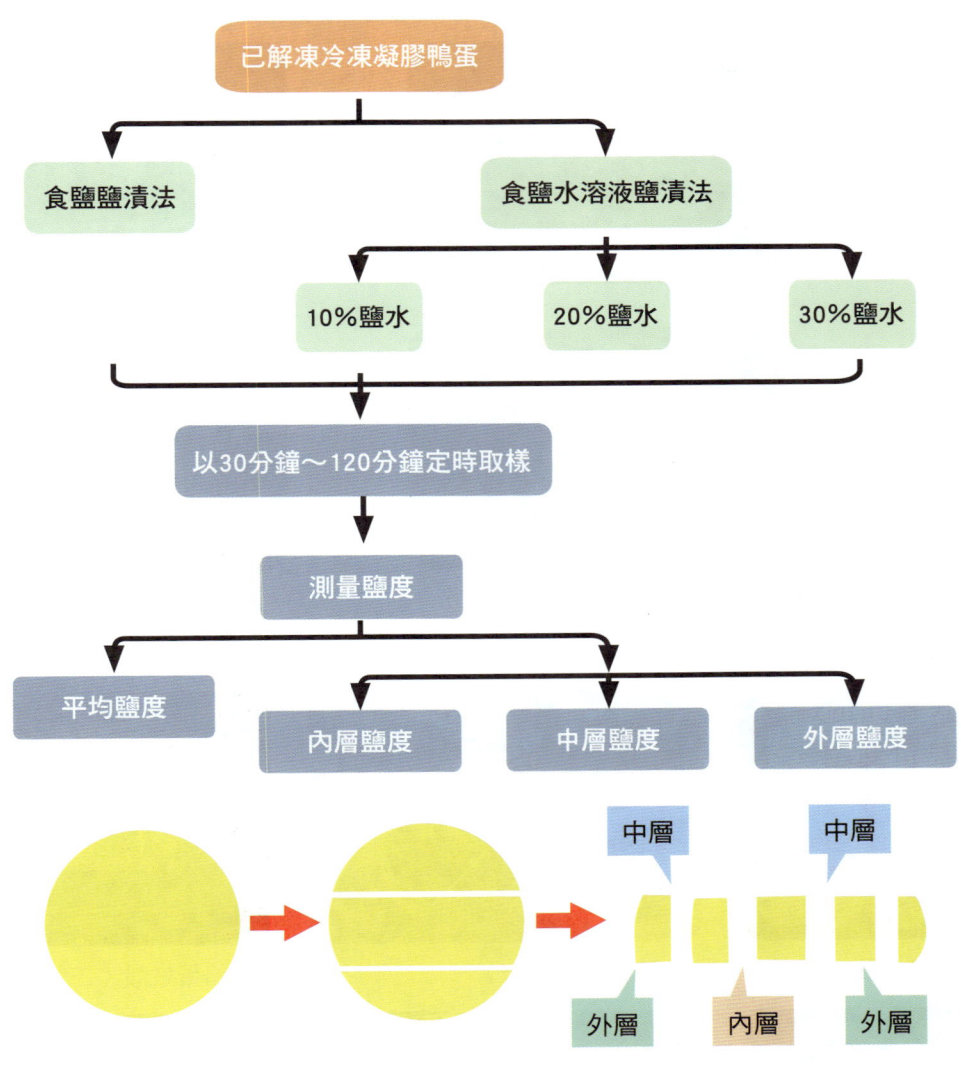

```
已解凍冷凍凝膠鴨蛋
      ↓           ↓
   食鹽鹽漬法    食鹽水溶液鹽漬法
                ↓      ↓      ↓
             10%鹽水  20%鹽水  30%鹽水
      ↓
以30分鐘～120分鐘定時取樣
      ↓
   測量鹽度
   ↓    ↓     ↓     ↓
 平均鹽度 內層鹽度 中層鹽度 外層鹽度
```

圖一、蛋黃外層、中層及內層取樣示意圖

(1) 不同鹽漬法

鹽漬方法	說明 / 鹽漬方法圖示	每 10 分鐘取樣（30～120 分鐘）
食鹽鹽漬法	（純食鹽鹽漬圖）	（取樣盤圖）
30% 食鹽水溶液鹽漬法	（30%食鹽水鹽漬圖）	（取樣盤圖）

2-5.9

20% 食鹽水溶液鹽漬法		
10% 食鹽水溶液鹽漬法		

(2)食鹽鹽漬法

1 鴨蛋退冰

2 鴨蛋去殼（一）

3 鴨蛋去殼（二）

4 蛋黃及蛋白分離

5 凝膠蛋黃

6 重量選別

7 直徑選別

8 食鹽鹽漬（一）

9 食鹽鹽漬（二）

(3) 食鹽水溶液鹽漬法

1 鴨蛋退冰
2 鴨蛋去殼（一）
3 鴨蛋去殼（二）
4 蛋黃及蛋白分離
5 凝膠蛋黃
6 重量選別
7 直徑選別
8 食鹽水鹽漬（一）
9 食鹽水鹽漬（二）

(4) 取樣方法

1 切邊
2 量測總長度分 6 等份
3 切外層取樣
4 切中層取樣

2-5.11

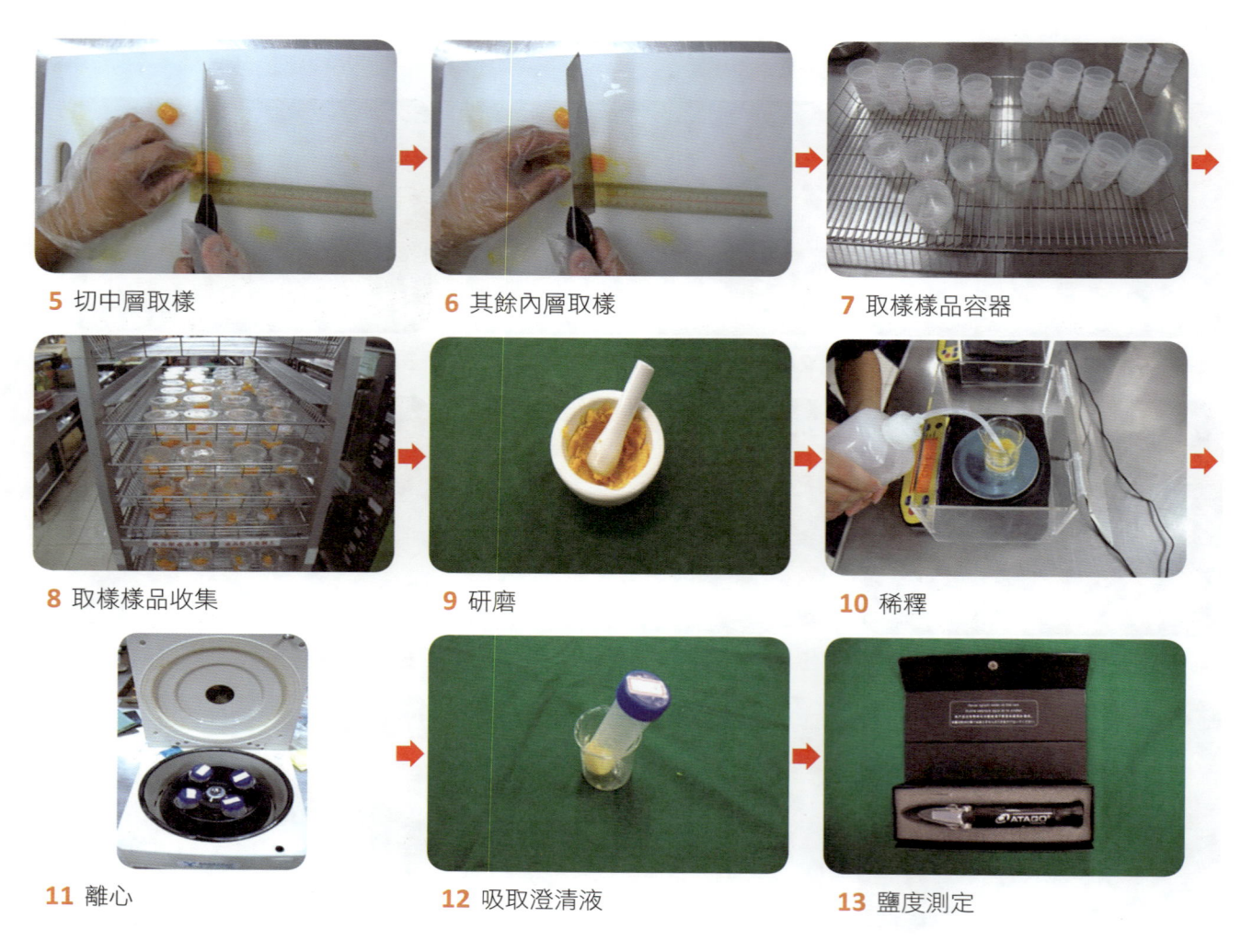

5 切中層取樣　　6 其餘內層取樣　　7 取樣樣品容器

8 取樣樣品收集　　9 研磨　　10 稀釋

11 離心　　12 吸取澄清液　　13 鹽度測定

（三）以冷凍凝膠製造鹹蛋黃所剩餘蛋白進行蛋糕製作之實驗設計

鮮蛋經冷凍使蛋黃發生冷凍凝膠凝固，再將冷凍蛋解凍後，蛋黃可進行速成鹹蛋黃之製作，剩餘已融化蛋白收集後，嘗試將其製作為天使蛋糕，並與新鮮蛋製作的天使蛋糕進行品評比較。

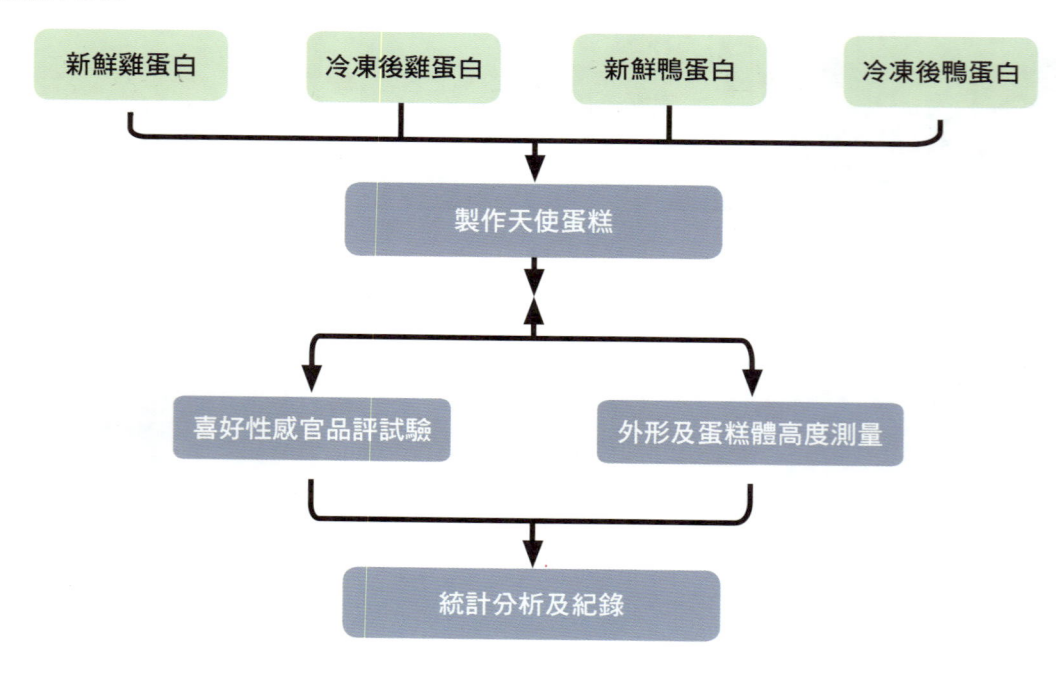

新鮮雞蛋白　冷凍後雞蛋白　新鮮鴨蛋白　冷凍後鴨蛋白
↓
製作天使蛋糕
↓
喜好性感官品評試驗　　外形及蛋糕體高度測量
↓
統計分析及紀錄

1 蛋白與塔塔粉中速打發　　2 分次加入砂糖　　3 加入低粉、玉米粉、香草粉

4 低速拌勻　　5 分裝置烤模　　6 以 180℃/170℃烤 20 分鐘

（四）以速成鹹蛋黃及冷凍過蛋白製作蛋糕分別進行喜好性感官品評實驗設計：
　　（1）（2）（4）（5）（8）（11）（12）

1. 品評員選擇：

　　選定未經品評訓練的品評員，根據參考文獻記載如果實驗研究設計得宜，取樣人數須 15 人，但 Gay 權威學者則提出最少 30 人以上方有代表性，本實驗設計則隨機取樣 60 人進行品評。

2. 品評室設計：

　　參考文獻及鄰近大學品評實驗室，將品評室隔間後（如圖二），進行品評。

3. 品評方法及尺度：

　　採用 5 分制喜好性品評法，並依品評實驗之不同分成二類，第一類品評色澤、香味、口感、鹹味及整體接受性，其評分範圍分成五個等級，從 1～5 分，五個數字分別代表：非常不喜歡、不喜歡、不喜歡也不討厭、喜歡及非常喜歡。第二類品評口感、鹹味及整體接受適合性，其評分範圍分成五個等級，從 1～5 分，五個數字分別代表：太淡、有點淡、剛剛好、有點強及太強。

4. 樣品的供應順序：

　　為了避免次序效應（order effect），根據文獻記載，當樣品數在 3～6 至多到 8 個時，可採用平衡式完全區集實驗法進行樣品排列及供應，即依照供應順序讓每位品評員品評所有供應之樣品，但順序已達隨機抵消次序效應。

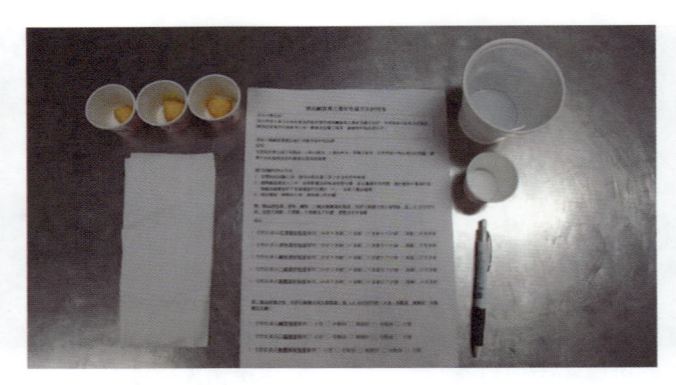

🦆 圖二、本校感官品評室佈置及品評圖示

5. 統計分析：

　　根據感官品評實驗所獲得結果進行統計分析，利用修習過計算機概論，請教老師後學習以電腦統計分析軟體 EXCEL、XLSTAT 及 SPSS 進行資料分析，分別計算平均值、標準差及變異數分析（ANOVA），若組間有顯著差異（p<0.05），則進一步事後分析採 Duncan 多變域測試，來分析各實驗組平均值間是否有顯著差異存在（p<0.05）。

伍 研究結果與討論

一 以不同製程條件進行鮮蛋低溫凝膠之實驗結果

　　以不同製程條件進行鮮蛋低溫凝膠之實驗結果如圖三所示，當鮮蛋放置於 −18℃ 冷凍 1～5 天，與放置於冷藏庫（4℃）對照組，每天取蛋破蛋進行解凍過程觀察，發現無論鴨蛋及雞蛋之蛋黃均會凝固且不再回到液態，但蛋白則均在 2 小時內融化成液態，印證教科書所提及蛋黃冷凍凝膠現象（郭等人，2012），但冷藏的鮮蛋則無此現象，蛋黃及蛋白均呈液態。

　　我們也發現當鮮蛋冷凍 1～2 天時，蛋黃內部仍有部分未凝膠，直至冷凍第 3 天以後，蛋黃內外均呈現固態。若改以 5 梯次每天放置鮮蛋至冷凍庫，在冷凍 5 天後統一進行觀察（如圖四），也有相同結果。因此我們進一步想了解冷凍時間的長短是否會影響凝膠蛋黃的軟硬程度，也同時討論採用不同方法進行冷凍時其硬度是否也會有所差別，為了符合實驗結果客觀性，採用物性測定儀來測量不同時驗條件時之蛋黃硬度，結果如表一、圖五所示，無論用何種形態方式進行冷凍，凝膠蛋黃之硬度均有隨冷凍時間遞增而增加，蛋黃硬度均在冷凍第 3 天達到最高，其中以全蛋冷凍法之蛋黃硬度最大。我們也發現當冷凍超過三天以後蛋黃之硬度有逐漸降低之趨勢。

　　由圖六也得知，以全蛋冷凍法製成之蛋黃其外型呈圓球形，與市售鹹蛋黃外觀最接近，最符合我們所期望蛋黃外觀；全蛋液冷凍法次之；蛋黃冷凍法外觀最差。因此接下來的實驗將以全蛋冷凍法所製成之蛋黃來進行實驗。

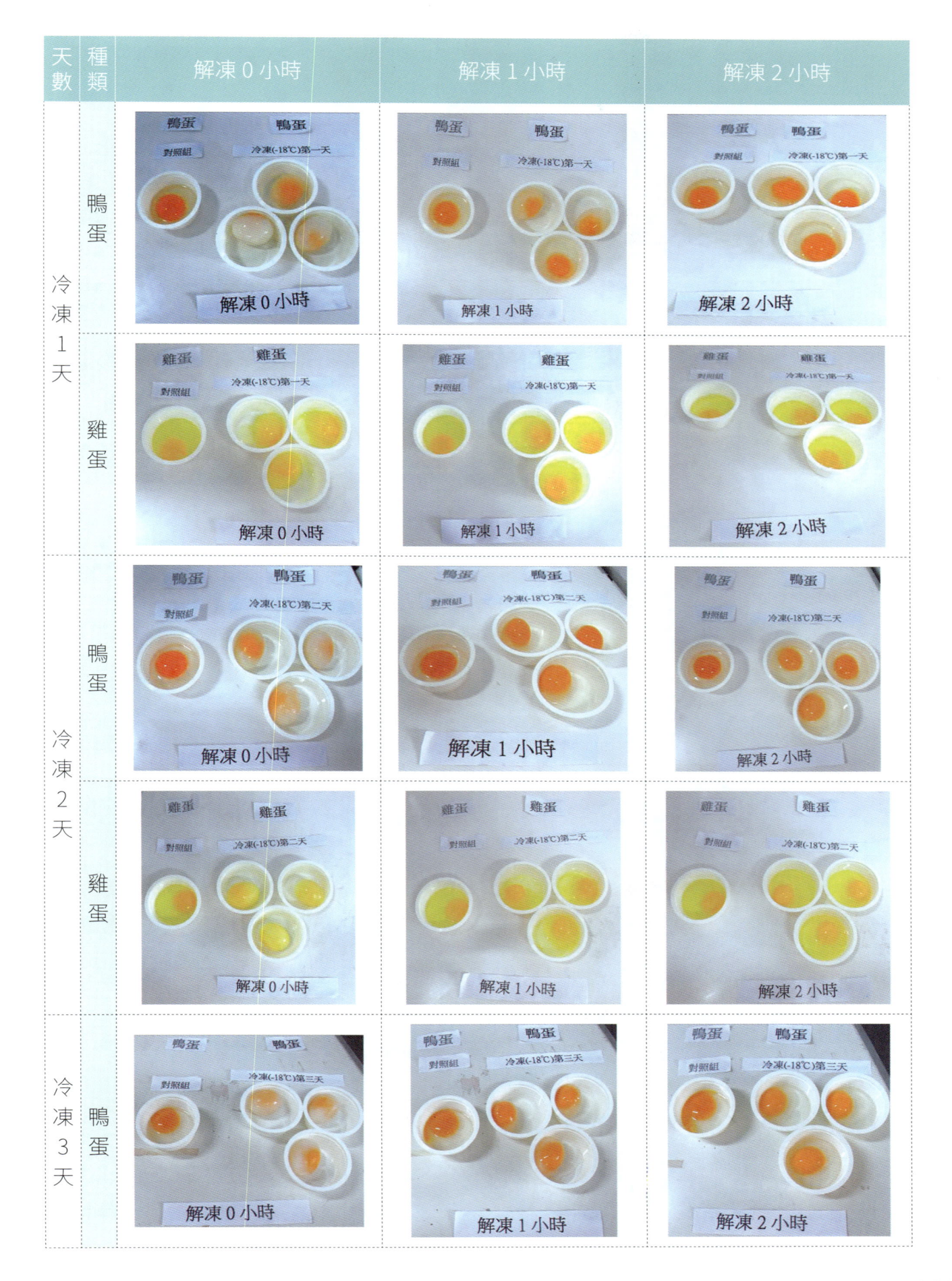

天數	種類	解凍 0 小時	解凍 1 小時	解凍 2 小時
冷凍 1 天	鴨蛋			
	雞蛋			
冷凍 2 天	鴨蛋			
	雞蛋			
冷凍 3 天	鴨蛋			

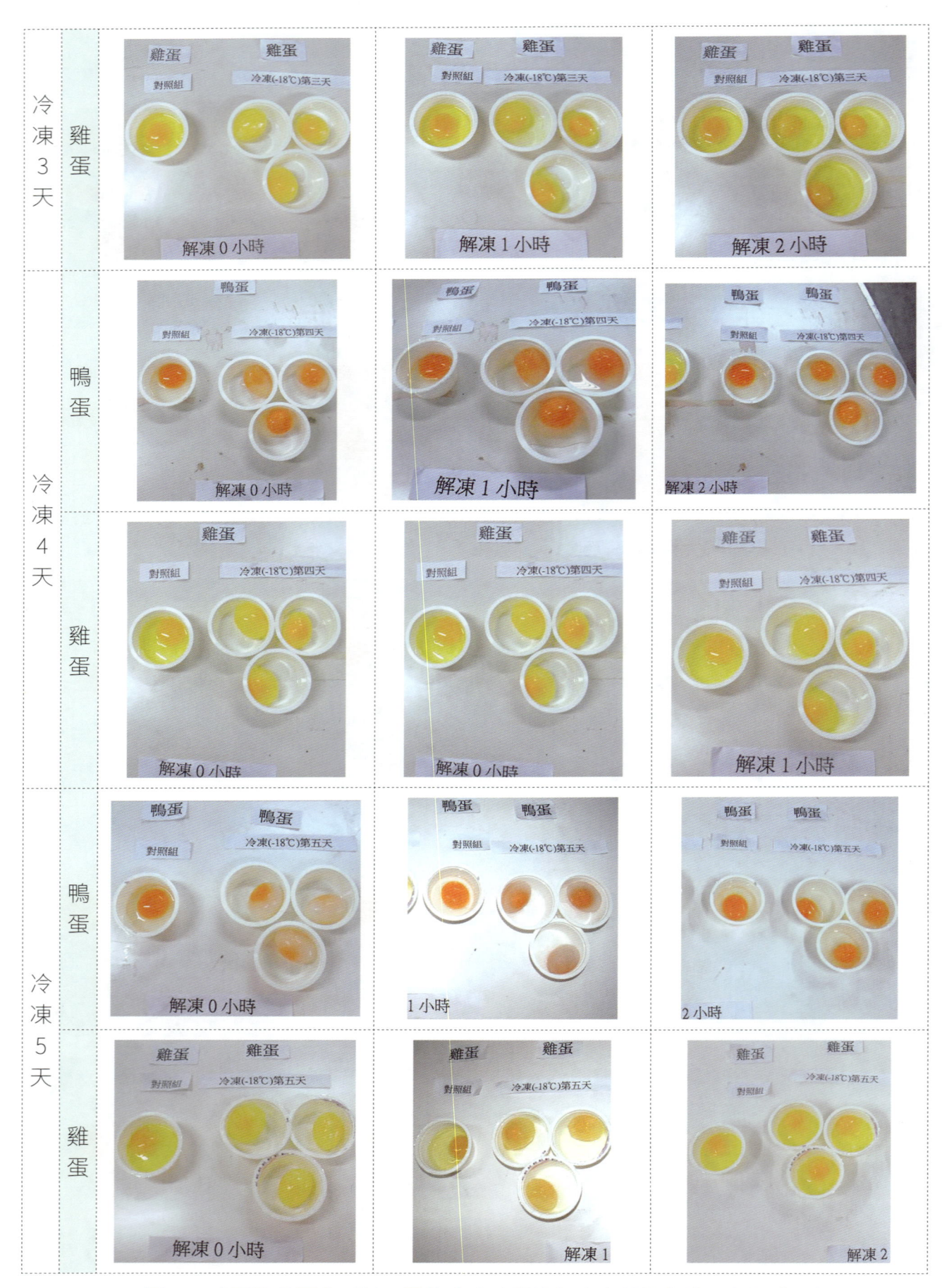

圖三、鴨蛋及雞蛋分別以不同的冷凍時間進行冷凍凝膠實驗示意圖（一）

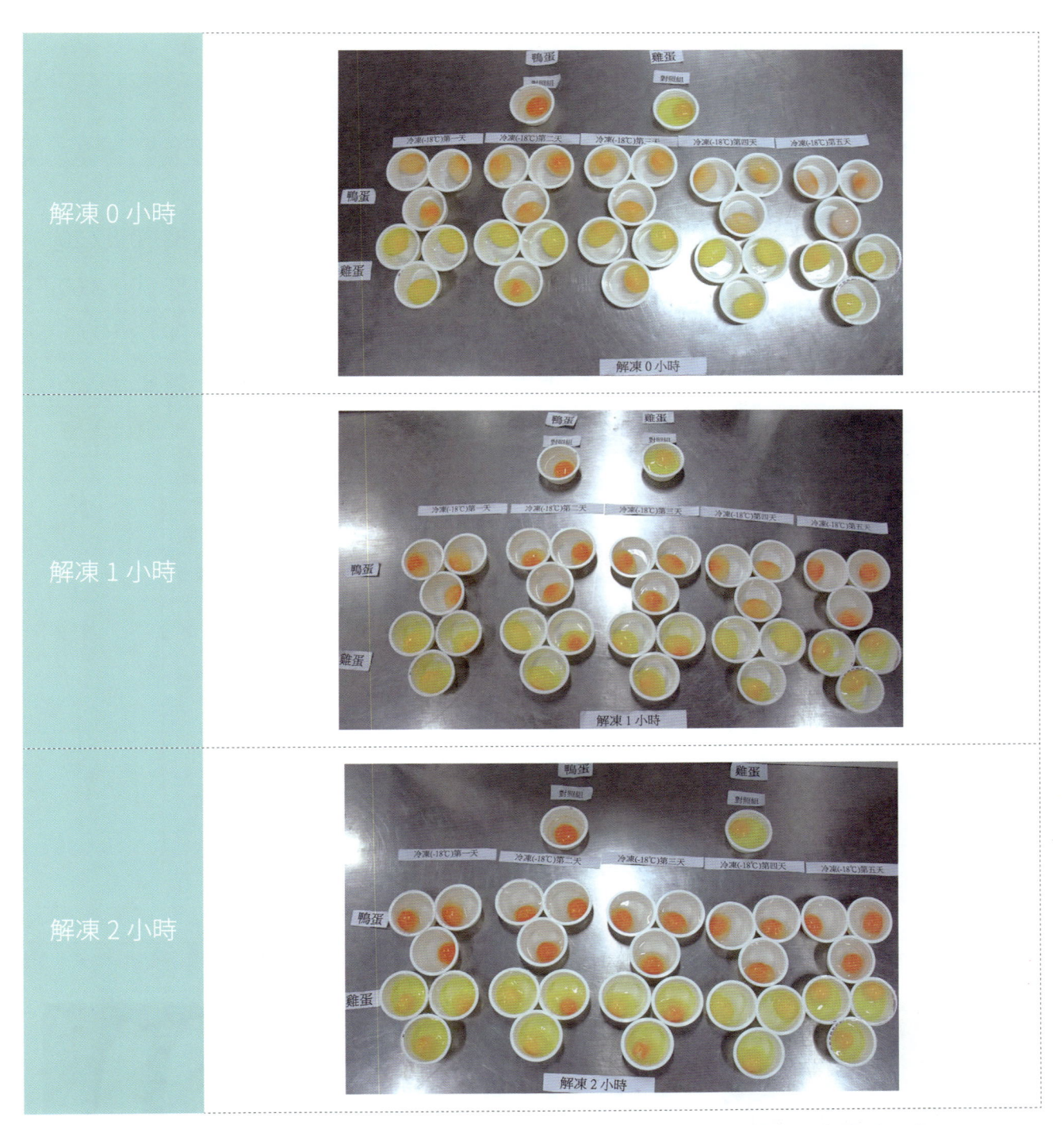

解凍 0 小時	
解凍 1 小時	
解凍 2 小時	

🦆 圖四、鴨蛋及雞蛋分別以不同的冷凍時間進行冷凍凝膠實驗示意圖（二）

表一、不同冷凍時間鴨蛋黃以物性測定儀進行硬度測試之統計表

硬度（公克）　　　冷凍方法 冷凍時間	全蛋冷凍法	全蛋液冷凍法	純蛋黃冷凍法
未冷凍		13.40±0.82	
冷凍一天	22.20±1.50	28.27±1.36	37.20±2.20
冷凍二天	25.85±0.85	27.50±0.92	35.60±3.60
冷凍三天	42.50±1.40	34.50±1.60	38.83±2.05
冷凍四天	39.93±2.55	28.07±4.14	27.85±0.25
冷凍五天	27.00±2.51	31.90±1.40	30.70±1.51

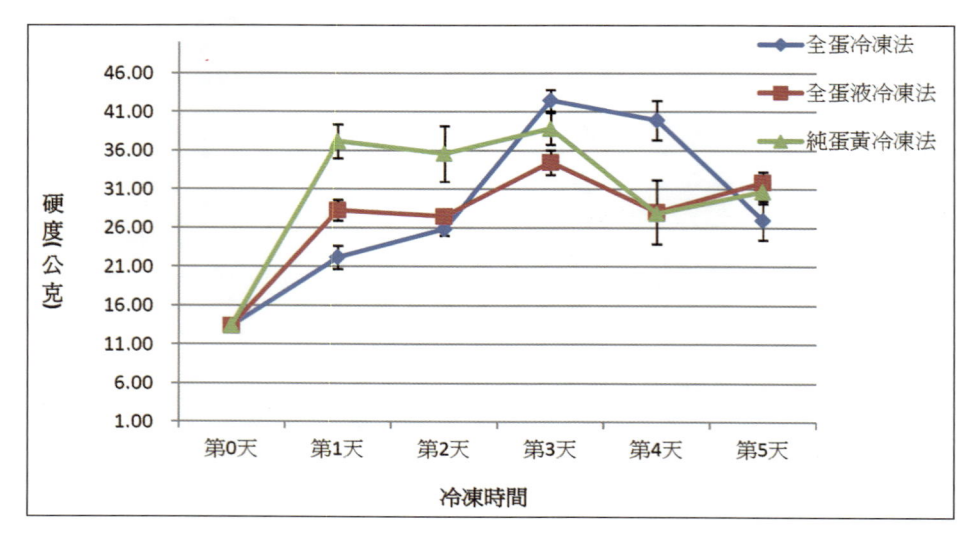

圖五、不同冷凍時間鴨蛋黃進行硬度測試統計圖

解凍前	解凍中	解凍後

冷凍前	解凍後
全蛋冷凍法	全蛋冷凍法

圖六、不同冷凍方法冷凍後解凍之外形觀察圖

二 以不同鹽漬方法作為操縱變因，測量鹽漬過程中鴨蛋黃的鹽度變化結果與討論

（一）測量鹽漬過程中，鴨蛋黃的鹽度

由表二可得知，一般市售的鹹蛋黃鹽度經測定其值平均在6％，並測量蛋黃外層、中層及內層的鹽度，蛋黃外層鹽度最高（6.0～6.8％）、中間層次之（5.8～6.4％）、而內層鹽度較低（3.6～6.4％），符合課本所說鹽漬食品滲透是由外而內滲透，以表面的鹽度最高，中間層次之，而內層最低。（柯等人，2011）。

表二、市售鹹蛋黃內中外層鹽度統計表

廠商名稱	鹽度	市售鹹蛋黃				
		外層鹽度	中層鹽度	內層鹽度	平均鹽度	內外層鹽度差
A廠商	市售鹹蛋黃A	6.2	5.8	3.6	6.0	-2.6
B廠商	市售鹹蛋黃B	6.8	6.4	6.4	6.0	-0.4

| C 廠商 | | 6.0 | 6.2 | 4.8 | 6.0 | -1.2 |

凝膠蛋黃分別以食鹽及不同濃度食鹽水進行鹽漬結果，如表三所示，實驗發現食鹽鹽漬法實驗組在 50～80 分鐘時其鹽度與市售較為接近；30% 食鹽水鹽漬法實驗組在 40～60 分鐘時其鹽度與市售最為接近，20% 食鹽水鹽漬法實驗組則要到 110 分鐘其鹽度才與市售接近；10% 食鹽水鹽漬法實驗組鹽漬至 120 分鐘皆無法達到市售鹽度。實驗到此我們出現一個疑問，在鹽度測定時是取樣整顆蛋黃進行鹽度測定，所以所測得鹽度是整顆蛋黃平均，但在教科書中有提及有關鹽漬食品之鹽漬速率快慢，與滲透壓大小有關，而滲透壓大小又與溶質濃度成正比關係（李等人，2011），由於我們實驗設計是將整顆蛋黃放置於食鹽中進行鹽漬滲透，我們很好奇「在鹽漬過程中，蛋黃表面與蛋黃中心的食鹽濃度是否也會有所不同呢？」於是繼續進行下一階段實驗來驗證。

表三、凝膠蛋黃分別以食鹽及不同濃度食鹽水進行鹽漬其鹽度統計表

鹽漬方法 鹽度(%) 時間	食鹽鹽漬法	30%食鹽水鹽漬法	20%食鹽水鹽漬法	10%食鹽水鹽漬法	市售鹹蛋黃
30 分鐘	4.67±0.46	4.33±0.76	3.53±0.31	2.33±0.12	
40 分鐘	4.53±0.23	5.73±0.31	4.33±0.42	2.53±0.23	
50 分鐘	6.20±0.35	5.93±0.12	4.30±0.10	3.87±0.23	
60 分鐘	6.27±0.12	5.60±0.40	4.87±0.12	3.70±0.10	
70 分鐘	6.13±0.12	8.47±1.21	5.20±0.53	3.87±0.31	6.0
80 分鐘	6.33±0.31	8.93±0.61	4.313±0.12	3.53±0.31	
90 分鐘	10.13±0.61	10.07±1.10	5.80±0.35	3.93±0.42	
100 分鐘	10.00±0.20	7.67±0.58	5.60±0.40	4.20±0.53	
110 分鐘	9.07±1.01	8.73±0.42	6.40±0.40	3.73±0.12	
120 分鐘	9.60±0.40	8.67±0.83	6.80±0.40	2.67±0.23	

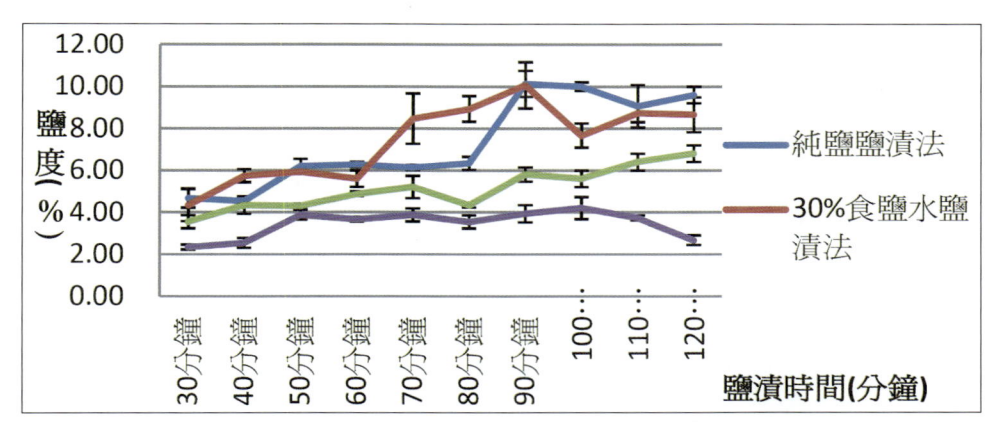

🦆 圖七、凝膠蛋黃分別以食鹽及不同濃度食鹽水進行鹽漬其鹽度統計表

（二）測量蛋黃外層、中層及內層的鹽度變化：

結果如表四、圖八所示，速成鴨蛋黃以食鹽及食鹽水鹽漬法發現：食鹽鹽漬到達30分鐘時，鴨蛋黃實驗組外層、內層鹽度，接近市售鹹蛋黃鹽度，但外層鹽度已超過市售鹹蛋黃；30%食鹽水鹽漬法鹽漬達40分鐘時鴨蛋黃實驗組外層、內層及平均鹽度，與市售鹹蛋黃鹽度較為接近，且我們發現以食鹽水鹽漬法鹽漬的鴨蛋黃內外層鹽度差較小。

🦆 表四、凝膠蛋黃分別以食鹽及30%食鹽水進行鹽漬其外中內層鹽度統計表

鹽漬方法 鹽度(%) 鹽漬時間	食鹽鹽漬法 外層	中層	內層	內外層鹽度差	30%食鹽水鹽漬法 外層	中層	內層	內外層鹽度差
30分鐘	9.60±0.40	5.73±0.46	6.00±0.00	-3.6	9.60±0.40	4.60±0.20	6.70±0.10	1.2
40分鐘	10.53±0.23	5.60±0.40	6.70±0.50	-3.9	10.53±0.23	4.40±0.40	5.60±0.40	-1.0
50分鐘	9.07±0.83	6.40±0.40	5.70±0.10	-3.3	9.07±0.83	5.30±0.14	6.10±0.10	-3.3
60分鐘	9.20±0.00	6.40±0.40	5.90±0.10	-3.3	9.20±0.00	6.30±0.10	5.73±0.61	-5.0
70分鐘	10.60±0.20	6.40±0.00	5.70±0.50	-4.9	10.60±0.20	5.60±0.40	6.00±0.40	-5.6
80分鐘	11.80±0.00	8.20±0.20	6.30±0.10	-5.5	11.70±0.10	9.40±0.60	6.20±0.20	-4.4
90分鐘	12.20±0.20	8.50±0.50	7.30±0.10	-4.9	12.20±0.20	8.27±0.15	7.10±0.70	-5.0
100分鐘	12.20±0.60	10.00±0.00	7.00±1.00	-5.2	12.20±0.60	8.50±0.30	7.40±0.20	-5.1
110分鐘	11.90±0.10	8.60±0.6	7.40±0.40	-4.5	11.90±0.10	9.00±0.20	7.50±0.30	-5.2
120分鐘	14.40±0.40	11.40±0.00	7.00±1.00	-7.4	14.40±0.40	8.70±0.10	6.73±0.12	-4.2

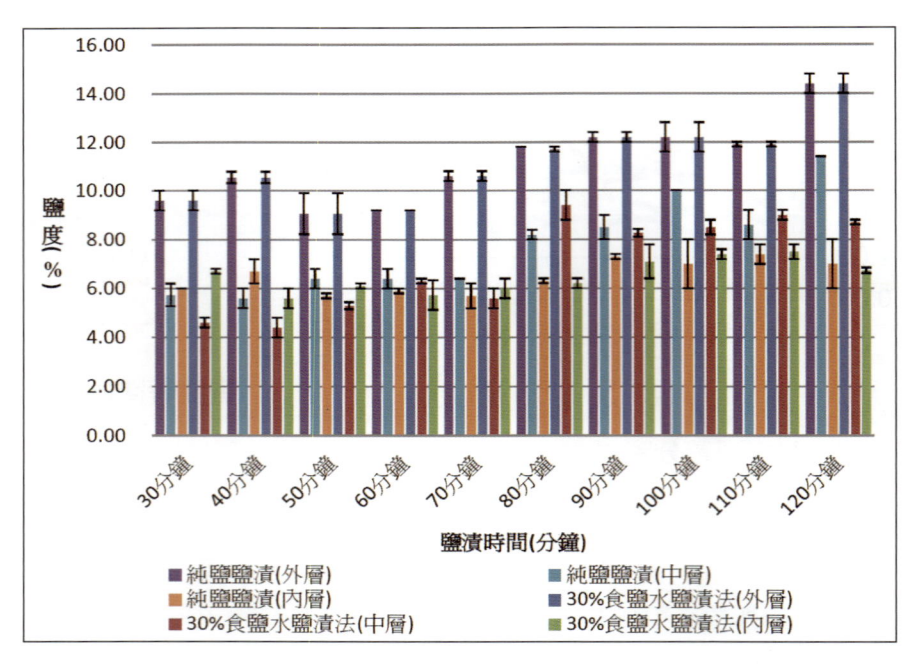

🦆 圖八、食鹽鹽漬法測量鴨蛋黃外層、中層及內層鹽度變化統計圖

三 將冷凍凝膠鴨蛋製作速成鹹蛋黃，進行喜好性感官品評實驗結果與討論

經由上述實驗結果我們將以食鹽及 30% 食鹽水鹽漬法製作成速成鹹蛋黃進行喜好性感官品評實驗，並搭配感官品評懲罰性實驗（Penalty test），以了解此產品是否受消費者所接受，並證實鹹蛋黃之鹹味、口感及整體風味強度是否剛剛好（just about right）。由表五可得知，速成鹹鴨蛋黃在鹹味及整體風味強度方面在 5% 冒險率下未被懲罰（$p>0.05$），是可以被消費者覺得剛剛好（just about right）而接受，但在口感強度方面則是被懲罰的（$p<0.05$），代表消費者認為口感偏弱沒有剛剛好。

🦆 表五、速成鹹鴨蛋黃進行懲罰性實驗結果

Variable	Level	Frequencies	%	Mean（整體喜好程度）	p-value	Significant	Penalties	p-value	Significant
鹹味強度	弱	24	40.00%	3.083	0.193	No	0.167	0.508	No
	剛剛好	30	50.00%	3.400					
	強	6	10.00%	3.833					
口感強度	弱	20	33.33%	2.750	0.001	Yes	0.680	0.005	Yes
	剛剛好	31	51.67%	3.645					
	強	9	15.00%	3.444					
整體風味強度	弱	20	33.33%	2.850	0.011	Yes	0.326	0.194	No
	剛剛好	32	53.33%	3.469					
	強	8	13.33%	3.875					

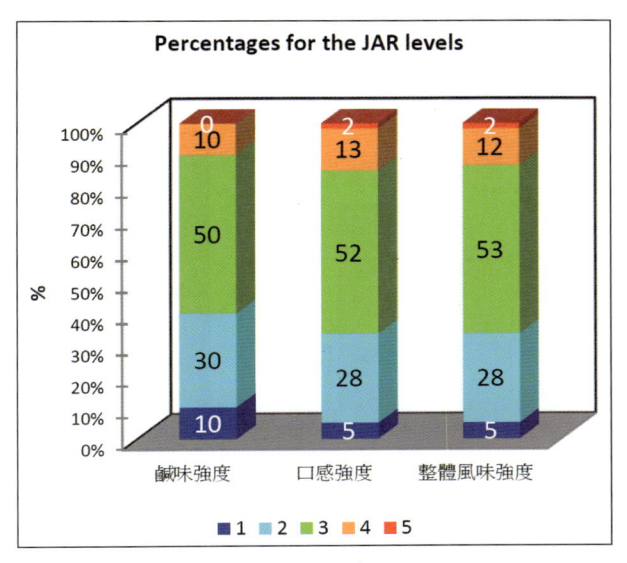

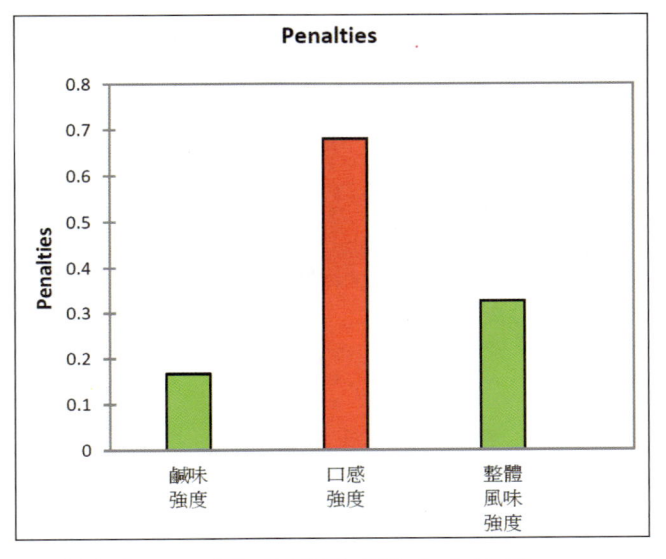

图九、速成鹹鴨蛋黃進行懲罰性實驗測試鹹味、口感及整體風味強度之結果

　　由表六可得知，速成鹹雞蛋黃在鹹味、口感及整體風味強度方面在 5% 冒險率下均被懲罰（p<0.05）代表消費者認為其強度較弱，因此後續實驗將排除雞蛋為原料進行速成鹹蛋黃之實驗。

表六、速成鹹雞蛋黃進行懲罰性實驗結果

Variable	Level	Frequencies	%	Mean（整體喜好程度）	p-value	Significant	Penalties	p-value	Significant
鹹味強度	弱	19	31.67%	2.842	< 0.0001	Yes	0.942	0.000	Yes
	剛剛好	31	51.67%	3.839					
	強	10	16.67%	3.000					
口感強度	弱	13	21.67%	2.538	< 0.0001	Yes	0.821	0.001	Yes
	剛剛好	38	63.33%	3.684					
	強	9	15.00%	3.333					
整體風味強度	弱	19	31.67%	2.421	< 0.0001	Yes	1.167	< 0.0001	Yes
	剛剛好	30	50.00%	3.967					
	強	11	18.33%	3.455					

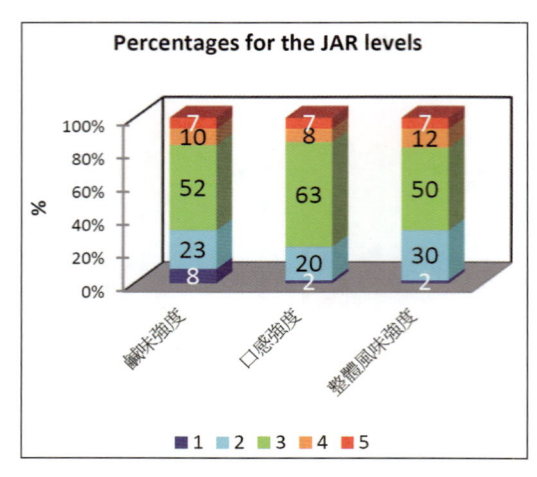

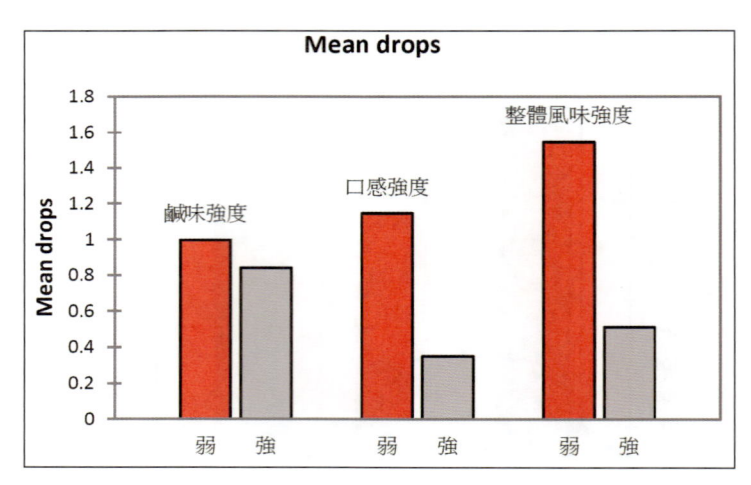

🦆 圖十、速成鹹雞蛋黃進行懲罰性實驗測試鹹味、口感及整體風味強度之結果

　　由表七可得知，市售鹹蛋黃在鹹味強度方面在 5% 冒險率下是被懲罰的（p<0.05），代表消費者分別認為鹹味太弱或太強，沒有剛剛好。但口感及整體風味強度方面則是剛剛好的（p>0.05）未被懲罰。由上述實驗可得知，以鴨蛋進行速成鹹蛋黃在鹹味及整體喜好性強度較符合消費者喜好性。接下來實驗將以不同鹽度方法進行消費者喜好性感官品評實驗。

🦆 表七、市售鴨蛋黃進行懲罰性實驗結果

Variable	Level	Frequencies	%	Mean（整體喜好程度）	p-value	Significant	Penalties	p-value	Significant
鹹味強度	弱	21	35.00%	2.714	< 0.0001	Yes	0.694	0.002	Yes
	剛剛好	24	40.00%	3.667					
	強	15	25.00%	3.333	< 0.0001	Yes			
口感強度	弱	17	28.33%	2.588	0.000	Yes	0.284	0.210	No
	剛剛好	31	51.67%	3.387					
	強	12	20.00%	3.833	0.000	Yes			
整體風味強度	弱	20	33.33%	2.550	< 0.0001	Yes	0.373	0.100	No
	剛剛好	26	43.33%	3.462					
	強	14	23.33%	3.857	< 0.0001	Yes			

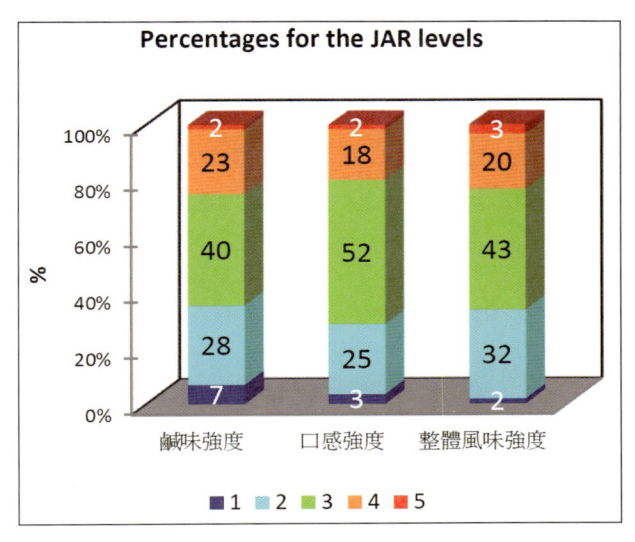

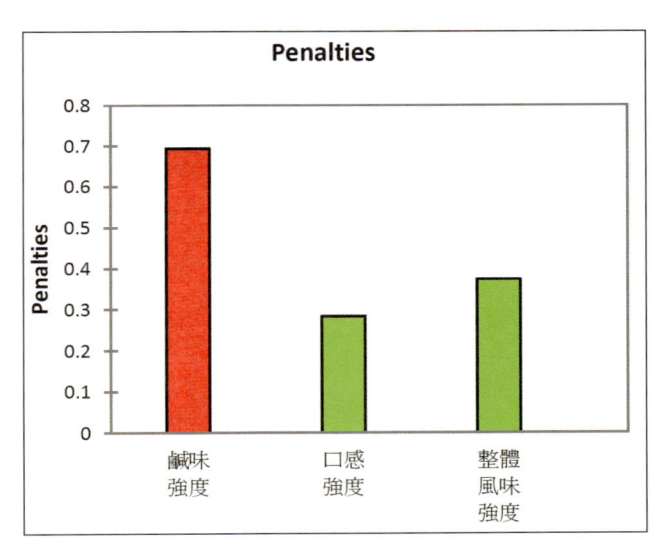

图十一、市售鴨蛋黃進行懲罰性實驗測試鹹味、口感及整體風味強度之結果

四 以鴨蛋製作速成鹹蛋黃，進行喜好性感官品評口感之結果與討論

由表八可得知，在色澤方面以30％食鹽水鹽漬速成鹹蛋黃實驗組的評分最高，與傳統市售鹹蛋黃（對照組）有顯著差異存在（$p<0.05$）（圖十一）。由此可見在色澤方面30％食鹽水鹽漬速成鹹蛋黃較受消費者喜愛。

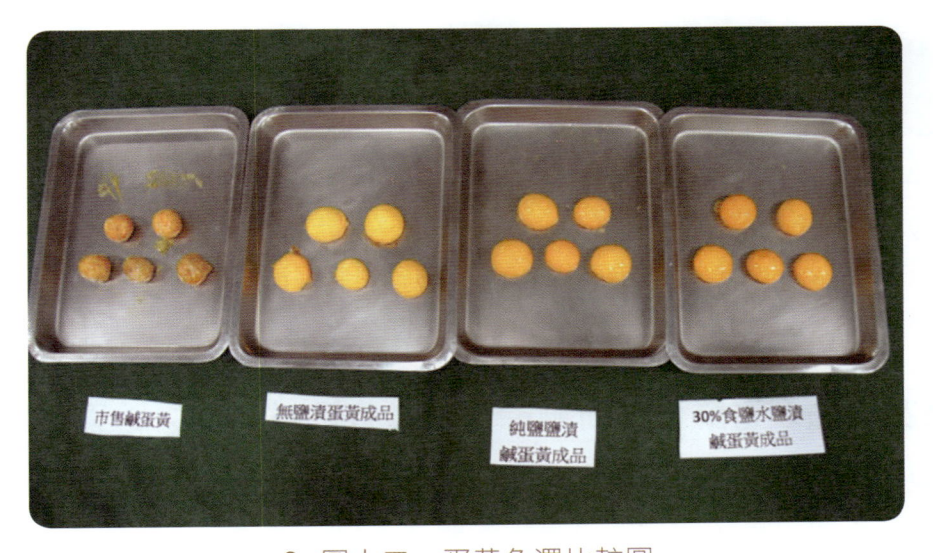

圖十二、蛋黃色澤比較圖

在鹹味及整體喜好性方面，30% 食鹽水鹽漬速成鹹蛋黃實驗組與傳統市售鹹鴨蛋黃（對照組）評分較高，並且兩者無顯著差異存在；在口感方面，實驗組與傳統市售鹹鴨蛋黃（對照組）評分皆無顯著差異存在（$p>0.05$）代表二者在鹹味、口感、整體喜好性均能被消費者接受。唯獨在香味方面，傳統市售鹹蛋黃（對照組）評分較高有顯著差異存在（$p<0.05$）。

表八、消費者喜好性感官品評統計表

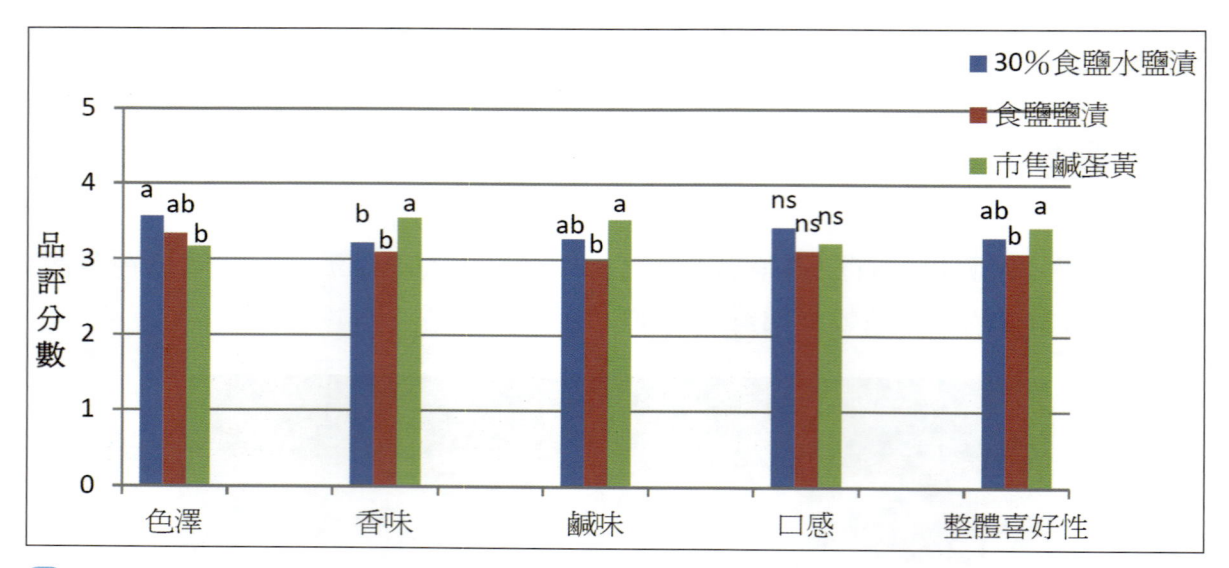

品評項目＼鹽漬方法	食鹽鹽漬速成鹹蛋黃	30%食鹽水鹽漬速成鹹蛋黃	市售鹹蛋黃
色澤品評分數	3.34ab	3.57a	3.17b
香味品評分數	3.10b	3.22b	3.55a
鹹味品評分數	2.99b	3.28ab	3.53a
口感品評分數	3.12ns	3.43ns	3.22ns
整體喜好性品評分數	3.09b	3.30ab	3.43a

註 有效樣本共 102 份。
a ～ b：means bearing different letters are significantly different（p<0.05）

圖十三、消費者喜好性感官品評統計圖

五 以冷凍凝膠法製造鹹蛋黃所剩餘蛋白進行蛋糕製作之結果與討論

　　利用冷凍凝膠法製作速成鹹蛋黃，不僅可大幅縮短鴨蛋鹽漬時間，原本產生大量廢棄無用鹹蛋白將不復再見，取代的將是大量解凍蛋白，經過冷凍再解凍蛋白其加工特性如起泡性、凝固性是否有所影響，與新鮮蛋白是否有所差異，接下來將嘗試將其製作為天使蛋糕，並與新鮮蛋白製成天使蛋糕進行比較，分別進行蛋糕體積測量及消費者喜好性感官品評實驗，由圖十二可得知，無論以冷凍雞蛋白或鴨蛋白均可製成天使蛋糕，其剖面組織細緻性均相當，若測量蛋糕體高度，新鮮雞蛋白及鴨蛋白平均在 6.5 公分；相較於冷凍雞蛋白與鴨蛋白，其蛋糕體高度約在 6.0 公分，僅約有 0.5 公分之差異，在外觀而言仍在可接受範圍。

	比較圖	天使蛋糕剖面組織圖	天使蛋糕高度示意圖
新鮮鴨蛋白			
冷凍鴨蛋白			
新鮮雞蛋白			
冷凍雞蛋白			

圖十四、以不同蛋白製作天使蛋糕測量其成品體積示意圖

由表九可得知，在色澤方面以冷凍鴨蛋白製成天使蛋糕評分最高，與新鮮雞蛋白或新鮮鴨蛋白實驗組之間有顯著差異存在（$p<0.05$）。冷凍雞蛋白與新鮮雞蛋白或新鮮鴨蛋白實驗組之間則無差異存在。在香味方面，以冷凍雞蛋白製成天使蛋糕評分最高，與新鮮雞蛋白間有顯著差異存在（$p<0.05$）。冷凍鴨蛋白與新鮮雞蛋白或新鮮鴨蛋白實驗組之間則無差異存在。在口感方面以冷凍鴨蛋白製成天使蛋糕評分最高，與各實驗組之間有顯著差異存在（$p<0.05$）。在整體喜好性方面，以冷凍鴨蛋白製成天使蛋糕評分最高，與新鮮雞蛋白或冷凍鴨蛋白實驗組之間有顯著差異存在（$p<0.05$）。冷凍鴨蛋白與新鮮鴨蛋白之間則無差異存在。

由上述實驗結果可得知，冷凍鴨蛋白製作天使蛋糕進行消費者喜好性感官品評，在色澤、口感評分最高，與新鮮蛋白組有顯著差異存在，代表經過冷凍後蛋白不僅不會破壞蛋白加工性質，甚至還優於新鮮蛋白，在香味及整體喜好性則與新鮮蛋白組無顯著差異存在，代表鴨蛋白是否冷凍與其加工特性無顯著影響。

表九、進行消費者喜好性感官品評分數統計表

	新鮮雞蛋白	冷凍雞蛋白	新鮮鴨蛋白	冷凍鴨蛋白
色澤品評分數	3.4b	3.6ab	3.5b	3.8a
香味品評分數	3.2b	3.6a	3.4ab	3.4ab
口感品評分數	2.7c	2.7c	3.5b	3.9a
整體喜好性品評分數	3.0b	3.1b	3.5a	3.8a

註 有效樣本共 60 份
a～b：means bearing different letters are no significantly different（$p<0.05$）

六 速成鹹蛋黃產品特色及未來願景

項目	速成鹹蛋黃	傳統鹹蛋黃	速成鹹蛋黃未來優勢
製作時間	僅需 4 天。	冬天需 45 天、夏天需 30 天。	可節省 26～41 天製作時間，以傳統鹹蛋黃平均需 37.5 天來計算，可多增加生產 8 批速成鹹蛋黃之產能。
鹹蛋白廢棄物	無。	每顆傳統鹹蛋含有 2/3 鹹蛋白（約 40 公克/每顆），無法再利用。	無廢棄鹹蛋白，以每年國內鴨蛋年產量約 4.6 億枚，主要作為鹹蛋、皮蛋等原料，若預估約 1/4 作鹹蛋（以 1 億枚計），則可減少 4000 噸鹹蛋白廢棄物。
解凍蛋白	每顆速成鹹蛋含有 2/3 蛋白，可再收集利用，提供烘焙業者進行蛋糕、西點等加工。	無。	解凍鴨蛋白可收集包裝成液蛋販售（1 公斤/每瓶），若以 4000 噸蛋白計，每瓶蛋白市價 60 元，最高可增加 2.4 億元附加價值。
醃漬食鹽原料	可重複再鹽漬利用	傳統用加鹽紅土進行醃漬，無法再利用	無廢棄紅土產生，不會造成環境汙染。
鹽度調整	可隨意調整或降低鹽度。	不易調整改變。	可隨時偵測鹽度依消費者喜好性調整或降低鹽度，符合現代健康飲食達到低鈉鹽飲食理想及目標。

陸 結論

一、以全蛋冷凍法所製成之蛋黃，與市售鹹蛋黃外觀最接近，冷凍凝膠效果最佳。

二、一般市售的鹹蛋黃鹽度經測定其值為6％，以冷凍凝膠鴨蛋黃以30％食鹽水鹽漬40～60分鐘，其鹽度即與市售鹹蛋黃相當。

三、以速成鹹鴨蛋黃進行消費者喜好性的感官品評，在色澤方面，30％食鹽水鹽漬鹹鴨蛋黃與傳統市售鹹蛋黃有顯著差異的好（$p<0.05$）；在鹹味、口感及整體喜好性方面，30％食鹽水鹽漬鹹鴨蛋黃與傳統市售鹹蛋黃的評分較高且無顯著差異存在，代表二者均能被消費者接受。

四、冷凍鴨蛋白製作天使蛋糕進行消費者喜好性感官品評，在色澤、口感評分最高，與新鮮蛋白組有顯著差異存在，甚至還優於新鮮蛋白，在香味及整體喜好性則與新鮮蛋白組無顯著差異存在，代表經過冷凍後蛋白並不會破壞其加工特性。

五、成本分析：速成鹹蛋黃只需冷凍3天及鹽漬40～60分鐘即可完成，與傳統鹹蛋醃製需至少30天相比，大幅縮短了生產時間且蛋白可以回收再利用，每年可減少大量鹹蛋白廢棄物，解凍鴨蛋白可收集包裝成液蛋販售可增加其附加價值。

參考資料

1. 佐藤信（1989）。官能檢驗法入門。臺中：國彰出版社。
2. 吳明隆（2006）。SPSS統計應用學習實務。臺北：知成科技。
3. 李玫琳、林頎生、余豐任、何淇義（2011）。食品化學與分析II。臺南市：復文書局。
4. 區少梅（1992）。食品官能品評學講義。臺北。
5. 姚念周（2012）。感官品評與實務應用。桃園：樞紐科技。
6. 馬宗能（2000）。食品概論。臺南市：復文書局。
7. 郭文玉、劉發勇、邱宗甫（2012）。食品加工I。臺南市：復文書局。
8. 彭秋妹、王家仁（1991）。食品官能檢查手冊。新竹：食品工業發展研究所。
9. 鄭清和（1992）。食品原料上。臺南市：復文書局。
10. 賴滋漢 阮喜文 柯文慶（1991）。食品原料。臺中市：精華出版社。
11. 劉伯康（2013）。食品感官品研習講義。臺中。
12. 謝文斌（1994）。不同糖酸比對番石榴果汁之消費者喜好性的影響。臺北：輔仁大學食品營養學研究所碩士論文。
13. 網路資料，網址：http://www.coa.gov.tw/show_news.php?cat=show_news&serial=coa_diamond_20130830102920&print=1

note

創意組

年年有「魚」步步「糕」生～魚肉蛋糕

作者群：陳郁雯、林惠如、陳進盛
指導教師：黃俊強、林秋玲

關鍵詞：蛋糕、鬼頭刀、魚肉蛋糕

目錄

目錄	2-6.ii
圖目錄	2-6.iv
表目錄	2-6.v
壹、創意動機及目的	2-6.2
一、創意動機	2-6.2
二、研究目的	2-6.2
貳、作品特色與創意特質	2-6.2
一、作品特色	2-6.2
二、創意特質	2-6.3
參、研究方法（過程）	2-6.3
一、實驗架構	2-6.3
二、實驗材料與設備	2-6.4
肆、依據理論及原理	2-6.4
一、鱰魚（鬼頭刀、飛虎）的利用與營養價值	2-6.4
二、EPA 及 DHA	2-6.5
三、VBN	2-6.5

Contents

伍、作品功用與操作方式	2-6.5
一、魚肉蛋糕製作過程	2-6.5
陸、製作歷程說明	2-6.5
一、添加不同比例魚肉之魚肉蛋糕其理化特性差異性比較	2-6.5
二、添加不同比例魚肉之魚肉蛋糕之成分分析實驗	2-6.6
三、探討魚肉蛋糕之保存期限實驗	2-6.6
四、探討消費者對不同比例之魚肉蛋糕接受度	2-6.7
柒、討論	2-6.9
一、添加不同比例魚肉之魚肉蛋糕之理化特性	2-6.9
二、添加不同比例魚肉之魚肉蛋糕之成分分析	2-6.10
三、探討魚肉蛋糕之保存期限	2-6.11
四、消費者對不同比例之魚肉蛋糕接受度	2-6.12
五、SWOT 分析及成本計算	2-6.13
捌、結論	2-6.14
玖、參考資料及其他	2-6.14

圖目錄

圖 1	實驗流程圖	2-6.3
圖 2	魚肉蛋糕製作過程	2-6.5
圖 3	魚肉蛋糕物性測定過程	2-6.5
圖 4	粗蛋白測定實驗過程	2-6.6
圖 5	粗脂肪測定實驗過程	2-6.6
圖 6	水分測定實驗過程	2-6.6
圖 7	灰分測定實驗過程	2-6.6
圖 8	鈉含量測定實驗過程	2-6.6
圖 9	揮發性鹽基態氮實驗過程	2-6.6
圖 10	微生物實驗過程	2-6.7
圖 11	水活性測定	2-6.7
圖 12	各種魚肉之魚肉蛋糕硬度比較圖	2-6.9
圖 13	各種魚肉之魚肉蛋糕黏聚性比較圖	2-6.9
圖 14	各種魚肉之魚肉蛋糕彈性比較圖	2-6.9
圖 15	各種魚肉之魚肉蛋糕膠著性比較圖	2-6.9
圖 16	各種魚肉之魚肉蛋糕咀嚼性比較圖	2-6.9
圖 17	魚肉蛋糕 4℃ VBN 含量	2-6.11
圖 18	魚肉蛋糕 4℃ 水活性變化	2-6.11
圖 19	魚肉蛋糕 25℃ VBN 含量	2-6.11
圖 20	魚肉蛋糕 25℃ 水活性變化	2-6.11
圖 21	魚肉蛋糕顏色品評結果	2-6.12
圖 22	魚肉蛋糕氣味品評結果	2-6.12
圖 23	魚肉蛋糕質地品評結果	2-6.12
圖 24	魚肉蛋糕風味品評結果	2-6.12
圖 25	魚肉蛋糕整體喜好品評結果	2-6.12
圖 26	魚肉蛋糕感官品評雷達圖	2-6.12

表目錄

表 1	原味蛋糕配方表	2-6.4
表 2	添加魚肉比例表	2-6.4
表 3	品評表	2-6.8
表 4	各種魚肉蛋糕營養成分表	2-6.10
表 5	SWOT 分析表	2-6.13
表 6	原味蛋糕（500g/4 個）之成本計算	2-6.13
表 7	魚肉之成本計算	2-6.13
表 8	不同比例之魚肉蛋糕成本計算	2-6.13

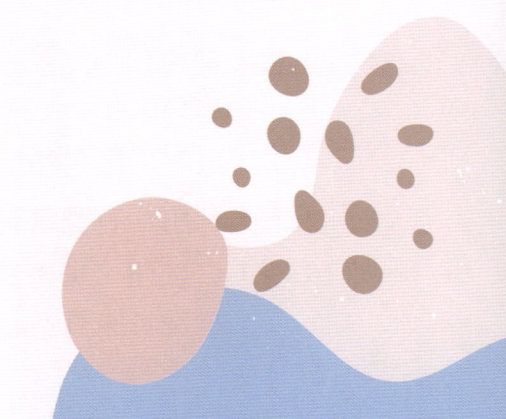

壹、創意動機及目的

一、創意動機

　　家中阿嬤高齡 90 多歲，牙齒所剩無幾，許多食物因為咬不動而受限，所以酷愛以餅乾及蛋糕等零食類當主食，但是市面上販售之蛋糕和餅乾等零食，大多是多糖、多油或是添加多種添加物，長期下來擔心老人家勢必會因營養不良而影響身體狀況。同樣市面上販售之零食，這些俗稱的垃圾食物，若被正處發育階段的青少年長期食用，是否會對身體及成長造成不良影響亦是值得堪慮。

　　近來國內食安問題震驚各界，也讓臺灣人民人心惶惶，對於市面上販售的食品逐漸失去信心，那如何能製作出營養健康及美味的食物，既適合年長者食用且可讓孩子喜愛之點心，讓大家吃的開心及健康，且能讓父母為孩子挑選既安心且健康的食品將不再是件難事，這些都將是我們未來繼續努力的方向。

二、研究目的

　　將添加不同比例魚肉之魚肉蛋糕與未添加魚肉之蛋糕做比較，探討添加魚肉於蛋糕中之最佳比例及可行性，進而推衍探究將生鮮水產品與烘焙結合之可能性。

（一）藉由物性分析儀探討其理化特性之差異性。

（二）以成分分析法來分析其一般成分，探究其營養成分之不同。

（三）以微生物總生菌數及參考 CNS 中魚肉鮮度測定及水活性測定儀監控魚肉蛋糕的鮮度，以探討魚肉蛋糕之保存期限。

（四）以感官品評了解消費者對不同比例之魚肉蛋糕之接受度，以求添加魚肉之最佳比例及完美配方；並進而探討其是否具有市場性及未來大量商品化之可能性。

（五）利用在地性大宗魚種來開發魚肉之健康營養點心，提供兒童、青少年及年長者另一種優質選擇且能藉此推展魚食文化。

貳、作品特色與創意特質

一、作品特色

（一）創新利用水產原料與烘焙食品做結合，開發新產品並結合地方特色藉此推展魚食文化。

（二）魚肉蛋糕在外型顏色及口感均與原味蛋糕並無顯著差異性，但具有獨特風味。

（三）利用含有豐富蛋白質的魚肉添加於蛋糕中，顯著地提高蛋糕之營養價值。

（四）口感佳、營養高、柔軟易消化非常適合成長中之孩童、青少年及牙齒不佳的年長者優質點心之最佳選擇。

（五）本研究透過學校所學之實驗分析方法將成品的成分用於包裝標示，並分析產品特性及保存期限；更透過 SWOT 分析評估未來市場行銷優劣趨勢，以做為產品上市行銷之準備。

二、創意特質

（一）基於食安問題日益嚴重，去除過多食品添加物，回歸單純簡單之天然食材原料製作出美味與營養健康兼具之點心，是必要的且為未來之趨勢。

（二）應用魚肉的豐富營養成分，提高了蛋糕的營養價值；運用加工方式去除魚刺及魚腥味，可以讓老人家或正值生長發育的青少年及兒童的吃得開心、健康又安全。

（三）本研究所研發之魚肉蛋糕深受大眾喜愛，具有市場之潛力及未來大量商品化之價值。

參、研究方法（過程）

一、實驗架構

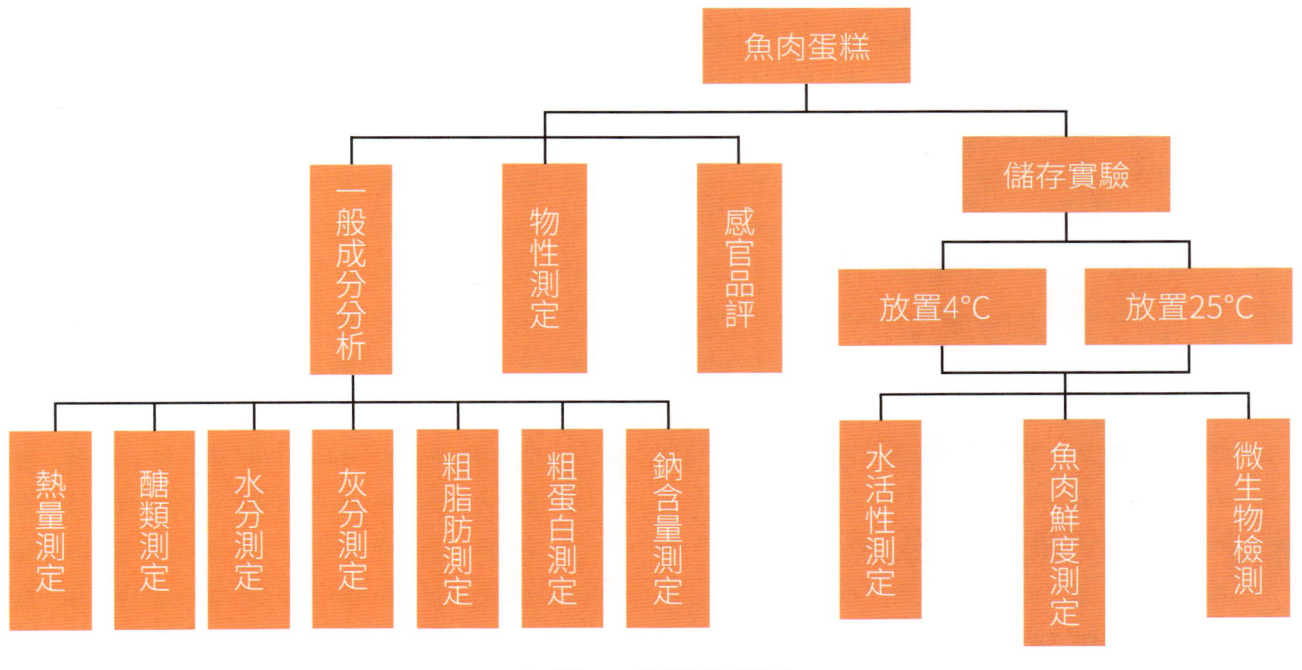

圖 1　實驗流程圖

二、實驗材料與設備

（一）材料

低筋麵粉、雞蛋、細砂糖、沙拉油、塔塔粉、發粉、食鹽、鱰魚

（二）設備

均質機、烘箱、乾燥皿、電子天平、灰化爐、蛋白質分解器、凱氏氮分析儀、加熱器、可調式分注器、電子天平（PB1502-L，Switzerland）、微波爐、殺菌釜、無菌操作箱（High Ten）、熱風循環恆溫箱、菌落計數器、微量吸管、物性測定儀、微波消化爐（樣品前處理器）、火焰原子吸收光譜儀、冰箱、烤箱。

● 表 1 原味蛋糕配方表

原料名稱		重量（g）
麵糊部分	低筋麵粉	389
	蛋黃	358
	細砂糖（1）	137
	鹽	3
	沙拉油	133
	水	176
	發粉	4
蛋白部分	蛋白	712
	塔塔粉	2
	細砂糖（2）	312
總重量	-	2226

資料來源：文野出版社，2004。

● 表 2 添加魚肉比例表

添加魚肉比例	重量（g）
10%	222.6
20%	445.2
30%	667.8

※ 備註：魚肉添加量是以原味蛋糕之總重量之10%、20%及30%。

肆、依據理論及原理

一、鱰魚（鬼頭刀、飛虎）的利用與營養價值

鬼頭刀為經濟性食用魚，產量大。魚種的利用方式有幾種，早期直接漁獲後運銷至消費地之魚市場販賣，成為民眾蒸、煎、煮、炸、烤等的原料，現常製成鹽漬魚、魚丸、魚排等製品販售。鬼頭刀的營養價值非常高，特別是不飽和脂肪酸 DHA 及 EPA 含量比一般魚來得高。（臺灣魚類資料庫，2014）

二、EPA 及 DHA

EPA（二十碳五烯酸）及 DHA（二十二碳六烯酸），主要含在深海中魚類，如：鯖、鬼頭刀、鮪等多油脂魚類，DHA 對眼睛視力及腦細胞發育有正面助益，可改善記憶力減退。另有研究指出，DHA 可降低情感性疾病的發生，包括憂鬱及過動等；至於 EPA 則有降低血脂及減少血栓以及抗凝血的作用，素有「血管清道夫」之稱。（長春月刊 - 台視網站，2008）

三、VBN

魚貝類或肉類等在腐敗的過程中，蛋白質經自體消化作用或汙染的細菌進行脫羧或脫胺等作用會分解生成揮發性的低級胺或氮。定量這些揮發性胺（volatile amine）即可換算成揮發性鹽基態氮（volatile basic nitrogen，VBN）的量。隨著魚類、肉類鮮度的下降，VBN 的含量會隨之上升。一般新鮮的禽畜肉或魚肉大多在 20mg/100g 以下；當 VBN 值達 30mg/100g 以上，即可判定為初期腐敗。（吳清熊等，1991）

伍、作品功用與操作方式

一、魚肉蛋糕製作過程

全魚處理 ➡ 魚肉切塊 ➡ 魚塊均質 ➡ 材料混合 ➡ 倒入烤模 ➡ 烘烤完成 ➡ 成品。

1 全魚處理　2 魚肉切塊　3 魚塊均質　4 材料混合　5 倒入烤模　6 烘烤完成　7 成品

圖 2　魚肉蛋糕製作過程

陸、製作歷程說明

一、添加不同比例魚肉之魚肉蛋糕其理化特性差異性比較

（一）物理性質測定

將魚肉蛋糕切成 3cm×3cm×3cm 置於物性測定儀上，利用 3cm 圓盤以 0.8mm/sec 速度下壓 2 次，依照力 - 時間作用圖，分別測得硬度（Hardness，g）、彈性（Springiness，%）、膠著性（Gumminess，g）以及咀嚼性（hewiness）、黏聚性（Cohesiveness，g）等。硬度為第一圖峰的最高點，彈性為各圖峰的起始點至高點的比值，黏著性為 2 圖峰之比值，膠著性為硬度與黏著性之乘積，而咀嚼性為膠著性與彈性之乘積。

圖 3　魚肉蛋糕物性測定過程

二、添加不同比例魚肉之魚肉蛋糕之成分分析實驗

（一）粗蛋白測定

1 樣品加入濃硫酸進行分解
2 蒸餾
3 滴定

🧁 圖 4　粗蛋白測定實驗過程

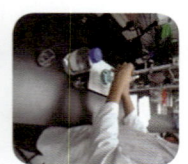

（二）粗脂肪測定

1 樣品放入圓筒濾紙裡
2 索式萃取管萃取
3 萃取完成乾燥

🧁 圖 5　粗脂肪測定實驗過程

（三）水分測定

1 秤料
2 蛋糕烘乾
3 烘乾秤重

🧁 圖 6　水分測定實驗過程

（四）灰分測定

1 秤料
2 灰化爐灰化
3 灰化結果

🧁 圖 7　灰分測定實驗過程

（五）鈉含量測定

1 精確稱取樣品 1～5g
2 微波消化爐中溶解
3 加入去離子水離心管中定量至25mL作為樣品檢液
4 以火焰式原子吸收光譜分析儀測定其吸光值

🧁 圖 8　鈉含量測定實驗過程

三、探討魚肉蛋糕之保存期限實驗

（一）揮發性鹽基態氮（VBN：Volatile Basic Nitrogen）測定（王美苓等，2010）

1 2g的蛋糕溶解於TCA中，靜置10分鐘
2 濾紙過濾
3 康威氏皿蓋子的邊緣塗上凡士林
4 硼酸於康威氏皿內室，魚汁和飽和碳酸鉀於康威氏皿外室
5 放進烘箱烘37℃，90分鐘
6 最後再用鹽酸慢慢滴定
7 完成滴定，呈現淡粉紅色

🧁 圖 9　揮發性鹽基態氮實驗過程

（二）微生物檢測（陳彩雲、江春梅，2009）

將魚肉蛋糕均質後稀釋成 10^{-3}、10^{-4}、10^{-5} 倍數，取 0.1mL 平面塗抹培養，在 37℃ 下，培養 24 小時，做三重複。

1 試液稀釋 　　**2** 細菌塗抹 　　**3** 細菌培養

圖 10　微生物實驗過程

（三）水活性測定（Activity of Water，Aw）

將蛋糕放置於水活性測定儀之容器中，至於水活性測定儀中測定 8 分鐘，待水性活性測定儀數據恆定後，再讀取其數據。

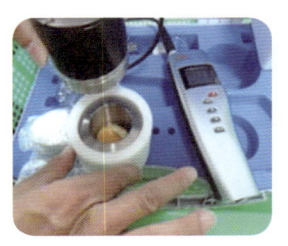

1 水活性測定儀準備中 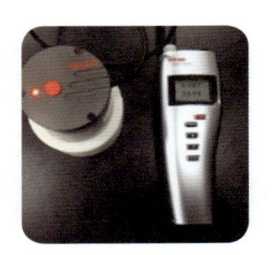　　**2** 水活性測定儀測定中

圖 11　水活性測定

四、探討消費者對不同比例之魚肉蛋糕接受度

（一）感官品評

將製作完成之魚肉蛋糕請同學及相關人（年齡 16 至 70 歲之間），共 83 人品評，並依品評表填上，再做統計。品評項目有顏色（Color）、氣味（Odor）、質地（Texture）、風味（Flavor）和整體喜好度（Overall），分數為九分制（1 = 極度不喜歡、9 = 極度喜歡，分數愈高表示愈喜歡）。最後結果由各位品評員所評分數平均。

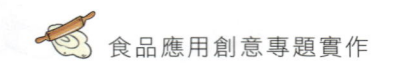

● 表 3　品評表

喜好度品評試驗問卷

日期：＿＿＿＿＿＿　　　　　　　　　　　　　　　　性別：＿＿＿＿

一、目的：評估添加不同百分比之魚肉蛋糕其消費者喜好程度。

二、樣品：948、138、742、235。

三、品評方法：9 點喜好性品評（依各項因子強弱給予 9 分制之評分，可重複給分）。

　　(1) 品評項目順序由上至下，先觀察樣品之外觀、嗅覺後，再進行各樣品之味覺、質感及整體性品評法。

　　(2) 樣品由 #1 到 #4，可重複品評：

編號	項目	顏色	氣味	質地	風味	整體喜好度
1	948					
2	138					
3	742					
4	235					

　　(3) 味覺及質感品評方法：
　　　　A. 先以飲水漱口去除口中其他餘味，吐出至漱口杯。
　　　　B. 再喝一口飲水，並請吞下（去除喉間餘味）。
　　　　C. 等待約 10 秒後再重複第二樣品。

四、評分標準為九分制：

　　極度喜歡得 9 分，非常喜歡得 8 分，很喜歡得 7 分，喜歡得 6 分，不喜歡也不討厭得 5 分，不喜歡得 4 分，很不喜歡得 3 分，非常不喜歡得 2 分，極度不喜歡得 1 分。

柒、討論

一、添加不同比例魚肉之魚肉蛋糕之理化特性

物性測定上，膠著性及咀嚼性皆與硬度有關，推論原味蛋糕因所含水分最少，硬度最高，故這三種物性皆以原味最高（如圖 12、15、16）。而黏聚性及彈性因與本身內部結構有關，推論是因蛋白質為烘焙韌性成份，因此添加越多魚肉，蛋白質越高，所形成的韌性越高（如圖 13、14）。

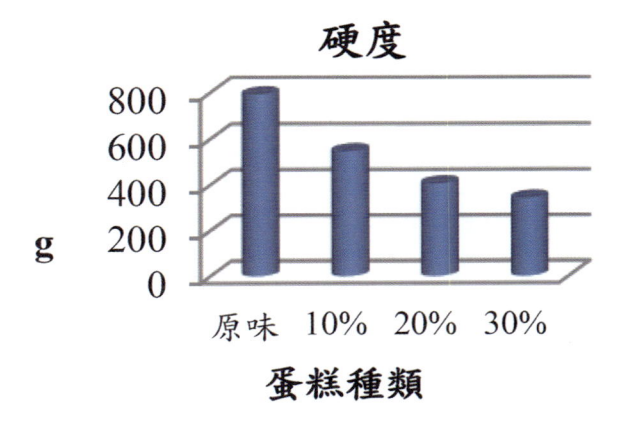

🧁 圖 12　各種魚肉之魚肉蛋糕硬度比較圖

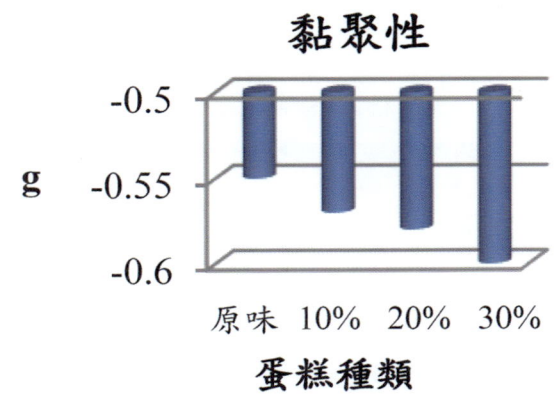

🧁 圖 13　各種魚肉之魚肉蛋糕黏聚性比較圖

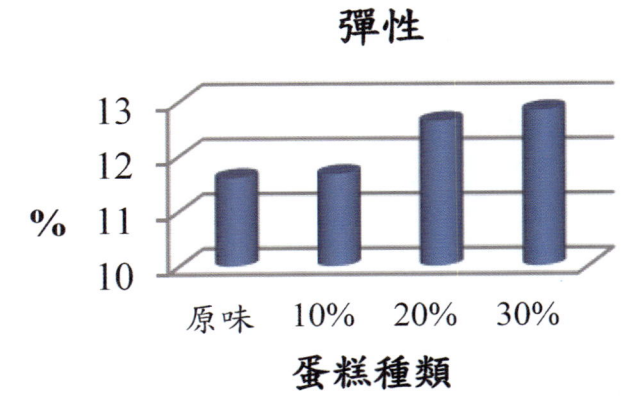

🧁 圖 14　各種魚肉之魚肉蛋糕彈性比較圖

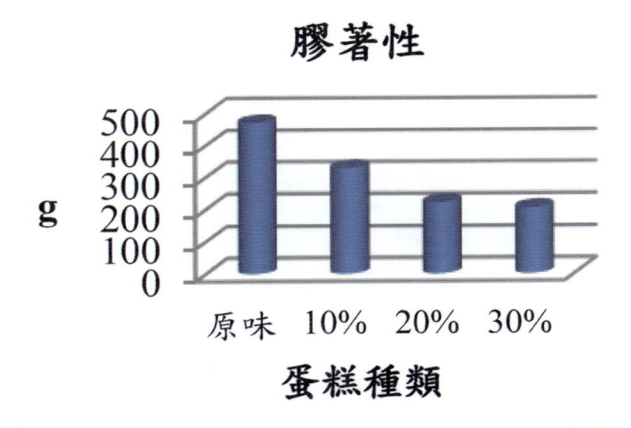

🧁 圖 15　各種魚肉之魚肉蛋糕膠著性比較圖

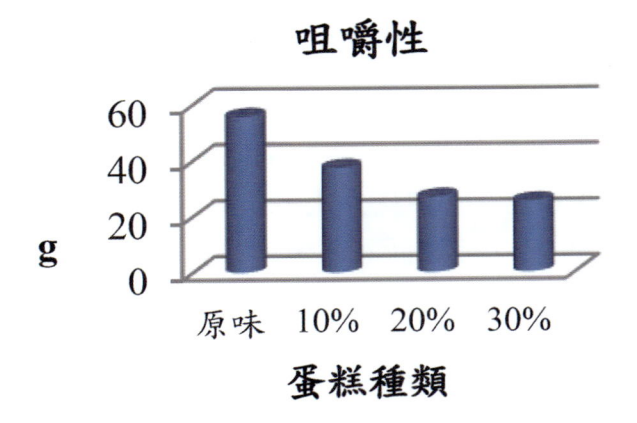

🧁 圖 16　各種魚肉之魚肉蛋糕咀嚼性比較圖

二、添加不同比例魚肉之魚肉蛋糕之成分分析

表 4　各種魚肉蛋糕營養成分表

成分＼魚肉蛋糕種類	原味（對照組）	10% 魚肉	20% 魚肉	30% 魚肉	單位（每100公克）
水分	35.39	35.44	36.33	45.12	公克
蛋白質	8.69	10.23	10.61	11.42	公克
脂肪	16.24	16.07	15.07	12.59	公克
鈉	0.1319	0.1537	0.1963	0.2224	毫克
粗灰分	1.3089	1.1004	1.0657	1.0408	公克
醣類	38.24	37.00	36.73	29.61	公克
熱量	333.87	333.55	325.00	277.42	大卡

　　鱰魚（鬼頭刀）本身所含水分及蛋白質偏高約 76％和 21％（食品營養成份資料庫，2015），所以添加魚肉越多，水分和蛋白質含量就越高（如表 4）。

　　蛋糕本身的灰分很少，鱰魚（鬼頭刀）本身所含灰分約 1.3％左右（食品營養成份資料庫，2015），而脂肪含量方面魚肉脂肪原本較少，所以添加魚肉百分比越高，雖脂肪及灰分總量增加，但是於相對蛋糕總量亦增加，故添加比例隨增加越多反而內含量之比例會越低（如表 4）。

　　鈉含量增加主要是因為在材料中添加了食鹽，而鬼頭刀為海水魚，本身亦含有鈉成分，因此添加魚肉百分比越多鈉含量就越高（如表 4）。

　　一般魚肉含醣類很少，生鮮的鬼頭刀幾乎不含醣類（食品營養成份資料庫，2015），而一般魚肉的碳水化合物主要是以醣原形式貯存於肌肉中（周韞珍，2014），且蛋糕主要的醣類是添加砂糖所造成。所以添加魚肉越多，總體的醣類的比例就越低（如表 4）。另熱量計算後，以添加魚肉越多其熱量就越少（如表 4）。

　　計算其成分的結果，比較原味蛋糕與加入鱰魚（鬼頭刀）之魚肉蛋糕的差異，結果得知 100 克魚肉蛋糕其蛋白質含量較多；鈉含量比市售僅多 0.1mg 左右；醣類、脂肪、灰分及熱量含量都比市售蛋糕低；其中灰分比市售少約 0.1～0.2 克；醣類約少 1～9 克，熱量則少將近 8～56 大卡左右。綜觀而看，魚肉蛋糕營養高、熱量少且不添加防腐劑，是較為符合現代人追求養生、美味與食品安全之觀念。

三、探討魚肉蛋糕之保存期限

揮發性鹽基態氮（Volatile Basic Nitrogen, VBN）一般是指水產品和其他食物，其組成份經由微生物或酵素的作用所生成的胺類及氨等產物的總稱（吳清熊等，1991）。藉由 VBN 的測定可以測量蛋白質食品鮮度的品質情形。結果發現各種魚肉蛋糕的 VBN 數值逐漸上升（如圖 17、19），而不論貯存於 4℃下七天或 25℃環境下三天，測出數值均仍在 10mg/100g 以下，與衛生署所公布的修訂食品衛生標準 25mg/100g 比對，二者都屬新鮮階段，因此沒有鮮度保存上的問題。

因一般蛋糕烤焙溫度至少上下火須高於 150℃，烘焙過程中已將細菌殺死，且一般細菌生長所需水活性需 0.9 以上（黃忠村，2015），而蛋糕剛烘焙完水活性（Aw）都低於 0.9 以下，所以細菌無法生長。置於 4℃及 25℃環境下，因溫度及水活性低的原因，微生物幾乎無法生長（圖 18、20），故以 10^{-3}、10^{-4} 及 10^{-5} 稀釋倍數微生物塗抹培養測試，幾乎都沒有長出細菌。與 VBN 相對照結果是合理的。

剛烘焙完之成品，會因加熱水分散失，造成水活性較低，後因置於 4℃冰箱中的蛋糕因吸收空氣中水分而使水活性升高；置於 25℃環境下的魚肉蛋糕則因為水分散失在空氣中，因此水活性會逐漸降低。

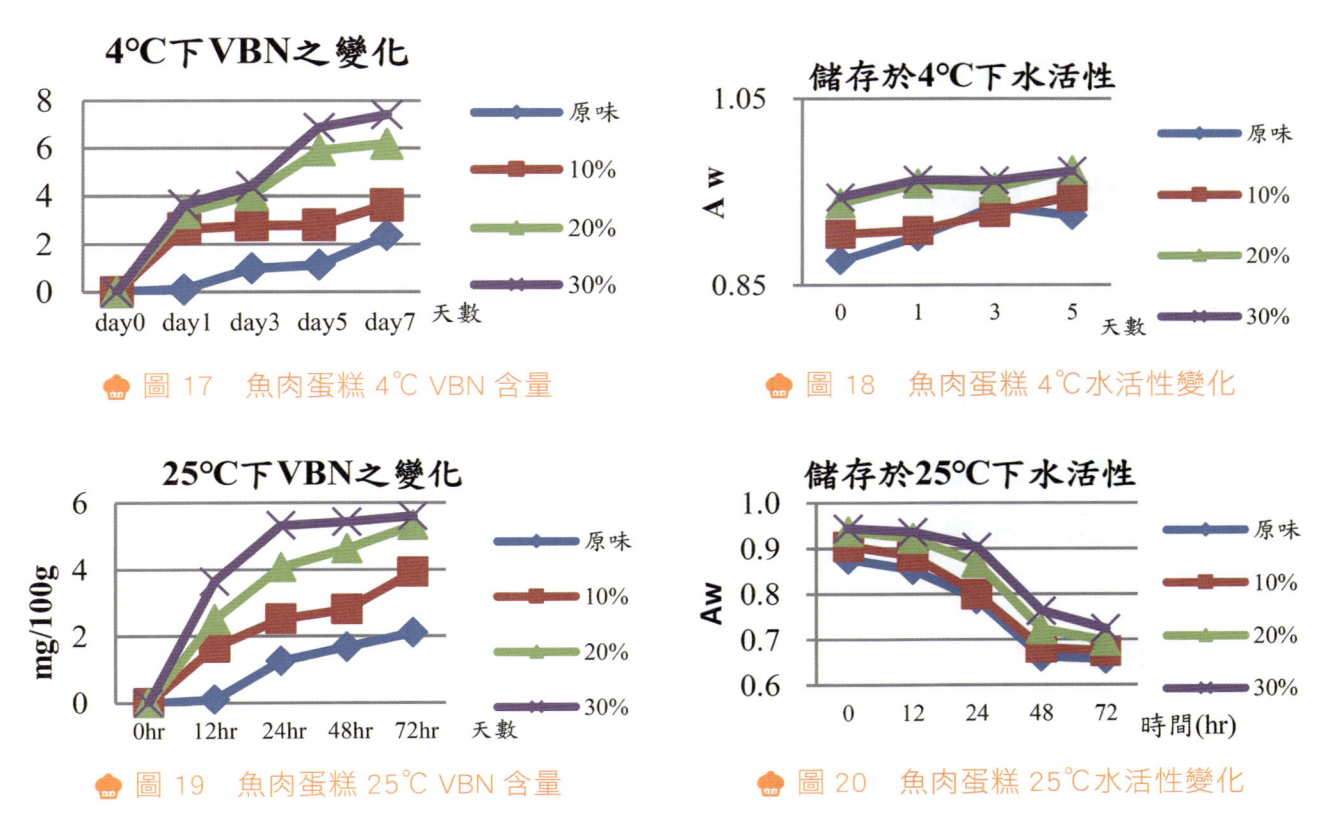

● 圖 17　魚肉蛋糕 4℃ VBN 含量

● 圖 18　魚肉蛋糕 4℃水活性變化

● 圖 19　魚肉蛋糕 25℃ VBN 含量

● 圖 20　魚肉蛋糕 25℃水活性變化

綜合以上實驗數據得知：魚肉蛋糕不論保存在 4℃的冰箱七天或 25℃室溫下三天，都仍屬新鮮階段且可食用，顯示保存期限以冷藏七天，室溫三天都是沒問題的。

四、消費者對不同比例之魚肉蛋糕接受度

藉由感官品評得知，在顏色方面原味蛋糕較受喜愛，推論因魚肉蛋糕含醣類較少，經烘烤後顏色較白之故（如圖 21）。但在氣味、質地、風味及整體喜好度上都以魚肉蛋糕較受歡迎（如圖 22～25），推論是魚肉經烤焙後散發出魚肉特有的香味所致；雖然蛋白質在烘焙原料中是屬於韌性原料，可以增加烘焙產品烘焙後的韌度（烘焙食品技術士技能檢定完全寶典，2004），但與原味蛋糕比對並無太大差別，表示添加魚肉是可行的。從雷達圖上得知除了顏色是原味蛋糕較突出外，其餘風味、氣味、質地及整體喜好度線條幾乎都重疊在一起，且分數也都很高，表示品評員對魚肉蛋糕接受度極高並且很喜愛，顯示添加魚肉做成的蛋糕是具有市場開發性的（如圖 26）。

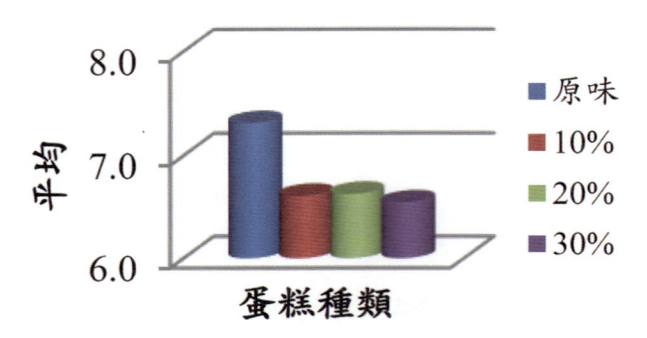

圖 21　魚肉蛋糕顏色品評結果

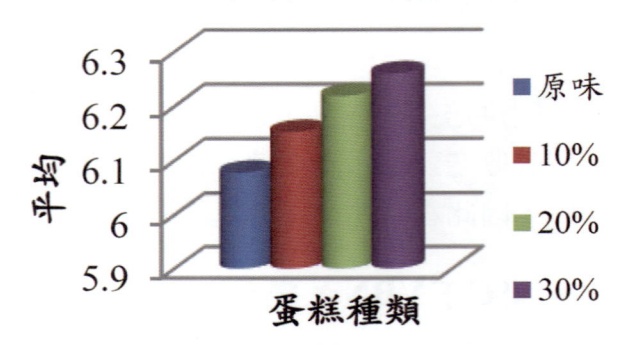

圖 22　魚肉蛋糕氣味品評結果

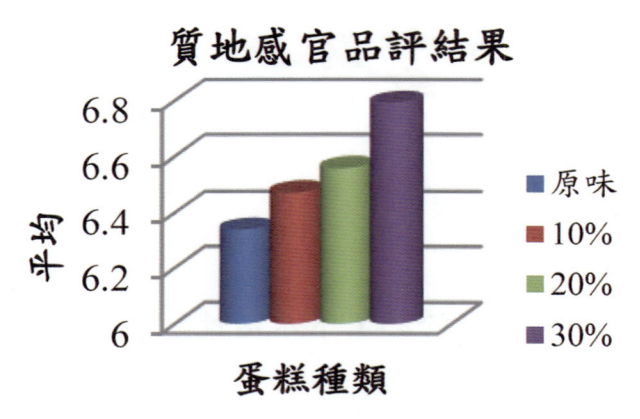

圖 23　魚肉蛋糕質地品評結果

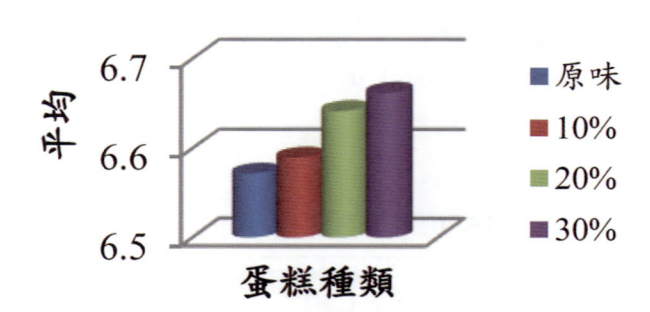

圖 24　魚肉蛋糕風味品評結果

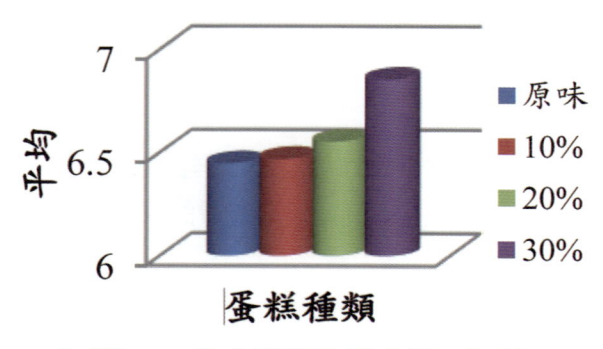

圖 25　魚肉蛋糕整體喜好品評結果

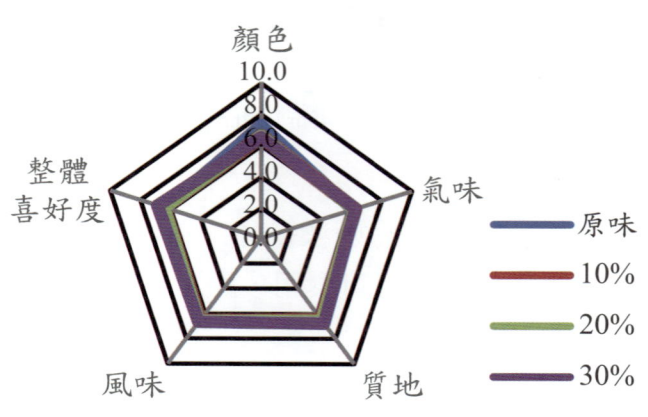

圖 26　魚肉蛋糕感官品評雷達圖

五、SWOT 分析及成本計算

表 5　SWOT 分析表

	市售蛋糕	魚肉蛋糕
優勢	・傳統口味具有基本的支持者。 ・價格較低、隨處可見。	・健康營養、口味獨特、具有創新性。 ・品評結果頗受消費者歡迎。 ・魚肉營養價值高更適合年長者及青少年發育中的營養需求。 ・可推銷於愛美女性及鍛鍊肌肉者。
劣勢	・營養價值較低。 ・添加過多的食品添加物。	・素食者無法食用。
機會	・配方改良、開創新口味。	・外觀美化、試吃推銷。 ・利用消費者愛嚐鮮的心態。 ・推廣在地漁獲。 ・高齡化社會來臨。 ・可滿足特定族群的需求。
威脅	・同業競爭大。	・未加防腐劑，致保存期限受限。

　　目前已進入高齡化社會，透過 SWOT 分析（如表 5），得知開發魚肉蛋糕可行性很高且具有前瞻性及發展性。魚的營養價值已毋庸置疑，今經創新突破與烘焙類食材結合，開發魚肉蛋糕為老少咸宜的健康點心，未來更將致力於學界及產業界結合，發展地方特色，讓水產品也能在烘焙類發展其潛力，開創新的產業契機，提高水產品的特色，將是我們未來繼續努力的方向。

表 6　原味蛋糕（500g/4 個）之成本計算

原料	原味		
	重量(克)	單價(元)/kg	小計(元)
低筋麵粉	389	52	20
蛋黃	358	68	25
細砂糖	449	48	22
鹽	3	20	0.06
沙拉油	133	108	14.4
水	176	17	3
發粉	4	1000	4
蛋白	712	68	49
塔塔粉	2	1186	3
水電	–	–	50
合計	2226	–	191

表 7　魚肉之成本計算

添加魚肉比例	重量(g)	單價(元)kg	小計(元)
10%	222.6	158	35
20%	445.2	158	70
30%	667.8	158	105

表 8　不同比例之魚肉蛋糕成本計算成本

魚肉蛋糕成本（500g/個）	
魚肉添加比例	單價（元）
原味（0%）	48
10%	57
20%	66
30%	74

捌、結論

一、本研究研發之魚肉蛋糕其營養成分高於一般市售蛋糕，更符合提供老人家及正在發育之兒童及青少年食用。

二、經品評及成分分析結果顯示，製作魚肉蛋糕以添加 30% 魚肉為最佳比例，且整體皆受消費者喜愛，未來不僅具有市場競爭潛力亦具有量產之商業價值。

三、魚肉蛋糕經過七天，細菌幾乎未長出，其揮發性鹽基態氮仍低於 10mg/100g，符合食品衛生標準，仍屬新鮮階段且可食用，顯示產品保存是可行的。

四、創新利用水產原料與烘焙食品做結合開發魚肉蛋糕，具有提高水產品經濟價值之潛力並促進地方特色發展，值得大力推廣。

玖、參考資料及其他

一、王美苓、周政輝、晏文潔（2010）。食品分析實驗。臺中市。華格那企業有限公司。

二、行政院衛生署食品藥物管理局食品藥物消費者知識服務網 - 食品營養成份資料庫 - 鱰魚（鬼頭刀、飛虎）。民國 105 年 2 月 12 日，取自：http：//consumer.fda.gov.tw/Food/detail/TFNDD.aspx?f=0&pid=1114a。

三、陳彩雲、江春梅（2007），食品微生物實習。臺南市。臺灣復文興業股份有限公司。

四、文野出版社（2004），烘焙食品技術士技能檢定完全寶典【丙級】，第 96 頁。文野出版社，臺中市。

五、吳清熊、陳明傳、陳豊原、陳麗瑞、劉炎山（1991），水產化學。臺北市。華香園出版社。

六、黃忠村（2015），食品微生物。第 90 頁，臺南市。臺灣復文興業股份有限公司。

七、臺灣魚類資料庫。2014。民國 105 年 1 月 26 日，取自：http：//fishdb.sinica.edu.tw。

八、長春月刊 - 台視網站。2008。民國 105 年 1 月 26 日，取自：http：//www.ttv.com.tw/lohas/green11636.htm。

九、周韞珍。2014。和訊讀書。民國 105 年 1 月 26 日取自：http：//data.book.hexun.com.tw/chapter-364-6-6.shtml。

3

[第三篇]
錦囊篇

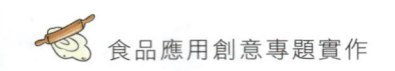

第1章 ▶ 學後習題解答

選擇題

1. (C)　2. (D)　3. (B)　4. (B)　5. (D)　6. (D)　7. (B)　8. (D)　9. (C)　10. (B)

問答題

1. 請說明專題實作課程的特色。

答：(1) 學習者主動

　　(2) 團隊合作

　　(3) 做中學

　　(4) 問題解決

　　(5) 歷程學習

2. 專題實作課程可以提升學習者哪些能力？

答：(1) 解決問題的能力

　　(2) 蒐集資料的能力

　　(3) 實務應用的能力

　　(4) 團隊合作的能力

　　(5) 知識整合與表達能力

3. 請敘述專題實作 PIPE-A 五階段，並簡述各階段的工作重點。

(1) 準備階段（Preparation）

包括尋找組員、確定專題主題、蒐集資料、撰寫計畫書等，為進行專題而準備。

(2) 實施階段（Implementation）

依據計畫書的分工與預定時程，透過可行的實施方法（研究方法）完成專題目標。為達成有效學習，應確實記錄實施過程，例如問題的發生與解決方法、專題目標的變動等，建立完整的學習歷程檔案。

(3) 呈現階段（Presentation）

當專題完成後，應依照學校或老師規定的專題實作報告格式，進行撰寫專題報告、專題成果網頁製作與口頭簡報等方式，呈現專題的成果。

(4) 評量階段（Evaluation）

主要是針對專題實作的成果進行評鑑，評量的項目至少包括專題成果（成品）、專題報告、口頭簡報等，另外，專題實施過程的歷程檔案也應納入評量。

(5) 進階階段（Advance）

主要是以專題實作的成果為基礎，參加各項競賽，或在相關研討會議中發表成果，分享專題成果、研究交流，並藉由別人的經驗與建議，修改或思考專題的其他可能性。

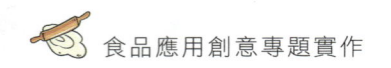

第 2 章 ▷ 學後習題解答

水平式創意思考練習：個人練習單

一、姓名：王大明
二、物品名稱：原子筆

三、至少寫出二十種不同的用途：（愛因斯坦說：想像力比知識更重要）
 	
  1. 寫字
  2. 掏耳朵
  3. 當成打鼓棒
  4. 在紙上挖洞的工具
  5. 敲別人頭
  6. 當滑雪的工具手杖
  7. 射天上的飛機
  8. 挖地瓜
  9. 麵棍
  10. 夾手指，當成處罰工具
  11. 抓背搔癢的工具
  12. 刺大腿，當成讀書提神的工具
  13. 玩以物易物的遊戲，當成交換的禮物
  14. 拿去賣錢
  15. 當成小朋友的獎品
  16. 釘在草地上當成綁小狗的柱子
  17. 當成兩片木板組合時的卡榫
  18. 餅乾塑膠袋用手打不開時，拿來戳破塑膠包裝袋
  19. 射飛標
  20. 取出筆心後，筆管可當成吸管使用
  21. 取出筆心後，筆管可當成吹箭管
  22. 拿二支原子筆，就可以當成筷子用
  23. 浴室落水口堵塞不通時，拿來通落水口

第4章 ▶ 學後習題解答

觀察力練習活動單（問題觀察紀錄單）

一、姓名：張三
二、主題：問題的發現
三、每人至少提出二個困擾不方便或生活中的問題點 問題一： 當原子筆插在襯衫口袋時，原子筆的油墨時常沾染到口袋位置，以致襯衫口袋上的油墨污漬很難清洗。 是否能設計出一種不會將油墨沾染到襯衫口袋的原子筆呢？ 問題二： 當手機掉落地面時，很容易造成手機螢幕的破損或四個邊角的撞擊而損壞，維修時不但所費不貲，而且維修期間無手機可用，真是造成很大的不便。 是否能設計出一種根本不會讓手機掉落地面的裝置或即使手機掉落地面時，可馬上啟動保護手機螢幕或四個邊角撞擊作用的裝置呢？ 問題三： 每當下雨天，當撐傘搭車或走回到家裡時，雨傘因沾滿水滴，使得收傘時雨水滴到車裡、家裡弄得潮濕，讓人感到困擾。 是否能設計出一種雨傘，傘布根本是不會沾上水滴，或是在收合關閉雨傘時，傘布上的水滴能快速消除的裝置或方法呢？

第5章 ▶ 學後習題解答

分組討論（每組 2～5 人）：創意發明提案單

一、組員姓名：	林正嘉、弓文良、李明彥
二、創意發明提案名稱：	背包式 枕頭
三、專利檢索關鍵字：	枕頭
四、解決問題或情境敘述：	當旅遊的人累了，無論在車上或旅途中，可隨時小睡休息一下，恢復體力，如何把背包及枕頭結合且不佔空間。
五、可能銷售對象或市場：	喜愛出遊的人

六、創意發明示意圖與說明：

本創作利用背包及空氣枕2件不同功能的東西，結合在一起，成為方便旅人攜帶及使用的物品。

結合吹氣式枕頭套，收納在小袋中

塞子

空氣吹嘴

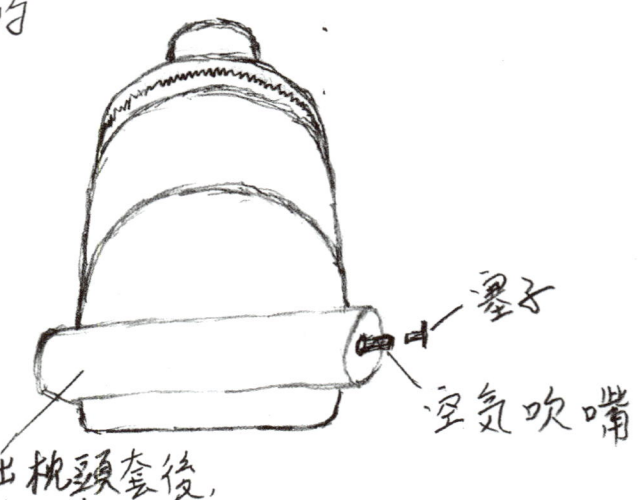

拉出枕頭套後，吹氣便成為枕頭

APPENDIX
升學篇

1　考招分離與多元入學
1-1　制度內涵
1-2　其他入學管道
1-3　考招類別與科目
1-4　四技二專學校

2　學習歷程檔案
2-1　學習歷程檔案是什麼
2-2　如何蒐集資料
2-3　學習歷程檔案作業注意事項
2-4　學習歷程檔案效益
2-5　學習歷程檔案與現行的備審資料有何不同

1 考招分離與多元入學

1-1 制度內涵

考招分離

　　由教育部統籌辦理，成立入學測驗中心和招生策進總會二個單位，專門負責考試和招生工作，並委託技專院校辦理，各校亦可依實際情況成立招生委員會，辦理各校獨立招生事宜。

考試方式

一、**辦理單位**：技專院校入學測驗中心（http://www.tcte.edu.tw）。
二、**成績申請**：統一由入學測驗中心提供，入學測驗成績原始分數或接受各校委託提供所需之百分數或等級分數，考生憑測驗成績可向各多元入學管道報名，但限當年度有效。
三、**考試對象**：應屆畢業生或重考生。

招生方式

一、**辦理單位**：技專院校招生策進總會（http://www.techadmi.edu.tw）。
二、**招生單位**：各聯招或獨立招生委員會。
三、**招生方式規劃**：分甄選入學、聯合登記分發、技優保送入學、技優甄審入學、申請入學聯合招生、科技校院繁星計畫聯合推薦甄選、特殊選才聯合招生、各校日間部及進修部單獨招生等多元入學管道。
四、**入學標準訂定**：由各校系自訂，教育部負責彙整與協調相關事宜。

多元入學

　　多元入學方案是考招分離重要精神，學生可依實際需要，考量自身專長及依各學校條件，選擇最佳入學管道。

四技二專主要升學管道流程圖

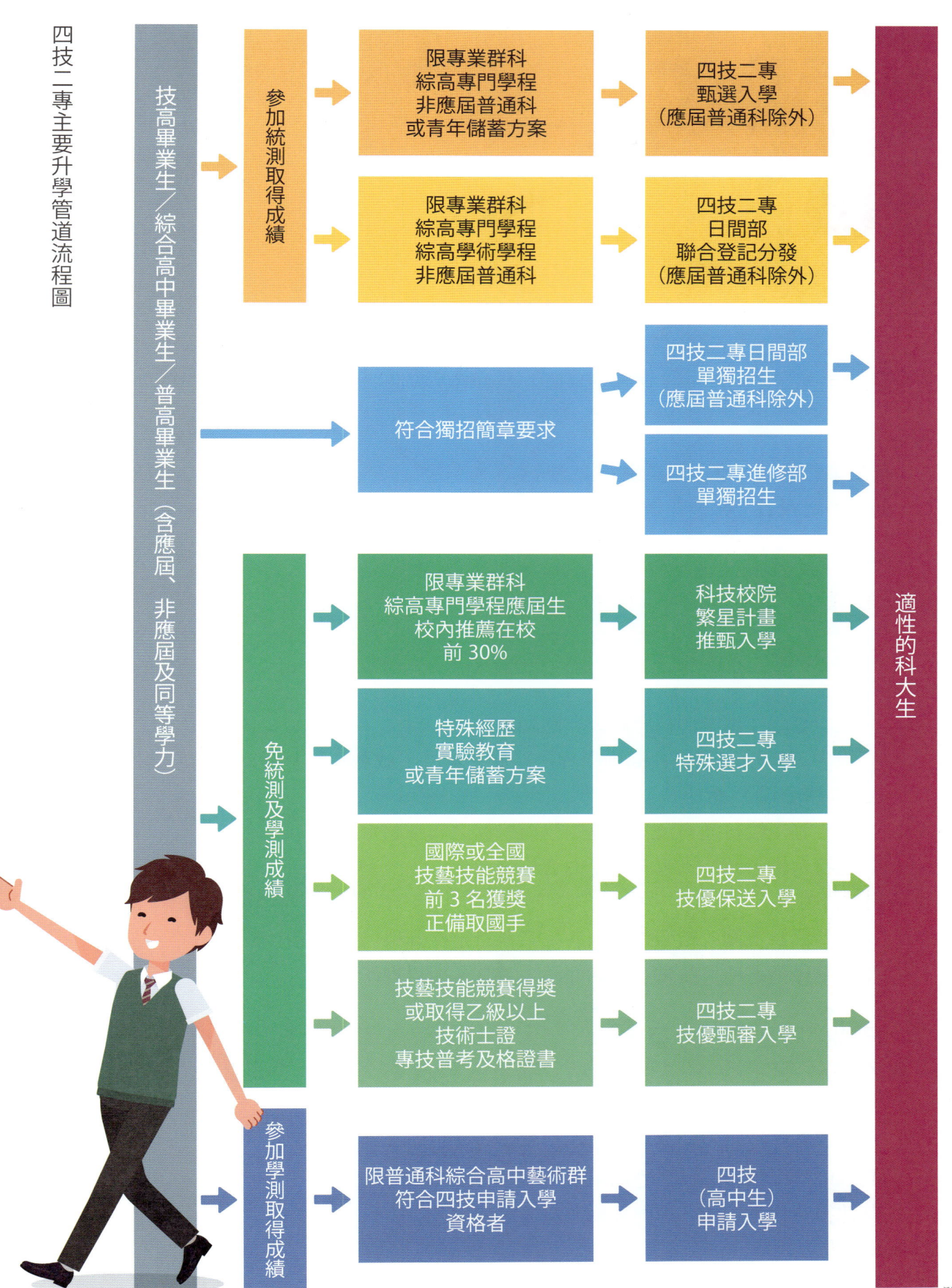

技高畢業生／綜合高中畢業生／普高畢業生（含應屆、非應屆及同等學力）

參加統測取得成績

- 限專業群科、綜高專門學程、非應屆普通科或青年儲蓄方案 → 四技二專甄選入學（應屆普通科除外） → 適性的科大生
- 限專業群科、綜高專門學程、綜高學術學程、非應屆普通科 → 四技二專日間部聯合登記分發（應屆普通科除外） → 適性的科大生

符合獨招簡章要求

- → 四技二專日間部單獨招生（應屆普通科除外） → 適性的科大生
- → 四技二專進修部單獨招生 → 適性的科大生

免統測及學測成績

- 限專業群科、綜高專門學程應屆生校內推薦在校前 30% → 科技校院繁星計畫推甄入學 → 適性的科大生
- 特殊經歷、實驗教育或青年儲蓄方案 → 四技二專特殊選才入學 → 適性的科大生
- 國際或全國技藝技能競賽前 3 名獲獎正備取國手 → 四技二專技優保送入學 → 適性的科大生
- 技藝技能競賽得獎或取得乙級以上技術士證、專技普考及格證書 → 四技二專技優甄審入學 → 適性的科大生

參加學測取得成績

- 限普通科綜合高中藝術群符合四技申請入學資格者 → 四技（高中生）申請入學 → 適性的科大生

考試

報名方式
一、**學校集體報名**：應屆畢業生
二、**個別網路報名**：非應屆畢業生及未參加學校集體報名之應屆畢業生

招生管道

一、甄選入學
(一) **報名資格**
1. 高級中等學校專業群科應屆或非應屆畢業生
2. 高級中等學校辦理綜合高中學程之應屆畢業生（截至高三上學期已修畢專門學程科目 25 學分以上者）
3. 高級中等學校普通科及綜合高中學術學程之非應屆畢業生
4. 其他符合報考四技二專同等學力資格之考生

(二) **成績採計方式**
1. 第一階段為統測成績篩選，由各校系科訂定採計科目及篩選倍率
2. 第二階段指定項目甄試，例如面試、筆試、術科實作等

二、日間部聯合登記分發
(一) **報名資格**
1. 高級中等學校專業群科應屆或非應屆畢業生
2. 高級中等學校辦理綜合高中學程之應屆或非應屆畢業生
3. 高級中等學校普通科非應屆畢業生
4. 其他符合報考四技二專同等學力資格之考生

(二) **成績採計方式**
完全採計當學年度四技二專統一入學測驗考試各科成績，無畢業年資及證照加分優待。

1-2 其他入學管道

技優入學

保送

　　凡取得國際技能競賽、亞洲技能競賽、國際展能節職業技能競賽、國際科技展覽前三名或優勝者；或者經選拔具備國際技能競賽、國際展能節職業技能競賽國手資格者；或曾在全國技能競賽、全國高級中等學校技藝競賽、全國身心障礙者技能競賽獲各職類之前三名獎項者，符合上述資格之選手，無論應屆或非應屆畢業生，均符合技優保送入學資格，可直接填寫保送分發志願（最多可以填寫 50 個志願），由招生委員會依競賽獲獎種類與等第、名次及志願分發。

甄審

　　凡取得認可之競賽獲獎者、持有乙級以上技術士證或取得專門職業及技術人員普通考試及格證書者，無論應屆或非應屆畢業生，可選擇 5 個志願參加招生學校辦理之指定項目甄審。皆須至四技二專聯合甄選委員會網站登記就讀志願序，再由聯合甄選委員會依考生志願順序及正備取狀況進行統一分發。

日間部申請入學聯合招生（招收高中生）

　　高中（普通科）應屆及非應屆畢業生外，包括綜合高中學術學程及專門學程學生、藝術群專業群科（美術科、音樂科、舞蹈科、電影電視科、表演藝術科、戲劇科、劇場藝術科等）學生亦可報名參加，每位考生可至多報名 5 個校系志願。

科技校院繁星計畫聯合推薦甄選

　　高級中等學校專業群科或綜合高中已修畢專門學程科目 25 學分以上，及在校學業成績（採計至高三上學期之各學期學業成績平均）排名在所就讀科（組）或學程前 30% 以內者，並由原就讀學校申請推薦。

特殊選才聯合招生

　　在專業領域具備特殊技能或專長，或參與青年教育與就業儲蓄帳戶方案完成 2~3 年期，且符合招生學校訂定申請條件之青年。

日間部、進修部（夜間部）單獨招生

由學校自行辦理招生作業，其招生流程、考試科目、採計成績、錄取方式等，皆明訂於單獨招生簡章中。

在職專班

考生須為非應屆畢業生或同等學力者，應屆畢業生不可報名，且報名時須仍在職中，並持有在職證明。

藝術群單獨招生

具表演藝術、音樂、美術、戲劇、舞蹈等專長學生。部分科技校院藝術類系科重視考生現場創作或表演實力，採用單獨招生。

身心障礙

身心障礙學生升學大專院校甄試分視覺、聽覺、腦性麻痺、自閉症、學習障礙、肢體障礙及其他障礙生。

大專院校辦理單獨招收身心障礙學生。

運動績優

凡高級中等以上學校應屆及非應屆畢業生最近 2~3 年內獲得之運動成績合於《中等以上學校運動成績優良學生升學輔導辦法》第 4~8 條及第 21 條之 2 第 1 項規定者，得由學校集體報名，自選一種與獎狀或參賽證明相同之運動種類為限，報名參加甄審或甄試分發。

雙軌訓練旗艦計畫招生

以技高、四技、二專及二技之產學合作班招生。考生年齡限 29 歲以下，訓練生錄取後將以事業單位工作崗位訓練為主，學校學科教育為輔。

產學攜手合作計畫專班招生

各技專校院將以合作技高（或二專、五專）之產學專班學生為主要招生對象，因此技高階段專班學生畢業後皆可透過甄審繼續升學合作技專校院之四技二專專班。

產學訓合作訓練四技專班招生

由各招生學校辦理單獨招生，考生年齡限 29 歲以下，各校另可訂定相關系科或持有證照等限制條件。

科技校院辦理多元專長培力課程招生

在取得學士學位後已先修讀由學校或機構開設符合產業需求的專業課程學分班，包含推廣教育、職業訓練機構及職業繼續教育等學分課程，累積專業課程學分並經各校採認後，再加上入學後至少須修讀的 12 學分，兩者合計符合各校各學系規定之專業課程學分數（至少 48 學分），修業期滿經考試合格後，即可取得學士後多元專長學士學位。

空中進修學院二專招生

空中進修學院採登記入學，無須參加入學考試，專科部（二專）學生修畢規定之學科學分達 80 學分者，可畢業取得副學士學位，等同其他二專、五專之學歷，可繼續就讀二技。

新住民入學招生

《新住民就讀大學辦法》於 109 年 12 月 7 日正式發布實施，依國籍法第四條第一項第一款至第三款規定，申請歸化許可之新住民，得以申請入學方式就讀大學各學制，其中亦包含四技二專日間部及進修部。

1-3 考招類別與科目

考招類別共分成單類群 20 類，跨類群 6 類，共有 26 種類群，各類群考科都以共同科目國文、英文、數學各 100 分，其中數學科依類科內容分為 A、B、C 三種版本。無論是單類群或是跨類群，每一群類均有專業科目（一）及（二），每科各占 200 分，滿分為 700 分，跨類生會有兩類群的成績滿分各為 700 分，可擇單一類群分發志願或是推甄。

四技二專統一入學測驗命題範圍一覽表

群類別名稱	共同科目	專業科目（一）	專業科目（二）
01 機械群	國文 英文 數學 (C)	機件原理 機械力學	機械製造 機械基礎實習 機械製圖實習
02 動力機械群	國文 英文 數學 (C)	應用力學 引擎原理 底盤原理	引擎實習 底盤實習 電工電子實習
03 電機與電子群電機類	國文 英文 數學 (C)	基本電學 基本電學實習 電子學 電子學實習	電工機械 電工機械實習
04 電機與電子群資電類	國文 英文 數學 (C)	基本電學 基本電學實習 電子學 電子學實習	微處理機 數位邏輯設計 程式設計實習
05 化工群	國文 英文 數學 (C)	基礎化工 化工裝置	普通化學 普通化學實習 分析化學 分析化學實習
06 土木與建築群	國文 英文 數學 (C)	基礎工程力學 材料與試驗	測量實習 製圖實習
07 設計群	國文 英文 數學 (B)	色彩原理 造形原理 設計概論	基本設計實習 繪畫基礎實習 基礎圖學實習
08 工程與管理類	國文 英文 數學 (C)	物理 (B)	資訊科技
09 商業與管理群	國文 英文 數學 (B)	商業概論 數位科技概論 數位科技應用	會計學 經濟學

群類別名稱	共同科目	專業科目（一）	專業科目（二）
10 衛生與護理類	國文 英文 數學 (A)	生物 (B)	健康與護理
11 食品群	國文 英文 數學 (B)	食品加工 食品加工實習	食品化學與分析 食品化學與分析實習
12 家政群幼保類	國文 英文 數學 (A)	家政概論 家庭教育	嬰幼兒發展照護實務
13 家政群生活應用類	國文 英文 數學 (A)	家政概論 家庭教育	多媒材創作實務
14 農業群	國文 英文 數學 (B)	生物 (B)	農業概論
15 外語群英語類	國文 英文 數學 (B)	商業概論 數位科技概論 數位科技應用	英文閱讀與寫作 (初階英文閱讀與寫作練習、中階英文閱讀與寫作練習、高階英文閱讀與寫作練習)
16 外語群日語類	國文 英文 數學 (B)	商業概論 數位科技概論 數位科技應用	日文閱讀與翻譯 (日語文型練習、日語翻譯練習、日語讀解初階練習)
17 餐旅群	國文 英文 數學 (B)	觀光餐旅業導論	餐飲服務技術 飲料實務
18 海事群	國文 英文 數學 (B)	船藝	輪機
19 水產群	國文 英文 數學 (B)	水產概要	水產生物實務
20 藝術群影視類	國文 英文 數學 (A)	藝術概論	展演實務 音像藝術展演實務

註：考招類別與科目以當年入學測驗中心公布為準

1-4 四技二專學校

北部地區

國立臺北科技大學
國立臺北護理健康大學
國立臺北商業大學
國立臺灣戲曲學院
國立臺灣科技大學
中華科技大學
臺北城市科技大學
馬偕醫護管理專科學校
中國科技大學
德明財經科技大學
致理科技大學
宏國德霖科技大學
臺北海洋科技大學
亞東科技大學
黎明技術學院
耕莘健康管理專科學校
明志科技大學
聖約翰科技大學
景文科技大學
東南科技大學
醒吾科技大學
華夏科技大學
崇右影藝科技大學
經國管理暨健康學院

桃竹苗地區

新生醫護管理專科學校
龍華科技大學
健行科技大學
萬能科技大學
長庚科技大學
南亞技術學院
明新科技大學
敏實科技大學
元培醫事科技大學
育達科技大學
仁德醫護管理專科學校

東部及離島地區

聖母醫護管理專科學校
慈濟科技大學
大漢技術學院
國立臺東專科學校
國立澎湖科技大學

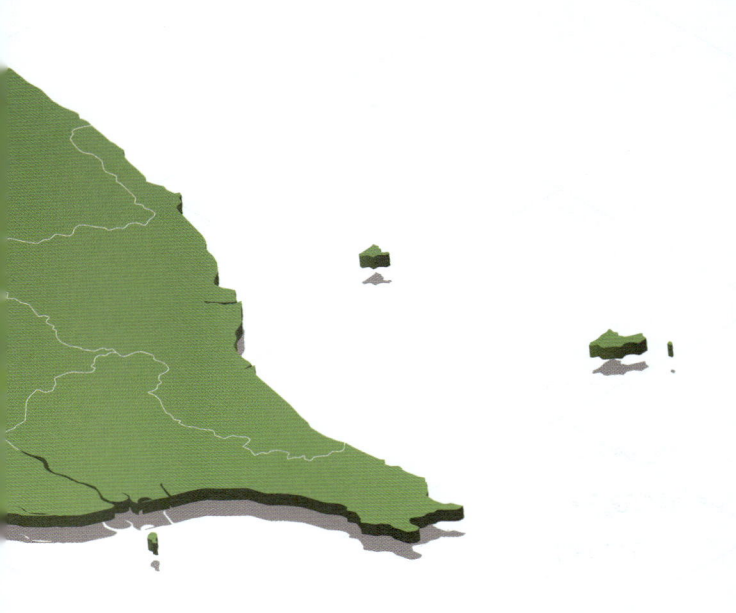

中部地區

國立勤益科技大學
國立臺中科技大學
弘光科技大學
嶺東科技大學
中臺科技大學
僑光科技大學
修平科技大學
朝陽科技大學
建國科技大學
中州科技大學
南開科技大學
國立雲林科技大學
國立虎尾科技大學
環球科技大學

南部地區

大同技術學院
吳鳳科技大學
崇仁醫護管理專科學校
國立臺南護理專科學校
嘉南藥理大學
臺南應用科技大學
遠東科技大學
中華醫事科技大學
敏惠醫護管理專科學校
南臺科技大學
崑山科技大學
國立高雄餐旅大學
國立高雄科技大學
高苑科技大學
文藻外語大學
東方設計大學
和春技術學院
樹人醫護管理專科學校
育英醫護管理專科學校
樹德科技大學
輔英科技大學
正修科技大學
國立屏東科技大學
大仁科技大學
美和科技大學
慈惠醫護管理專科學校

註：四技二專學校以當年度全國大專校院一覽表系統查詢為準

2 學習歷程檔案

2-1 學習歷程檔案是什麼

學生學習歷程檔案作用

一步一腳印，累積學習歷程紀錄

學生學習歷程檔案將完整記錄學生在高級中等教育階段時的學習表現。除了考試成果之外，透過學生學習歷程檔案，能更真實呈現學生的學習軌跡、個人特質、能力發展等，補強考試之外無法呈現的學習成果。藉由定期且長時間的紀錄，更能大大減輕學生在高三升學時整理備審資料的負擔。

學習歷程檔案四大優點

一、回應 108 新課綱的多元課程特色

學生修習各類課程所產生的課程學習成果及多元表現，是學生學習表現真實展現，也是學校課程實施成果的最好證明。

二、呈現考試難以評量的學習成果

尊重個別差異，重視考試成績以外的學習歷程，呈現學生多元表現。

三、展現個人特色和適性學習軌跡

鼓勵學生定期紀錄並整理自己的學習表現，重質不重量，展現個人學習表現的特色亮點與學習軌跡。

四、協助學生生涯探索及定向參考

學生透過整理學習歷程檔案的過程中，可以及早思索自我興趣性向，逐步釐清生涯定向。

學習歷程檔案四大項目

一、 **基本資料**：由學校人員「每學期」進行上傳。
　　學生學籍資料，包含姓名、就讀科班等、班級及社團幹部經歷。

二、 **修課紀錄**：由學校人員「每學期」進行上傳。
　　包括修習部定／校訂必修／選修科目等課程學分數及成績。

三、 **課程學習成果**：由學生「每學期」進行上傳。
　　包括修課紀錄且具學分數之課程作業、作品或書面報告及其他學習成果。本項須經任課教師於系統進行認證，僅認證成果為相關修課之產出，但不會進行評分與評論。

- **注意事項**：每學年由學生勾選至多 6 件，經由學校人員提交至中央資料庫。
- **大學端參採限制**：學生自中央資料庫勾選提交至招生單位之件數上限，大學至多 3 件，技專院校至多 9 件。

四、 **多元表現**：由學生「每學年」進行上傳。
　　對應 108 新課綱之彈性學習時間、團體活動時間及其他表現。

- **注意事項**：每學年由學生勾選至多 10 件，經由學校人員提交至中央資料庫。
- **大學端參採限制**：學生自中央資料庫勾選提交至招生單位之件數上限為 10 件。

學習歷程檔案的功能

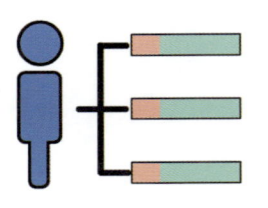

展現個人特色和適性學習軌跡

補充考試無法呈現的學習成果

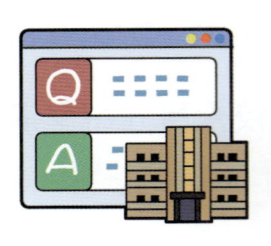

回應新課綱的校訂課程特色

強化審查資料可信度

使用時間

申請 / 甄選入學

學測 / 統測成績

學習歷程檔案
＋
校系自辦甄試

第一階段篩選

第二階段甄試

2-2 如何蒐集資料

學習歷程如何蒐集資料

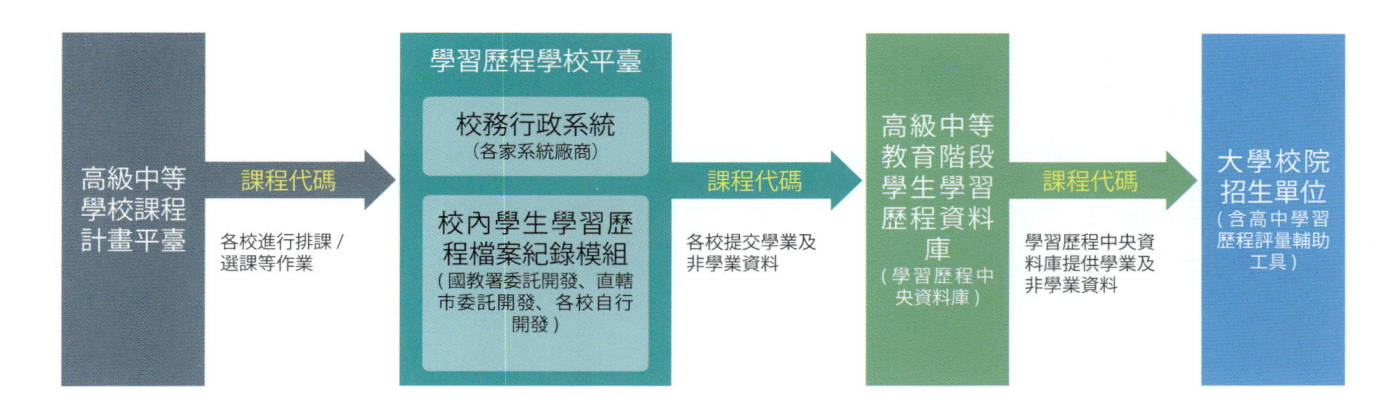

高級中等學校課程計畫平臺 —課程代碼→ 學習歷程學校平臺（校務行政系統（各家系統廠商）／校內學生學習歷程檔案紀錄模組（國教署委託開發、直轄市委託開發、各校自行開發））—課程代碼→ 高級中等教育階段學生學習歷程資料庫（學習歷程中央資料庫）—課程代碼→ 大學校院招生單位（含高中學習歷程評量輔助工具）

- 各校進行排課／選課等作業
- 各校提交學業及非學業資料
- 學習歷程中央資料庫提供學業及非學業資料

學習歷程檔案的內容

學習歷程學校平臺		學習歷程中央資料庫
學生學籍資料	基本資料	同學習歷程學校平臺之資料
每學期修課紀錄，包括修習部定／校訂必修／選修等科目學分數及成績等；課程諮詢紀錄	修課紀錄	同學習歷程學校平臺之資料；不包括課程諮詢紀錄
(需任課教師認證) 有修課紀錄且具學分數之課程實作作品或書面報告；每學期上傳件數由學校自訂	課程學習成果	同學習歷程學校平臺之資料；每學期提交至多 3 件
彈性學習時間、團體活動時間及其他多元表現；每學年上傳件數由學校自訂	多元表現	同學習歷程學校平臺之資料；每學年提交至多 10 件

附 15

創意專題實作

學習歷程檔案的作業系統

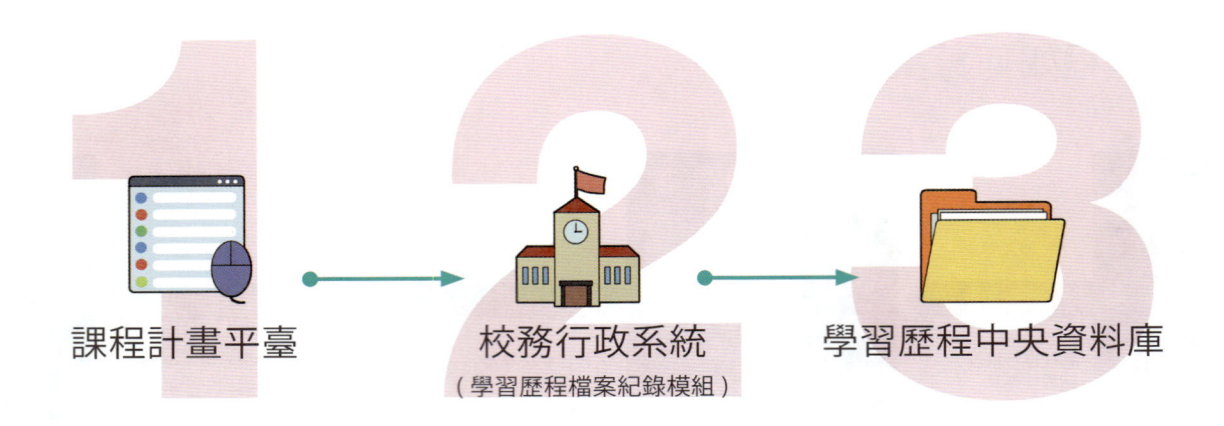

1. 課程計畫平臺 → 2. 校務行政系統（學習歷程檔案紀錄模組） → 3. 學習歷程中央資料庫

學習歷程檔案的作業流程

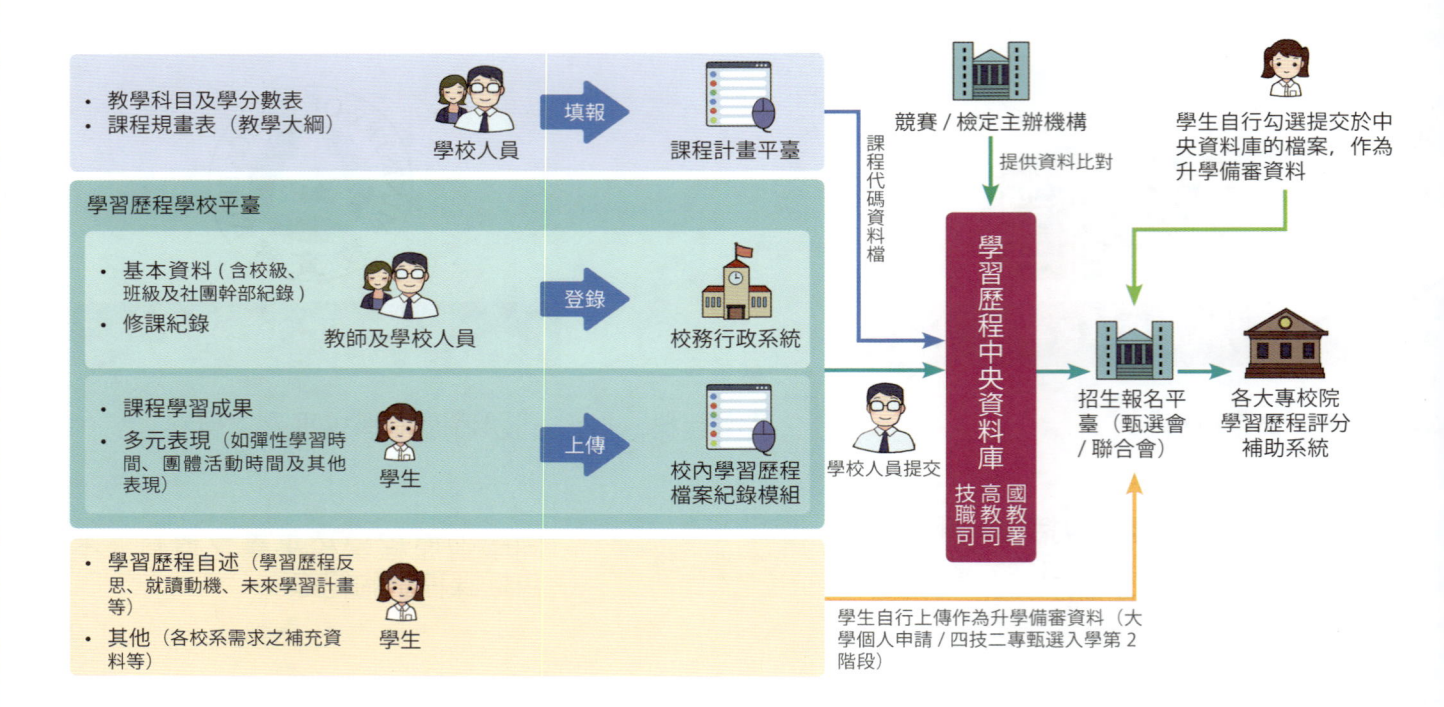

- 教學科目及學分數表
- 課程規畫表（教學大綱）

學校人員 —填報→ 課程計畫平臺

學習歷程學校平臺

- 基本資料（含校級、班級及社團幹部紀錄）
- 修課紀錄

教師及學校人員 —登錄→ 校務行政系統

- 課程學習成果
- 多元表現（如彈性學習時間、團體活動時間及其他表現）

學生 —上傳→ 校內學習歷程檔案紀錄模組

- 學習歷程自述（學習歷程反思、就讀動機、未來學習計畫等）
- 其他（各校系需求之補充資料等）

學生

競賽／檢定主辦機構 提供資料比對

課程代碼資料檔

學校人員提交

學習歷程中央資料庫
國教署 高教司 技職司

學生自行勾選提交於中央資料庫的檔案，作為升學備審資料

招生報名平臺（甄選會／聯合會） → 各大專校院學習歷程評分補助系統

學生自行上傳作為升學備審資料（大學個人申請／四技二專甄選入學第2階段）

附16

學習歷程檔案資料格式

學習歷程檔案格式類型及大小如下表所示。

資料項目	檔案格式類型	內容說明
課程學習成果	文件：PDF、JPG、PNG	每件固定上限 4MB
	影音檔案：MP3、MP4	每件固定上限 10MB
	簡述：文字	每件 100 個字為限
多元表現	證明文件：PDF、JPG、PNG	每件固定上限 4MB
	影音檔案：MP3、MP4	每件固定上限 10MB
	簡述：文字	每件 100 個字為限
	外部連結：文字	─

2-3 學習歷程檔案作業注意事項

一、老師方面

(一) 撰寫課程計畫
1. 吸引學生適性選擇：教師所撰寫的課程規劃表讓學生瞭解課程內涵，吸引學生適性選擇。
2. 與大專院校建立信任關係：大專校院可透過系統查閱課程大綱，協助各科系理解高中課程內容。

(二) 認證學習歷程
1. 深化課程實踐：透過課程學習成果展現考試成績以外的學習表現，避免「考試不考、學生就不學」的現象，師生皆投入課程，深化學習。
2. 落實多元評量：教師可以透過課程設計，協助學生產出課程學習成果，避免評量受限於紙筆測驗，真正落實多元評量的理想。

※ 老師僅需認證學生課程學習成果是否為課程中所產出，無須評論優缺點。

二、學生方面

(一) 了解課程計畫
1. 適性選校：國中畢業生可將高中開設的課程特色列入選校參考。
2. 適性探討：利用選修課程的機會適性探索不同領域，參考課程地圖規劃未來方向。

(二) 累積學習歷程
1. 一步一腳印：以課堂作業累積學習成果，展現自己的學習足跡。
2. 聚焦未來：上傳資料份數有上限，相關成果需呼應自身志趣與目標科系選才標準。
3. 簡化格式：僅需依照大專校院要求項目勾選資料並匯出，毋須費心美編。
4. 節省製作時間：在學期間逐年上傳資料，降低高三下申請 / 甄選入學時的準備負擔。

三、學校方面

㈠ 整合課程計畫
1. 校校有特色：各高中發展校訂課程特色，串聯公共關係與社區資源，建立學校願景並勾勒學生圖像，吸引學生適性就讀。
2. 減輕行政負擔：課程名稱及代碼由課程計畫平台匯入校務行政系統，避免行政人員重複建置。
3. 課程資訊透明：各校課程計畫書上傳至課程計畫平台整合，學校課程資訊可供大眾參考。

㈡ 紀錄學習歷程
1. 課程特色受重視：校訂課程列入升學參採，學校用心發展的多元課程更受重視。
2. 幫助學生探究未來：協助學生持續累積各種學習紀錄，落實學生生涯輔導工作。

四、大專院校方面

㈠ 參考課程計畫
1. 追溯高中課程學習：系統可以自動連結學生修課紀錄中的課程大綱，便於瞭解高中課程內容。
2. 校校是明星：瞭解各高中開設的校訂課程，逐漸建立高中的品牌認知。

㈡ 審閱學習歷程
1. 資料整合並優化審查品質：以清晰一致的資料架構檢閱學習歷程，減輕評閱負擔優化審查品質。
2. 真實瞭解學生學習：學期結束即上傳，經由教師認證，學習歷程能真實反映課程學習成果，強化資料公信力。
3. 有助全方位審查：補充考試無法呈現的學習面向。

2-4 學習歷程檔案效益

高中端與大學端的合作

高中校務行政系統提供學習歷程中央資料庫，再提供大學端審查

基本資料
學生學籍資料。

修課紀錄
每學期修課紀錄，包括修習部定／校定必修／選修等課程學分數及成績等。

學習歷程中央資料庫提供招生系統，再學生自主勾選，傳送大學端審查

課程學習成果（需任課教師認證）
有修課紀錄且具學分數之課程實作作品或書面報告；每學期提交至多 3 件。

多元表現
彈性學習時間、團體活動時間及其他多元表現；每學年提交合計至多 10 件。

由學生自主上傳招生系統，傳送大學端審查

自傳（含學習計畫）
依申請入學之志願科系，撰寫自傳或學習計畫。

其他
大學端需求之補充資料。

有了學習歷程檔案，技專院校怎麼看

一、提供歷程項目擇要檢視之便利介面。
二、提供單項資料統整呈現，提升資料評量一致性。
三、競賽、檢定等項目擇要與主辦單位勾稽檢核，並提供統計資訊提供評分參考。
四、串接高中課程計畫平臺，提供科目教學大綱。
五、【學習歷程自述】綜整高中階段多元學習表現。
六、逐年收集學習成果，避免高三下急就章。

未來評分作業分工優化

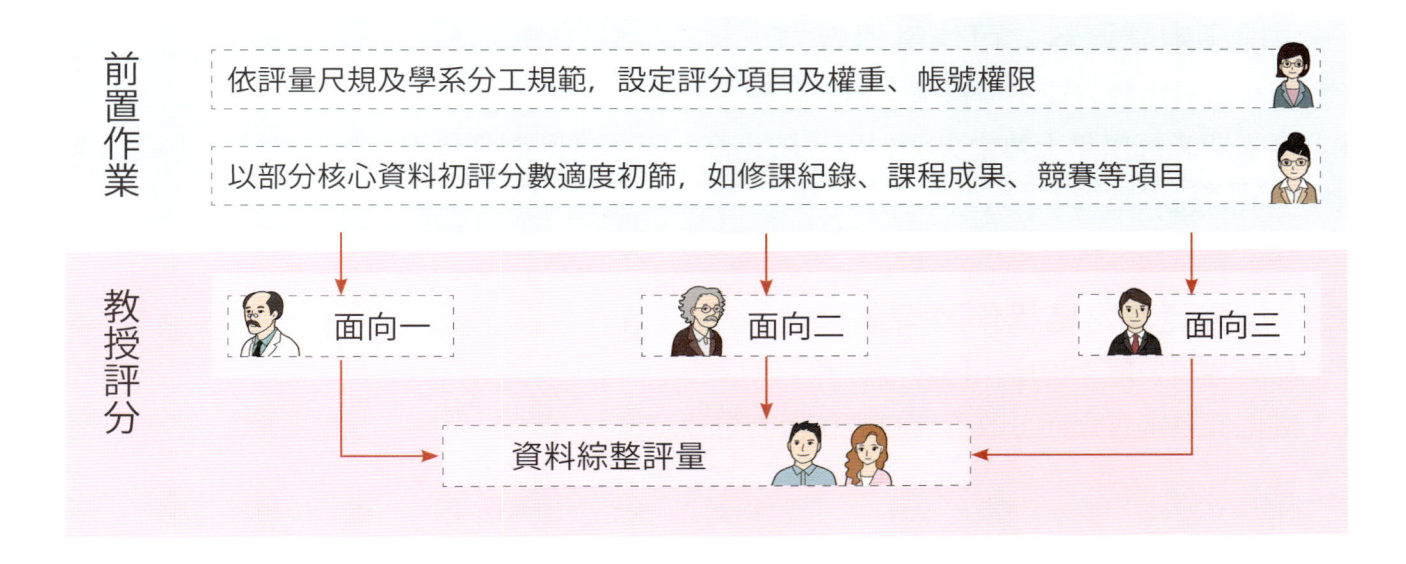

前置作業
- 依評量尺規及學系分工規範，設定評分項目及權重、帳號權限
- 以部分核心資料初評分數適度初篩，如修課紀錄、課程成果、競賽等項目

教授評分
- 面向一 → 資料綜整評量
- 面向二 → 資料綜整評量
- 面向三 → 資料綜整評量

學習歷程相關配套方案

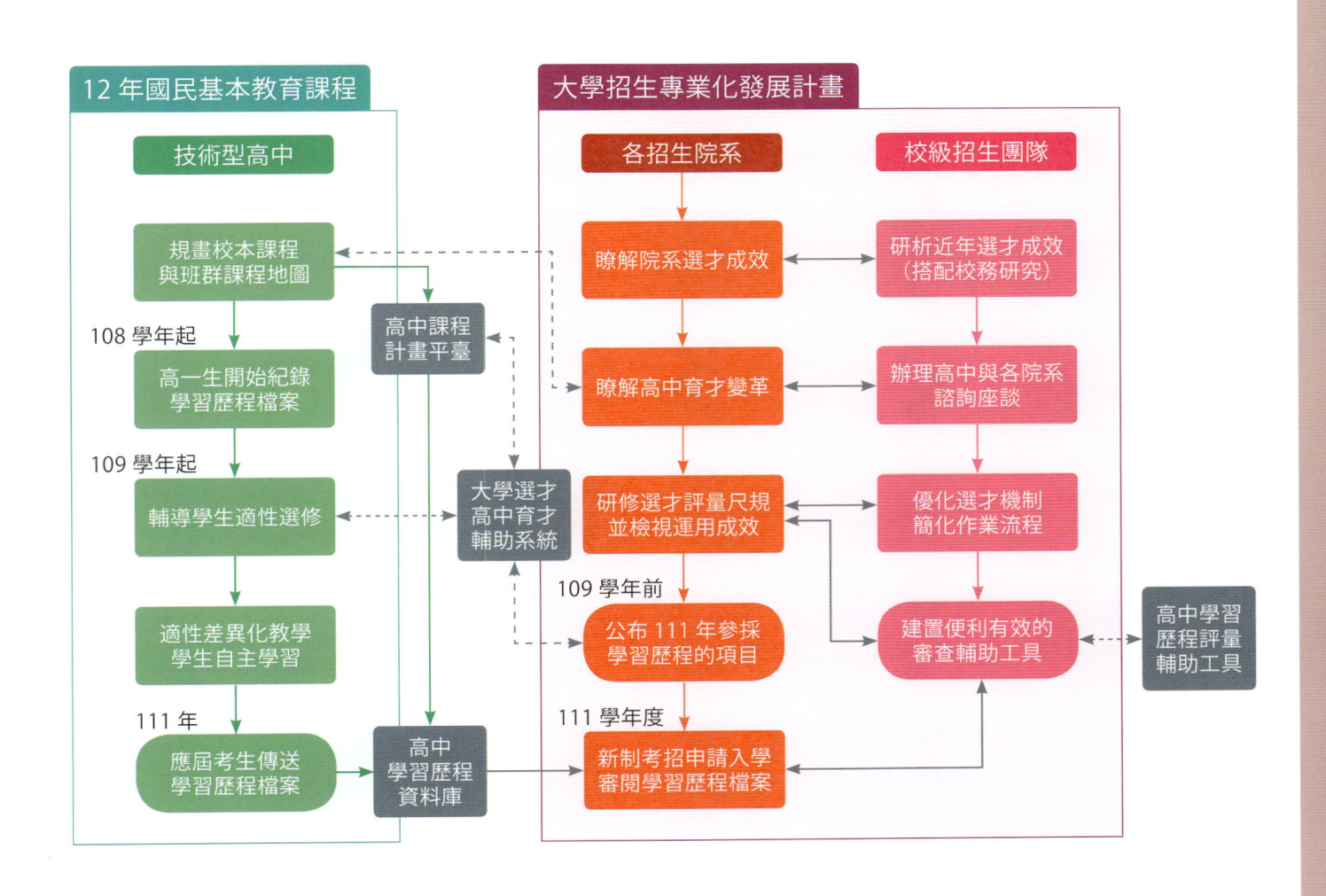

12年國民基本教育課程

技術型高中
- 規畫校本課程與班群課程地圖
- 108學年起：高一生開始紀錄學習歷程檔案
- 109學年起：輔導學生適性選修
- 適性差異化教學 學生自主學習
- 111年：應屆考生傳送學習歷程檔案

→ 高中學習歷程資料庫

高中課程計畫平臺 / 大學選才高中育才輔助系統

大學招生專業化發展計畫

各招生院系
- 瞭解院系選才成效
- 瞭解高中育才變革
- 研修選才評量尺規並檢視運用成效
- 109學年前：公布111年參採學習歷程的項目
- 111學年度：新制考招申請入學審閱學習歷程檔案

校級招生團隊
- 研析近年選才成效（搭配校務研究）
- 辦理高中與各院系諮詢座談
- 優化選才機制簡化作業流程
- 建置便利有效的審查輔助工具

→ 高中學習歷程評量輔助工具

學習歷程的效益

一、提高申請資料之可信度與效力
(一) 核心資料由校方或主辦機構上傳或勾稽。
(二) 每學期或每學年上傳中央資料庫,防止高三下不當回溯修改資料,亦減低學生高三下準備資料之壓力。
(三) 提供各式綜整統計資料供比較參考,利於檢核及防弊。

二、加強資料之結構化及可運算性
(一) 易於各項表現之排序、搜尋及統計。
(二) 優化資料審查介面,改善資料審核機制信效度。

2-5 學習歷程檔案與現行的備審資料有何不同

學習歷程檔案與 108 課綱同步實施，也就是 2019 年 9 月入學的高一新生開始適用。自實施後，學生可得知各校科系招生選才方向，並預作準備。

現行備審資料		學習歷程檔案
各校科系自訂繳交類別 項目不統一	資料內容	統一分類上傳項目 並有教師認證
高三下再緊急回憶蒐集製作	準備時間	各學期(年)分期上傳 高三下再勾選產出
學生自行排版與統整資料	內容格式	上傳後由資料庫系統彙整
無	項目數量	限制參採數量 且以校內活動課程為主
資料評比對照較為費時	大學審查	數位資料讓審查更系統化

學習歷程檔案統一制定項目格式，且納入修課紀錄與課程學習成果，除了能展現學生的個人特色，也能呈現考試看不到的成果，透過每學期/年上傳資料，能引導學生逐步探索學習的方向。

建構理解 SDGs 與 ESG 的系統性思考篇

1 掌握 SDGs 與 ESG 的核心概念
1-1 何謂 SDGs 與 ESG
1-2 ESG 與 SDGs 的關聯性

2 永續主題的選定與系統性思考方法
2-1 系統性思考是什麼？
2-2 實踐 SDGs 的系統性思考步驟
2-3 如何運用 SDGs 與 ESG 選定主題

3 SDGs17 目標與 169 項細則

建構理解 SDGs 與 ESG 的系統性思考篇

1 掌握 SDGs 與 ESG 的核心概念

1-1 何謂 SDGs 與 ESG

　　SDGs（Sustainable Development Goals，永續發展目標）為聯合國提出的全球行動架構，旨在因應人類面臨的重大生存挑戰，涵蓋 17 項主要目標與 169 項細項，涉及經濟、社會與環境三大面向。名稱中的小寫「s」表示這是一套彼此關聯、互為因果的系統性目標。

　　聯合國將「永續發展」定義為：「滿足當代需求而不損及後代世代滿足其需求的發展模式」。SDGs 凝聚全球學者多年研究成果，成為解析現實世界的認知框架，每項細則皆為當前人類面對的重要議題，亦即可作為研究與專題創作的絕佳主題來源。

　　ESG 企業永續經營（Environmental, Social, Governance，環境、社會、治理）則是企業實踐 SDGs 的行動指標，由企業界與國際組織共同推動。SDGs 與 ESG 之間呈現「目標（ends）」與「手段（means）」的關係。企業若欲落實 ESG，需先掌握 SDGs 的核心價值與內容架構。

　　永續發展受到全球高度關注，源於各國將永續發展相關的國際規範內國法化，已對全球經貿秩序產生深遠影響，迫使各國政府與企業積極進行永續轉型。近年來，全球正面臨防疫、戰爭、極端氣候與地緣政治的衝擊，強化人類對生存與永續發展的迫切意識。

1-2 SDGs 與 ESG 的關聯性

　　ESG 是一套企業實踐 SDGs 的操作指標，在選擇題目時兩者可互為參照。然而需注意，ESG 主要應用於企業永續經營，其背後有法規與國際認證標準支撐；若研究主題與企業無直接關聯，則不宜以 ESG 作為題目主軸。

　　由於 SDGs 與 ESG 所涵蓋範疇極為廣泛、系統複雜，目前尚無通用的評量標準。因此，實踐永續發展仰賴創意思維與在地行動的靈活應變。

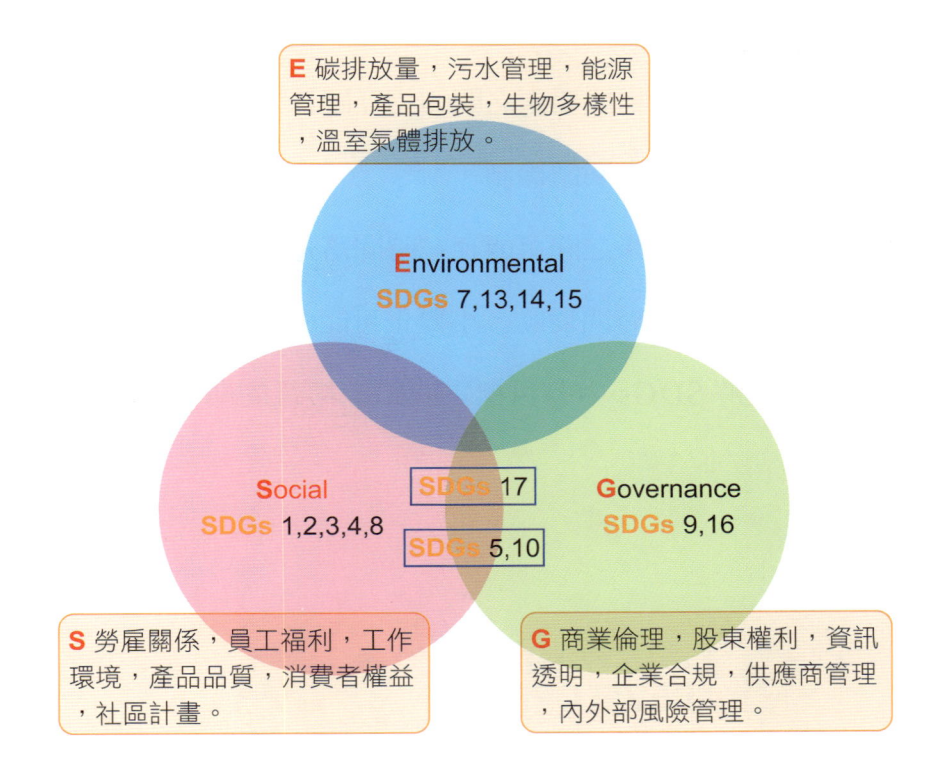

E 碳排放量，污水管理，能源管理，產品包裝，生物多樣性，溫室氣體排放。

Environmental
SDGs 7,13,14,15

Social
SDGs 1,2,3,4,8

SDGs 17

SDGs 5,10

Governance
SDGs 9,16

S 勞雇關係，員工福利，工作環境，產品品質，消費者權益，社區計畫。

G 商業倫理，股東權利，資訊透明，企業合規，供應商管理，內外部風險管理。

▲ ESG 指標與 SDGs 目標對應關係圖（由艾葆國際學校提供），E（環境）涵蓋碳排、污水、生物多樣性等議題，S（社會）涵蓋勞雇、產品品質、社區關係等面向，G（治理）聚焦公司治理、透明度與風險管理。

2 永續主題的選定與系統性思考方法

2-1 系統性思考是什麼？

　　SDGs 本質上即為一套跨領域、動態演變且相互影響的複雜問題集合，而系統性思考（systems thinking）正是理解與因應此類問題的重要方法。

　　系統性思考強調整體觀點與長期視角，重視關係、循環與結構，並非僅針對單一現象做線性分析，其核心特點包括：

1. **整體性**：著重於系統內各構成要素之間的相互關係。
2. **循環因果**：強調正回饋與負回饋機制。
3. **延遲效應**：認知行動與結果之間可能存在時間落差。
4. **動態與非線性**：系統會隨時間變動，小變化可能引發大影響。

　　此思維模式有助於理解 SDGs 中各目標之間錯綜複雜的關聯，並識別根本原因與策略介入點。

2-2 實踐 SDGs 的系統性思考步驟

Step 1 繪製因果循環圖（Causal Loop Diagram）

視覺化不同 SDG 細項之間的因果關係，辨識正負回饋機制。

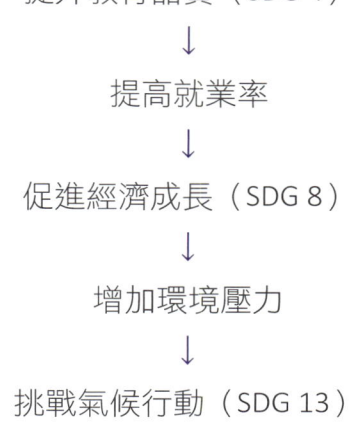

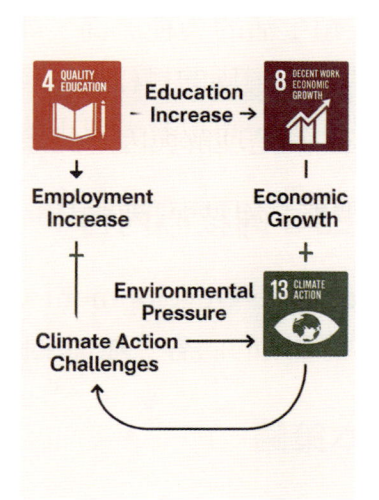

例如： 提升教育品質（SDG 4）
↓
提高就業率
↓
促進經濟成長（SDG 8）
↓
增加環境壓力
↓
挑戰氣候行動（SDG 13）

Step 2 找出槓桿點（Leverage Points）

尋找系統中能產生最大改變的小處。

例如：婦女教育（SDG 5）可同時帶動健康、經濟、貧窮等多個目標的改善。

Step 3 預防負面連鎖效應

分析某一政策是否引發對其他目標的負面影響。

例如：推動某類綠能若忽略資源耗損，可能反傷土地資源（SDG 15）。

2-3 如何應用 SDGs 與 ESG 選定專題製作主題

　　SDGs 整合環境保護、社會包容與經濟發展三大層面，其目標彼此交織且可能相互牴觸。在多元價值中取得對話與折衷，是推動 SDGs 的核心精神。

　　SDGs 涵蓋人類生活的各種層面，如果已經有想定或感興趣的主題，基本上都可以在 SDGs 架構中找到相對應的目標加以發揮，並進一步探索這個題目與 ESG 的關聯性。如果還沒有想定的主題，可以參考以下的選題策略：

了解 SDGs 與 ESG 的核心內容

　　SDGs（Sustainable Development Goals）共 17 項目標，內容可參考本文附錄的 17 項目標與 169 項細則的內容，並從上圖中找到與 ESG 的關聯性。

尋找題目的基本策略

　　關注你所在社區或生活圈的問題，問題是否涉及環境保護、社會不公或治理缺陷？該問題可否對應 SDGs 中的某一項目標？思考你的興趣與專業領域，你喜歡科技？可研究如何用 AI 解決 ESG 問題。你對教育有興趣？可研究如何設計促進 SDGs 意識的課程。

具體的發想方法

1. **問題導向法（problem-based）**：找出一個實際存在的社會或環境問題。
   例題：本地河川污染問題的改善是否可納入 ESG 評估？
   SDG 對應：SDG6（潔淨水與衛生）
   ESG 對應：E（環境）

2. **案例研究法（case study）**：研究特定企業或組織的永續報告，分析其對 SDGs 的實踐成效，是否可以擴大應用。參考已經發表過的各種相關的研究題目或是專題，從改善或優化的角度去發想主題。

3. **創新解方法（solution-based）**：發想一個創新點子，用以解決 SDGs 或 ESG 相關議題。
   例題：開發一套校園用水監測系統，減少浪費並強化學生對 SDG6 的意識。

題目設計的起點模板（可依需求修改）

主題類型	題目發想句型
比較研究	比較 A 與 B 在 ESG／SDGs 實踐上的異同，並提出優化建議。
解決問題	如何設計一項創新措施，促進 SDG X 的達成？
地方關懷	某地面臨 X 問題，是否可透過某項機制達成 SDG Y 的目標？
教育推廣	設計一套教案／課程，提升學生對某項 SDG 或 ESG 的認知與實踐力。

3 SDGs17 目標與 169 項細則

1 終結貧窮	目標 1：在全世界消除一切形式的貧困
1.1	在西元 2030 年前，消除所有地方的極端貧窮，目前的定義為每日的生活費不到 1.25 美元。
1.2	在西元 2030 年前，依據國家的人口統計數字，將各個年齡層的貧窮男女與兒童人數減少一半。
1.3	對所有的人，包括底層的人，實施適合國家的社會保護制度措施，到了西元 2030 年，範圍涵蓋貧窮與弱勢族群。
1.4	在西元 2030 年前，確保所有的男男女女，尤其是貧窮與弱勢族群，在經濟資源、基本服務、以及土地與其他形式的財產、繼承、天然資源、新科技與財務服務（包括微型貸款）都有公平的權利與取得權。
1.5	在西元 2030 年前，讓貧窮與弱勢族群具有災後復原能力，減少他們暴露於氣候極端事件與其他社經與環境災害的頻率與受傷害的嚴重度。
1.a	確保各個地方的資源能夠大幅動員，包括改善發展合作，為開發中國家提供妥善且可預測的方法，尤其是最低度開發國家（以下簡稱 LDCs），以實施計畫與政策，全面消除它們國內的貧窮。
1.b	依據考量到貧窮與兩性的發展策略，建立國家的、區域的與國際層級的妥善政策架構，加速消除貧窮行動。

目標 2：消除飢餓，實現糧食安全，改善營養狀況和促進永續農業。

2.1	在西元 2030 年前，消除飢餓，確保所有的人，尤其是貧窮與弱勢族群（包括嬰兒），都能夠終年取得安全、營養且足夠的糧食。
2.2	在西元 2030 年前，消除所有形式的營養不良，包括在西元 2025 年前，達成國際合意的五歲以下兒童，並且解決青少女、孕婦、哺乳婦女以及老年人的營養需求。
2.3	在西元 2030 年前，使農村的生產力與小規模糧食生產者的收入增加一倍，尤其是婦女、原住民、家族式農夫、牧民與漁夫，包括讓他們有安全及公平的土地、生產資源、知識、財務服務、市場、增值機會以及非農業就業機會的管道。
2.4	在西元 2030 年前，確保可永續發展的糧食生產系統，並實施可災後復原的農村作法，提高產能及生產力，協助維護生態系統，強化適應氣候變遷、極端氣候、乾旱、洪水與其他災害的能力，並漸進改善土地與土壤的品質。
2.5	在西元 2020 年前，維持種子、栽種植物、家畜以及與他們有關的野生品種之基因多樣性，包括善用國家、國際與區域妥善管理及多樣化的種籽與植物銀行，並確保運用基因資源與有關傳統知識所產生的好處得以依照國際協議而公平的分享。
2.a	提高在鄉村基礎建設、農村研究、擴大服務、科技發展、植物與家畜基因銀行上的投資，包括透過更好的國際合作，以改善開發中國家的農業產能，尤其是最落後國家。
2.b	矯正及預防全球農業市場的交易限制與扭曲，包括依據杜哈發展圓桌，同時消除各種形式的農業出口補助及產生同樣影響的出口措施。
2.c	採取措施，以確保食品與他們的衍生產品的商業市場發揮正常的功能，並如期取得市場資訊，包括儲糧，以減少極端的糧食價格波動。

目標 3：確保健康的生活方式，促進各年齡人群的福祉。

3.1	在西元 2030 年前，減少全球的死產率，讓每 100,000 個活產的死胎數少於 70 個。
3.2	在西元 2030 年前，消除可預防的新生兒以及五歲以下兒童的死亡率。
3.3	在西元 2030 年前，消除愛滋病、肺結核、瘧疾以及受到忽略的熱帶性疾病，並對抗肝炎，水傳染性疾病以及其他傳染疾病。
3.4	在西元 2030 年前，透過預防與治療，將非傳染性疾病的未成年死亡數減少三分之一，並促進心理健康。
3.5	強化物質濫用的預防與治療，包括麻醉藥品濫用以及酗酒。
3.6	在西元 2020 年前，讓全球因為交通事故而傷亡的人數減少一半。
3.7	在西元 2030 年前，確保全球都有管道可取得性與生殖醫療保健服務，包括家庭規劃、資訊與教育，並將生殖醫療保健納入國家策略與計畫之中。
3.8	實現醫療保健涵蓋全球（以下簡稱 UHC）的目標，包括財務風險保護，取得高品質基本醫療保健服務的管道，以及所有的人都可取得安全、有效、高品質、負擔得起的基本藥物與疫苗。
3.9	在西元 2030 年以前，大幅減少死於危險化學物質、空氣污染、水污染、土壤污染以及其他污染的死亡及疾病人數。
3.a	強化煙草管制架構公約在所有國家的實施與落實。
3.b	對主要影響開發中國家的傳染以及非傳染性疾病，支援疫苗以及醫藥的研發，依據杜哈宣言提供負擔的起的基本藥物與疫苗；杜哈宣言確認開發中國家有權利使用國際專利規範 - 與貿易有關之智慧財產權協定（以下簡稱 12 TRIPS）中的所有供應品，以保護民眾健康，尤其是必須提供醫藥管道給所有的人。

3.c	大幅增加開發中國家的醫療保健的融資與借款，以及醫療保健從業人員的招募、培訓以及留任，尤其是 LDCs 與 SIDS。（小島發展中國家）
3.d	強化所有國家的早期預警、風險減少，以及國家與全球健康風險的管理能力，特別是開發中國家。

目標 4：確保包容和公平的優質教育，讓全民終身享有學習機會。

4.1	在西元 2030 年以前，確保所有的男女學子都完成免費的、公平的以及高品質的小學與中學教育，得到有關且有效的學習成果。
4.2	在西元 2030 年以前，確保所有的孩童都能接受高品質的早期幼兒教育、照護，以及小學前教育，因而為小學的入學作好準備。
4.3	在西元 2030 年以前，確保所有的男女都有公平、負擔得起、高品質的技職、職業與高等教育的受教機會，包括大學。
4.4	在西元 2030 年以前，將擁有相關就業、覓得好工作與企業管理職能的年輕人與成人的人數增加 x%，包括技術與職業技能。
4.5	在西元 2030 年以前，消除教育上的兩性不平等，確保弱勢族群有接受各階級教育的管道與職業訓練，包括身心障礙者、原住民以及弱勢孩童。
4.6	在西元 2030 年以前，確保所有的年輕人以及至少 x% 的成人，不管男女，都具備讀寫以及算術能力。
4.7	在西元 2030 年以前，確保所有的學子都習得必要的知識與技能而可以促進永續發展，包括永續發展教育、永續生活模式、人權、性別平等、和平及非暴力提倡、全球公民、文化差異欣賞，以及文化對永續發展的貢獻。
4.a	建立及提升適合孩童、身心障礙者以及兩性的教育設施，並為所有的人提供安全的、非暴力的、有教無類的、以及有效的學習環境。

4.b	在西元 2020 年以前，將全球開發中國家的獎學金數目增加 x%，尤其是 LDCs、SIDS 與非洲國家，以提高高等教育的受教率，包括已開發國家與其他開發中國家的職業訓練、資訊與通信科技（以下簡稱 ICT），技術的、工程的，以及科學課程。
4.c	在西元 2030 年以前，將合格師資人數增加 x%，包括在開發中國家進行國際師資培訓合作，尤其是 LDCs 與 SIDS。

5 性別平權

目標 5：實現性別平等，增強所有婦女和女童的權能。

5.1	消除所有地方對婦女的各種形式的歧視。
5.2	消除公開及私人場合中對婦女的各種形式的暴力，包括人口走私、性侵犯，以及其他各種形式的剝削。
5.3	消除各種有害的做法，例如童婚、未成年結婚、強迫結婚，以及女性生殖器切割。
5.4	透過提供公共服務、基礎建設與社會保護政策承認及重視婦女無給職的家庭照護與家事操勞，依據國情，提倡家事由家人共同分擔。
5.5	確保婦女全面參與政經與公共決策，確保婦女有公平的機會參與各個階層的決策領導。
5.6	依據國際人口與發展會議（以下簡稱 ICPD）行動計畫、北京行動平台，以及它們的檢討成果書，確保每個地方的人都有管道取得性與生殖醫療照護服務。
5.a	進行改革，以提供婦女公平的經濟資源權利，以及土地與其他形式的財產、財務服務、繼承與天然資源的所有權與掌控權。
5.b	改善科技的使用能力，特別是 ICT，以提高婦女的能力。
5.c	採用及強化完善的政策以及可實行的立法，以促進兩性平等，並提高各個階層婦女的能力。

目標 6：為所有人提供水資源衛生及進行永續管理。

6.1	在西元 2030 年以前，讓全球的每一個人都有公平的管道，可以取得安全且負擔的起的飲用水。
6.2	在西元 2030 年以前，讓每一個人都享有公平及妥善的衛生，終結露天大小便，特別注意弱勢族群中婦女的需求。
6.3	在西元 2030 年以前，改善水質，減少污染，消除垃圾傾倒，減少有毒物化學物質與危險材料的釋出，將未經處理的廢水比例減少一半，將全球的回收與安全再使用率提高 x%。
6.4	在西元 2030 年以前，大幅增加各個產業的水使用效率，確保永續的淡水供應與回收，以解決水饑荒問題，並大幅減少因為水計畫而受苦的人數。
6.5	在西元 2030 年以前，全面實施一體化的水資源管理，包括跨界合作。
6.6	在西元 2020 年以前，保護及恢復跟水有關的生態系統，包括山脈、森林、沼澤、河流、含水層，以及湖泊。
6.a	在西元 2030 年以前，針對開發中國家的水與衛生有關活動與計畫，擴大國際合作與能力培養支援，包括採水、去鹽、水效率、廢水處理、回收，以及再使用科技。
6.b	支援及強化地方社區的參與，以改善水與衛生的管理。

目標 7：確保人人負擔得起、可靠和永續的現代能源。

7.1	在西元 2030 年前，確保所有的人都可取得負擔的起、可靠的，以及現代的能源服務。
7.2	在西元 2030 年以前，大幅提高全球再生能源的共享。
7.3	在西元 2030 年以前，將全球能源效率的改善度提高一倍。

7.a	在西元 2030 年以前,改善國際合作,以提高乾淨能源與科技的取得管道,包括再生能源、能源效率、更先進及更乾淨的石化燃料科技,並促進能源基礎建設與乾淨能源科技的投資。
7.b	在西元 2030 年以前,擴大基礎建設並改善科技,以為所有開發中國家提供現代及永續的能源服務,尤其是 LDCs 與 SIDS。

目標 8:促進持久、包容和永續經濟增長,促進充分的生產性就業和人人獲得適當工作。

8.1	依據國情維持經濟成長,尤其是開發度最低的國家,每年的國內生產毛額(以下簡稱 GDP)成長率至少 7%。
8.2	透過多元化、科技升級與創新提高經濟體的產能,包括將焦點集中在高附加價值與勞動力密集的產業。
8.3	促進以開發為導向的政策,支援生產活動、就業創造、企業管理、創意與創新,並鼓勵微型與中小企業的正式化與成長,包括取得財務服務的管道。
8.4	在西元 2030 年以前,漸進改善全球的能源使用與生產效率,在已開發國家的帶領下,依據十年的永續使用與生產計畫架構,努力減少經濟成長與環境惡化之間的關聯。
8.5	在西元 2030 年以前,實現全面有生產力的就業,讓所有的男女都有一份好工作,包括年輕人與身心障礙者,並實現同工同酬的待遇。
8.6	在西元 2020 年以前,大幅減少失業、失學或未接受訓練的年輕人。
8.7	採取立即且有效的措施,以禁止與消除最糟形式的童工,消除受壓迫的勞工;在西元 2025 年以前,終結各種形式的童工,包括童兵的招募使用。
8.8	保護勞工的權益,促進工作環境的安全,包括遷徙性勞工,尤其是婦女以及實行危險工作的勞工。

8.9	在西元 2030 年以前,制定及實施政策,以促進永續發展的觀光業,創造就業,促進地方文化與產品。
8.10	強化本國金融機構的能力,為所有的人提供更寬廣的銀行、保險與金融服務。
8.a	提高給開發中國家的貿易協助資源,尤其是 LDCs,包括為 LDCs 提供更好的整合架構。
8.b	在西元 2020 年以前,制定及實施年輕人就業全球策略,並落實全球勞工組織的全球就業協定。

目標 9:建設具防災能力的基礎設施,促進具包容性的永續工業化及推動創新。

9.1	發展高品質的、可靠的、永續的,以及具有災後復原能力的基礎設施,包括區域以及跨界基礎設施,以支援經濟發展和人類福祉,並將焦點放在為所有的人提供負擔的起又公平的管道。
9.2	促進包容以及永續的工業化,在西元 2030 年以前,依照各國的情況大幅提高工業的就業率與 GDP,尤其是 LDCs 應增加一倍。
9.3	提高小規模工商業取得金融服務的管道,尤其是開發中國家,包括負擔的起的貸款,並將他們併入價值鏈與市場之中。
9.4	在西元 2030 年以前,升級基礎設施,改造工商業,使他們可永續發展,提高能源使用效率,大幅採用乾淨又環保的科技與工業製程,所有的國家都應依據他們各自的能力行動。
9.5	改善科學研究,提高五所有國家的工商業的科技能力,尤其是開發中國家,包括在西元 2030 年以前,鼓勵創新,並提高研發人員數,每百萬人增加 x%,並提高公民營的研發支出。
9.a	透過改善給非洲國家、LDCs、內陸開發中國家(以下簡稱 LLDCs)與 SIDS 的財務、科技與技術支援,加速開發中國家發展具有災後復原能力且永續的基礎設施。

9.b	支援開發中國家的本國科技研發與創新,包括打造有助工商多元發展以及商品附加價值提升的政策環境。
9.c	大幅提高 ICT 的管道,在西元 2020 年以前,在開發度最低的發展中國家致力提供人人都可取得且負擔的起的網際網路管道。

目標 10:減少國家內部和國家之間的不平等。

10.1	在西元 2030 年以前,以高於國家平均值的速率漸進地致使底層百分之 40 的人口實現所得成長。
10.2	在西元 2030 年以前,促進社經政治的融合,無論年齡、性別、身心障礙、種族、人種、祖國、宗教、經濟或其他身份地位。
10.3	確保機會平等,減少不平等,作法包括消除歧視的法律、政策及實務作法,並促進適當的立法、政策與行動。
10.4	採用適當的政策,尤其是財政、薪資與社會保護政策,並漸進實現進一步的平等。
10.5	改善全球金融市場與金融機構的法規與監管,並強化這類法規的實施。
10.6	提高發展中國家在全球經濟與金融機構中的決策發言權,以實現更有效、更可靠、更負責以及更正當的機構。
10.7	促進有秩序的、安全的、規律的,以及負責的移民,作法包括實施規劃及管理良好的移民政策。
10.a	依據世界貿易組織的協定,對開發中國家實施特別且差異對待的原則,尤其是開發度最低的國家。
10.b	依據國家計畫與方案,鼓勵官方開發援助(以下簡稱 ODA)與資金流向最需要的國家,包括外資直接投資,尤其是 LDCs、非洲國家、SIDS、以及 LLDCs。
10.c	在西元 2030 年以前,將遷移者的匯款手續費減少到小於 3%,並消除手續費高於 5% 的匯款。

11 永續城鄉

目標 11：建設包容、安全、具防災能力與永續的城市和人類住區。

11.1	在西元 2030 年前，確保所有的人都可取得適當的、安全的，以及負擔的起的住宅與基本服務，並改善貧民窟。
11.2	在西元 2030 年以前，為所有的人提供安全的、負擔的起、可使用的，以及可永續發展的交通運輸系統，改善道路安全，尤其是擴大公共運輸，特別注意弱勢族群、婦女、兒童、身心障礙者以及老年人的需求。
11.3	在西元 2030 年以前，提高融合的、包容的以及可永續發展的都市化與容積，以讓所有的國家落實參與性、一體性以及可永續發展的人類定居規劃與管理。
11.4	在全球的文化與自然遺產的保護上，進一步努力。
11.5	在西元 2030 年以前，大幅減少災害的死亡數以及受影響的人數，並將災害所造成的 GDP 經濟損失減少 y%，包括跟水有關的傷害，並將焦點放在保護弱勢族群與貧窮者。
11.6	在西元 2030 年以前，減少都市對環境的有害影響，其中包括特別注意空氣品質、都市管理與廢棄物管理。
11.7	在西元 2030 年以前，為所有的人提供安全的、包容的、可使用的綠色公共空間，尤其是婦女、孩童、老年人以及身心障礙者。
11.a	強化國家與區域的發展規劃，促進都市、郊區與城鄉之間的社經與環境的正面連結。
11.b	在西元 2020 年以前，致使在包容、融合、資源效率、移民、氣候變遷適應、災後復原能力上落實一體政策與計畫的都市與地點數目增加 x%，依照日本兵庫縣架構管理所有階層的災害風險。（WCDR 2005 世界減災會議 - 兵庫宣言與行動綱領）
11.c	支援開發度最低的國家，以妥善使用當地的建材，營建具有災後復原能力且可永續的建築，作法包括財務與技術上的協助。

目標 12：確保永續的消費和生產模式。

12.1	實施永續消費與生產十年計畫架構（以下簡稱 10YEP），所有的國家動起來，由已開發國家擔任帶頭角色，考量開發中國家的發展與能力。
12.2	在西元 2030 年以前，實現自然資源的永續管理以及有效率的使用。
12.3	在西元 2030 年以前，將零售與消費者階層上的全球糧食浪費減少一半，並減少生產與供應鏈上的糧食損失，包括採收後的損失。
12.4	在西元 2020 年以前，依據議定的國際架構，在化學藥品與廢棄物的生命週期中，以符合環保的方式妥善管理化學藥品與廢棄物，大幅減少他們釋放到空氣、水與土壤中，以減少他們對人類健康與環境的不利影響。
12.5	在西元 2030 年以前，透過預防、減量、回收與再使用大幅減少廢棄物的產生。
12.6	鼓勵企業採取可永續發展的工商作法，尤其是大規模與跨國公司，並將永續性資訊納入他們的報告週期中。
12.7	依據國家政策與優先要務，促進可永續發展的公共採購流程。
12.8	在西元 2030 年以前，確保每個地方的人都有永續發展的有關資訊與意識，以及跟大自然和諧共處的生活方式。
12.a	協助開發中國家強健它們的科學與科技能力，朝向更能永續發展的耗用與生產模式。
12.b	制定及實施政策，以監測永續發展對創造就業，促進地方文化與產品的永續觀光的影響。
12.c	依據國情消除市場扭曲，改革鼓勵浪費的無效率石化燃料補助，作法包括改變課稅架構，逐步廢除這些有害的補助，以反映他們對環境的影響，全盤思考開發中國家的需求與狀況，以可以保護貧窮與受影響社區的方式減少它們對發展的可能影響。

13 氣候行動

目標 13：採取緊急行動應對氣候變遷及其衝擊。

13.1	強化所有國家對天災與氣候有關風險的災後復原能力與調適適應能力。
13.2	將氣候變遷措施納入國家政策、策略與規劃之中。
13.3	在氣候變遷的減險、適應、影響減少與早期預警上，改善教育，提升意識，增進人與機構的能力。
13.a	在西元 2020 年以前，落實 UNFCCC 已開發國家簽約國的承諾，目標是每年從各個來源募得美元 1 千億，以有意義的減災與透明方式解決開發中國家的需求，並盡快讓綠色氣候基金透過資本化而全盤進入運作。
13.b	提昇開發度最低國家中的有關機制，以提高能力而進行有效的氣候變遷規劃與管理，包括將焦點放在婦女、年輕人、地方社區與邊緣化社區。

14 保育海洋生態

目標 14：保護和永續利用海洋和海洋資源，促進永續發展。

14.1	在西元 2025 年以前，預防及大幅減少各式各樣的海洋污染，尤其是來自陸上活動的污染，包括海洋廢棄物以及營養污染。
14.2	在西元 2020 年以前，以可永續的方式管理及保護海洋與海岸生態，避免重大的不利影響，作法包括強健他們的災後復原能力，並採取復原動作，以實現健康又具有生產力的海洋。
14.3	減少並解決海洋酸化的影響，作法包括改善所有階層的科學合作。
14.4	在西元 2020 年以前，有效監管採收，消除過度漁撈，以及非法的、未報告的、未受監管的（以下簡稱 IUU）、或毀滅性魚撈作法，並實施科學管理計畫，在最短的時間內，將魚量恢復到依據它們的生物特性可產生最大永續發展的魚量。

14.5	在西元 2020 年以前，依照國家與國際法規，以及可取得的最佳科學資訊，保護至少 10% 的海岸與海洋區。
14.6	在西元 2020 年以前，禁止會造成過度魚撈的補助，消除會助長 IUU 魚撈的補助，禁止引入這類補助，承認對開發中國家與開發度最低國家採取適當且有效的特別與差別待遇應是世界貿易組織漁撈補助協定的一部分。
14.7	在西元 2030 年以前，提高海洋資源永續使用對 SIDS 與 LDCs 的經濟好處，作法包括永續管理漁撈業、水產養殖業與觀光業。
14.a	提高科學知識，發展研究能力，轉移海洋科技，思考跨政府海洋委員會的海洋科技轉移準則，以改善海洋的健康，促進海洋生物多樣性對開發中國家的發展貢獻，特別是 SIDS 與 LDCs。
14.b	提供小規模人工魚撈業者取得海洋資源與進入市場的管道。
14.c	確保聯合國海洋法公約（以下簡稱 UNCCLOS）簽約國全面落實國際法，包括現有的區域與國際制度，以保護及永續使用海洋及海洋資源。

目標 15：保育和永續利用陸域生態系統，永續管理森林，防治沙漠化，防止土地劣化，遏止生物多樣性的喪失。

15.1	在西元 2020 年以前，依照在國際協定下的義務，保護、恢復及永續使用領地與內陸淡水生態系統與他們的服務，尤其是森林、沼澤、山脈與旱地。
15.2	在西元 2020 年以前，進一步落實各式森林的永續管理，終止毀林，恢復遭到破壞的森林，並讓全球的造林增加 x%。
15.3	在西元 2020 年以前，對抗沙漠化，恢復惡化的土地與土壤，包括受到沙漠化、乾旱及洪水影響的地區，致力實現沒有土地破壞的世界。
15.4	在西元 2030 年以前，落實山脈生態系統的保護，包括他們的生物多樣性，以改善他們提供有關永續發展的有益能力。

15.5	採取緊急且重要的行動減少自然棲息地的破壞，終止生物多樣性的喪失，在西元 2020 年以前，保護及預防瀕危物種的絕種。
15.6	確保基因資源使用所產生的好處得到公平公正的分享，促進基因資源使用的適當管道。
15.7	採取緊急動作終止受保護動植物遭到盜採、盜獵與非法走私，並解決非法野生生物產品的供需。
15.8	在西元 2020 年以前，採取措施以避免侵入型外來物種入侵陸地與水生態系統，且應大幅減少他們的影響，並控管或消除優種。
15.9	在西元 2020 年以前，將生態系統與生物多樣性價值納入國家與地方規劃、發展流程與脫貧策略中。
15.a	動員並大幅增加來自各個地方的財物資源，以保護及永續使用生物多樣性與生態系統。
15.b	大幅動員來自各個地方的各階層的資源，以用於永續森林管理，並提供適當的獎勵給開發中國家改善永續森林管理，包括保護及造林。
15.c	改善全球資源，以對抗保護物種的盜採、盜獵與走私，作法包括提高地方社區的能力，以追求永續發展的謀生機會。

目標 16：創建和平與包容的社會以促進永續發展，提供公正司法之可及性，建立各級有效、負責與包容的機構。

16.1	大幅減少各地各種形式的暴力以及有關的死亡率。
16.2	終結各種形式的兒童虐待、剝削、走私、暴力以及施虐。
16.3	促進國家與國際的法則，確保每個人都有公平的司法管道。
16.4	在西元 2030 年以前，大幅減少非法的金錢與軍火流，提高失物的追回，並對抗各種形式的組織犯罪。
16.5	大幅減少各種形式的貪污賄賂。

16.6	在所有的階層發展有效的、負責的且透明的制度。
16.7	確保各個階層的決策回應民意,是包容的、參與的且具有代表性。
16.8	擴大及強化開發中國家參與全球管理制度。
16.9	在西元 2030 年以前,為所有的人提供合法的身分,包括出生登記。
16.10	依據國家立法與國際協定,確保民眾可取得資訊,並保護基本自由。
16.a	強化有關國家制度,作法包括透過國際合作,以建立在各個階層的能力,尤其是開發中國家,以預防暴力並對抗恐怖主義與犯罪。
16.b	促進及落實沒有歧視的法律與政策,以實現永續發展。

目標 17:加強執行手段,重振永續發展的全球夥伴關係。

財政	
17.1	強化本國的資源動員,作法包括提供國際支援給開發中國家,以改善他們的稅收與其他收益取得的能力。
17.2	已開發國家全面落實他們的 ODA 承諾,包括在 ODA 中提供國民所得毛額(以下簡稱 GNI)的 0.7% 給開發中國家,其中 0.15-0.20% 應提供該給 LDCs。
17.3	從多個來源動員其他財務支援給開發中國家。
17.4	透過協調政策協助開發中國家取得長期負債清償能力,目標放在提高負債融資、負債的解除,以及負責的重整,並解決高負債貧窮國家(以下簡稱 HIPC)的外部負債,以減少負債壓力。
17.5	為 LDCs 採用及實施投資促進方案。

技術	
17.6	在科學、科技與創新上,提高北半球與南半球、南半球與南半球,以及三角形區域性與國際合作,並使用公認的詞語提高知識交流,作法包括改善現有機制之間的協調,尤其是聯合國水平,以及透過合意的全球科技促進機制。
17.7	使用有利的條款與條件,包括特許權與優惠條款,針對開發中國家促進環保科技的發展、轉移、流通及擴散。
17.8	在西元 2017 年以前,為 LDCs 全面啟動科技銀行以及科學、科技與創新(以下簡稱 STI)能力培養機制,並提高科技的使用度,尤其是 ICT。
能力建置	
17.9	提高國際支援,以在開發中國家實施有效且鎖定目標的能力培養,以支援國家計畫,落實所有的永續發展目標,作法包括北半球國家與南半球國家、南半球國家與南半球國家,以及三角合作。
貿易	
17.10	在世界貿易組織(以下簡稱 WTO)的架構內,促進全球的、遵循規則的、開放的、沒有歧視的,以及公平的多邊貿易系統,作法包括在杜哈發展議程內簽署協定。
17.11	大幅增加開發中國家的出口,尤其是在西元 2020 年以前,讓 LDCs 的全球出口占比增加一倍。
17.12	對所有 LDCs,依照 WTO 的決定,如期實施持續性免關稅、沒有配額的市場進入管道,包括適用 LDCs 進口的原產地優惠規則必須是透明且簡單的,有助市場進入。
制度議題;政策與制度連貫	
17.13	提高全球總體經濟的穩定性,作法包括政策協調與政策連貫。
17.14	提高政策的連貫性,以實現永續發展。
17.15	尊敬每個國家的政策空間與領導,以建立及落實消除貧窮與永續發展的政策。

多邊合作	
17.16	透過多邊合作輔助並提高全球在永續發展上的合作，動員及分享知識、專業、科技與財務支援，以協助所有國家實現永續發展目標，尤其是開發中國家。
17.17	依據合作經驗與資源策略，鼓勵及促進有效的公民營以及公民社會的合作。
資料、監督及責任	
17.18	在西元 2020 年以前，提高對開發中國家的能力培養協助，包括 LDCs 與 SIDS，以大幅提高收入、性別、年齡、種族、人種、移民身分、身心障礙、地理位置，以及其他有關特色的高品質且可靠的資料數據的如期取得性。
17.19	在西元 2030 年以前，依據現有的方案評量跟 GDP 有關的永續發展的進展，並協助開發中國家的統計能力培養。

資料來源：行政院國家永續發展委員會

書　　　名	食品應用創意專題實作 含SDGs永續發展目標與ESG
書　　　號	IT10101
版　　　次	2023年9月初版 2025年9月二版
編 著 者	黃俊強・謝文斌・林秋玲・ 葉忠福・WonDerSun
責 任 編 輯	李奇蓁
校 對 次 數	8次
版 面 構 成	楊蕙慈
封 面 設 計	楊蕙慈
出 版 者	台科大圖書股份有限公司
門 市 地 址	24257新北市新莊區中正路649-8號8樓
電　　　話	02-2908-0313
傳　　　真	02-2908-0112
網　　　址	tkdbook.jyic.net
電 子 郵 件	service@jyic.net
版 權 宣 告	**有著作權　侵害必究** 本書受著作權法保護。未經本公司事前書面授權，不得以任何方式（包括儲存於資料庫或任何存取系統內）作全部或局部之翻印、仿製或轉載。 書內圖片、資料的來源已盡查明之責，若有疏漏致著作權遭侵犯，我們在此致歉，並請有關人士致函本公司，我們將作出適當的修訂和安排。
郵 購 帳 號	19133960
戶　　　名	台科大圖書股份有限公司
	※郵撥訂購未滿1500元者，請付郵資，本島地區100元 / 外島地區200元
客 服 專 線	0800-000-599
網 路 購 書	PChome商店街 JY國際學院　　博客來網路書店 台科大圖書專區　　勁園商城
各服務中心	總　公　司　02-2908-5945　　台中服務中心　04-2263-5882 台北服務中心　02-2908-5945　　高雄服務中心　07-555-7947

國家圖書館出版品預行編目資料

食品應用創意專題實作含SDGs永續發展目標與ESG / 黃俊強, 謝文斌, 林秋玲, 葉忠福,WonDerSun 編著-- 二版. -- 新北市：台科大圖書, 2025.09
　　面；　公分
ISBN 978-626-391-612-8（平裝）
1.CST: 食品科學 2.CST: 食品工業
463　　　　　　　　　　　　　114011211

線上讀者回函
歡迎給予鼓勵及建議
tkdbook.jyic.net/IT10101